周　俊／著

生命地球同源论

关于地球生命起源与有机演化的同源学说

Homology Theory of Life and the Earth
A Homologous Theory of the Origin of
Terrestrial Life and Organic Evolution

中国科学技术大学出版社

内 容 简 介

本书结合现有学术成果和相关材料,综合论证并完善了生命地球同源说的理论体系。对地球生命起源与有机演化进行了同源演绎:地球生命起源与地球形成同源;同源演化激活了地球,不仅形成了原始有机物圈,创造了地球上的生命,还对地球其他各圈层的形成、地幔物质对流、岩石圈板块运动、岩浆作用、石油和金刚石(钻石)等矿产的形成、地震和地表环境的塑造都产生着至关重要的作用。

本书适合高校、科研院所相关研究人员和生命起源的爱好者阅读、参考。

图书在版编目(CIP)数据

生命地球同源论:关于地球生命起源与有机演化的同源学说/周俊著. —合肥:中国科学技术大学出版社,2017.11

ISBN 978-7-312-04314-7

Ⅰ.生… Ⅱ.周… Ⅲ.生命起源—研究 Ⅳ.Q10

中国版本图书馆 CIP 数据核字(2017)第 255098 号

出版	中国科学技术大学出版社
	安徽省合肥市金寨路 96 号,230026
	http://press.ustc.edu.cn
	https://zgkxjsdxcbs.tmall.com
印刷	安徽国文彩印有限公司
发行	中国科学技术大学出版社
经销	全国新华书店
开本	787 mm×1092 mm 1/16
印张	15.5
字数	387 千
版次	2017 年 11 月第 1 版
印次	2017 年 11 月第 1 次印刷
定价	48.00 元

序

众所周知,生命起源是一个古老而现代的科学难题。长期以来,全球范围内的圣哲先贤、科学家和公众面对地球上生机盎然的亿万生命冥思苦想,或推测演绎,或观察探测,或测试分析,或实验模拟,或计算集成,试图解开生命起源的谜团,进而为认识宇宙、珍爱地球、保持生命(包括人类)的长期存在和持续发展开辟新的思维方式和途径。

随着现代科学技术的快速发展和新技术、新设备的广泛应用,在全球科学家、技术专家和科技爱好者的不懈努力下,生命起源领域的研究取得了许多可喜的进展,获取了许多新的来自地球、太阳系、宇宙和实验室的观测、探测和实测数据、图片和相关信息,涌现出一系列新的理论、推测和模型,为生命起源的认识和发展提供了大量信息和实证。

尽管如此,人类目前对生命的起源和发展认识仍然是初步的、局限的!揭秘生命起源的挑战依然严峻!对生命起源未知的探索和发现正在考验科学家的毅力和智慧!

从 20 世纪 80 年代初起,周俊同志开始关注地球上的生命起源问题,并进行了长期的思考和探索研究。30 余年来,他不忘初心,追逐梦想,持之以恒,潜心研究,提出了"生命地球同源论",并在系统参阅、分析、归纳地球生物学、地质学、生物化学、微生物学、宇宙学等现代多学科综合研究成果和太阳系及宇宙探索新发现的基础上,撰写出《生命地球同源论——关于地球生命起源与有机演化的同源学说》一书。

该书是周俊教授的精心雕琢之作,其核心思想认为:地球生命起源与地球形成同源;同源演化激活了地球,不仅形成了原始有机物圈,创造了地球上的生命,还对地球其他各圈层的形成、地幔物质对流、岩石圈板块运动、岩浆作用、石油和金刚石(钻石)等矿产的形成、地震和地表环境的塑造都产生着至关重要的作用。

该书即将出版,我有幸先睹为快,对于其核心思想和主要内容有所了解。综观全书,内容自然朴素、文字通俗、表述流畅、内容丰富、博引广征、据事实录、思辨严谨,是一部难得的探索性研究的好著作。同时,该书字里行间也显露出作者的坚韧、明达、厚重学识和深邃思考!虽然"生命地球同源论"的核心思想还有待于充实和完善,部分内容尚存疑问,还有待于进一步验证和检验,但其依然为读者开启了一个认识生命起源的全新视角。为此,应为周俊教授孜孜不倦、勤于思考、勇于探索、敢于创新的顽强精神和取得的丰硕研究成果点赞!

　　我确信读者在阅读本书的过程中将会有所裨益,获得灵感和启迪,进而参与生命起源的探索、验证和争鸣。我祈盼更多的读者,尤其是科技工作者能够与时俱进,更新思维方式,积极参与天文学、地质学、生物学、计算机与信息等多学科综合研究,用勤劳和智慧为揭开生命起源这个千古之谜做出自己的贡献。

洪天求

2017 年 7 月于合肥

前　　言

地球上的生命是如何起源的？这是个千古之谜，也是仍在困扰人类的现代科学难题。有文字记载，自2300多年前亚里士多德那个时代起，一些自然学者便开始探索"生命起源"问题，并提出自己的见解。随着社会发展和科学进步，愈来愈多的人从各个方面探索研究生命起源并对其追根求源，其中包括许多著名科学家和学者。我自20世纪80年代初开始思考这一问题，并于1988年发表了第一篇关于生命起源方面的研究论文，提出"生命地球同源论"。生命地球同源论（同源说）经过30多年来不断地探索研究、提炼、发展和完善，日臻成熟，本书是我历年研究的成果总结。

同源说的核心内容和主要论点如下：

1. 地球生命起源与地球形成同源，复杂有机物生成于地球形成过程中。

2. 地球生命起源、原始有机物圈形成和地球形成同源，原始有机物圈先于生命在地球表层出现，生命诞生于原始有机物圈中的有机进化。

3. 提出地球生命起源与早期演化的"同源-融合说"，融合进化促使生命有机分子形成分子集合体，生命分子集合体形成原生体，原生体进一步形成高级原生体。

4. 有机演化（有机物起源与演变发展：生命起源和进化，原始有机圈形成和演化）与地球形成同源。有机演化按照时间的先后顺序可分为化学进化、有机进化和生物进化。

（1）化学进化是指通过化学合成作用使无机物生成有机物，简单有机物生成复杂有机物。

（2）有机进化是指生命分子、分子团（集合体）乃至原生体之间通过融合作用（分子或分子团层次的物质交换）实现合并、生长发育的进化过程，故也称"融合进化"。由此，可使生命分子形成分子体系或集合体，进一步发展形成初级原生体，初级原生体已经具备基本新陈代谢、繁殖等生命功能，进而由初级原生体进化形成高级原生体，直至原始生态系统的形成。

（3）生物进化是指高级原生体和原始生态系统形成之后，由"生产（自养、光合）—消费（异养、摄食）—还原（分解、吸收）"三位一体生命系统自行维生所表现出来的进化发展，即不再依赖原始同源有机物生存的生态系统形成以后的生物演变、发展。

因为地球上的有机物有两大来源（同源有机物和生源有机物），所以有机演化可分为同源有机演化(简称"同源演化")和生源有机演化(包括生物进化和生源有机物演变)。地球上早期只有同源有机物,在自养生物大量出现以后,生源有机物才逐渐多起来,在地表或地表上下逐渐代替同源有机物,但在地下深处仍然以同源有机物为主。所以,地球上早期的有机演化属于同源演化。后来,特别是寒武纪(距今5.4亿年)生命大爆发以后的有机演化在地球表层逐渐演变为生物进化和生源有机物演变。

5. 同源演化激活了地球。同源演化是同源有机物的演变转化与进化发展,同源形成的原始有机物称为"同源有机物"(包括原始生命有机物与非生命有机物),其开启的演化即为同源演化或同源有机演化。同源演化不但创造了地球上的生命,形成了原始有机物圈,而且对地表各圈层的形成和地球气候、环境的塑造都有着至关重要的作用。同源演化还是地球形成与早期演变过程中巨量行星演化能储积与转化的重要方式。

在地球形成早期,地球物质因碰撞收缩而产生的巨大能量通过生成同源有机物转化成有机能储积在地球内部。在地球形成中期,继续着早期将巨量行星演化能转化为有机能储积,形成海量同源有机物。在地球形成晚期,因地球内部温压条件的分化,在某处生成复杂有机物的同时,在他处也会有有机物发生分解,同时释放出能量。复杂有机物分解生成 H_2O 和 N_2 等气液成分,成为形成原始海洋和大气层的重要物质来源,释放出的能量可造成地球内部已经凝结的岩石局部熔融,形成岩浆,从而对地球内部和地表的物质组成与环境产生重要作用。同源演化与地球形成同源,反过来也作用于地球形成及早期演化,与地貌塑造、地表水圈和大气圈的形成及其改变等都有关。所以,可进一步推演出:同源演化不但创造了地球生命,而且也激活了地球,使地球一形成便有了原始水圈、大气圈、有机圈等地球表层圈层,并对岩石圈的形成、运动、变化与地球环境的塑造起着重要作用,正是同源有机演化使地球变成了"活"的地球。

6. 有机进化属于融合进化,孕育和塑造了地球生命,同时也是生命的"催产士"和"保育员",所以有机进化才是同源演化和有机演化中最辉煌的篇章。

有机演化早期属于同源演化,其中一个重要阶段(化学进化之后,生物进化之前)是有机进化(融合进化),是指从生命有机分子到生命活体——原生体,再由初级原生体到高级原生体,直到原始生态系统形成的这一段进化历程。融合进化(以融合作用为主要方式的有机演化,但融合作用并不局限于有机进化)与化学进化(分子之间在原子层面的物质运动)、生物进化(生物个体通过代谢和增殖获得发展)不同,是生命有机分子、生命分子集合体和原生体之间通过融合作用(分子或分子团层面上的物质运动与能量转化)获得新组分、新结构和新特性,特别是原生体通过融合作用不仅使自身的组成、结构得到逐步完善,还极大地丰富了基因库。所以,"地球生命起源、早期演化与地球同源"又可称为"同源-融合说",即生命在起源上与地球同源,在早期进化上生命分子集合体或原生体之间、原生体与生命分子及生命分子集合体之间通过融合作用不断发展壮大。

7. 在地球形成晚期和地球形成之后,地球因内部物质的分异作用形成圈层结构,并在不同的圈层形成不同的温压环境,同源有机物会随着分异作用向地球表层集积,因处于不同环境下形成不同的演化历程,主要有三个演化方向:

(1) 汇集于地表的海量有机物通过融合进化,演化出生命、有机圈和原始生态系统。

(2) 滞留地球内部各处的有机物会经历各种变化,发生一系列演化效应,对地球表层圈层形成与早期演化都有着重要作用。

(3) 在分异作用下,有机物上行运移,可能会在地球表层岩石圈或接近地表的浅层受阻而储积在某些场所或地层及构造中,部分经转化(如去氮脱氧)会生成较为稳定的烃类化合物等成油气物质以及小分子气液体,这是地球内部原生油气藏以及地表水、气体的重要物质来源之一。所以,同源说推演到石油或天然油气成因上又有"石油成因同源说",并提出有机演化生成油气物质以及"同源油气"和"同源油气藏"的概念。

8. 滞留地球内部的有机物的进一步演化对地球状态及运动造成诸多至关重要的影响,如有机物分解生成的 H_2O、N_2、CO_2 等物质是原始海洋、大气层的重要物源,释放的能量可使已凝结的岩石局部熔融形成岩浆,造成岩浆和热液、热气活动。由于生成气液体的膨胀性会大大降低地幔中局部物质的密度,地幔物质会上升,并因岩石圈的阻滞引发对流效应,进而推动岩石圈运动,即板块运动。这是同源演化激活地球的一个重要方面。

9. 同源演化还为地下深处钻石的形成提供了丰富的碳源和形成条件,所以有"钻石成因同源演化说"。地球内部因有机演化生成的气液成分和巨大的能量释放还与地震的成因有着密切联系,故有"地震成因有机演化说"。

以上论点是结合现有古生物学、地质学、生物化学、宇宙化学等有关研究成果及材料的基础上,进行多学科综合研究,经系统论证并进一步完善"生命地球同源论"后得出的结论。

2017 年年初,我在查阅有关资料时,意外地在"超星知识发现"系统上看到我与国内一些学者在"地球生命起源"领域的一些工作成果情况。尽管这只是一些"表面现象"(见图 0.1),但对我也是一个鼓励,这些年来自己在生命起源方面还是做了一些工作的,是能够与国内专家们的相关研究成果放在一起比较的。

30 多年的不懈追求与人生境遇,一路走来,不知经历了多少艰辛与曲折,个中滋味,非言语所能道。在我一次次咬牙坚持时,来自师长和亲友们的关心、帮助与勉励,化成在胸中奔腾的暖流,会同我矢志不渝、不忘初心的执着信念,帮助我一步步不断前行。每当我将同源说提升一点或拓展一点,或融合一个新的证据材料,或深入一个新的领域,或解释一种新的现象,或取得一些成绩时,那种愉悦和超然便会在心中油然而生,这就是我这些年来探索研究生命起源所能得到的报偿,感觉也很知足。

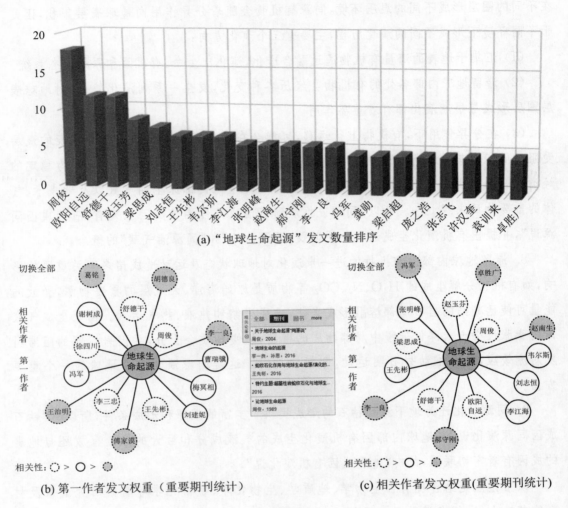

(a) "地球生命起源"发文数量排序

(b) 第一作者发文权重(重要期刊统计)　　　　(c) 相关作者发文权重(重要期刊统计)

图 0.1

说句心里话,这本书在我心中已经写了30年,我等它出版也等了30年。我自20世纪80年代初着迷于"生命起源"这一课题开始,就像经历一场"考试",一份答卷做了30多年,如今终于完成,将其公布于世人面前,任人评阅。

我已花甲之年,虽不在意他人的说好言坏,但它毕竟系我心血凝成,故心中忐忑。可是,尽管修改了一遍又一遍,还是觉得有许多不尽如人意之处,总是想着再看看、再改改,就如父母送别儿女,不忍释手。自决心写这本书后,夜里两点左右休息,早上七八点起床,对已是花甲之年的我来说,也说不出是苦还是乐。因为近一年来的日夜专注,少眠、少食、少外出,只觉得衣带渐宽,白发添多。自觉还能撑得住,不知是自己体质变好了,还是因撰写本书而变得精神亢奋。

　　虽然紧赶慢赶,还是比原定交稿时间拖延了月余。面对本书的即将出版,这一平生夙愿终于得偿,坦然之中带着几分期盼,欣然之中仿佛又有几分惆怅。多么希望我的学说和观点能造福于人类,例如对生命起源与进化的认识,对有机演化、同源演化与融合进化的认识,对环境改变的理解和认识,对天然油气资源的成因与开发利用,对钻石成因的认识,对地震成因与预测预防等方面对人类认知和科学发展有所贡献,或者对其他研究者有所帮助和启发,但这只是我的愿望,结果如何却不是我能预知的。

　　30多年的风风雨雨,需要感谢的人实在太多。如有遗漏,还望见谅! 首先要感谢的是我在合肥工业大学读书时教我古生物学的陆光森老师,她的教导和勉励使我在古生物学方面打下了良好的知识基础,启迪了我学习古生物学的浓厚兴趣,也是我后来坚持研究生命起源的重要力量源泉。感谢我的老师徐嘉炜教授,他的极力推荐使我的生命起源论文能够参加"全国天地生相互关系学术研讨会"的交流并产生了一定的影响。感谢我在中国地质大学(武汉)古生物地史教研室进修学习时的指导老师杨家骃教授,早期发表的几篇文章就是在他身边时写成的初稿,他的关怀、支持、指导和鼓励使我终生受益;同时感谢同教研室的殷鸿福院士,他讲授的"间断平衡论"对我创立"生命地球同源论"启发很大。感谢古生物学家、中国地质大学(北京)杨遵仪院士,杨老先生和杨家骃教授都是我学术上的引路人,他是杨家骃教授的硕士导师,按说是我的师爷爷,可他却乐于同晚辈以兄弟或朋友相交,他在我最困难的时候给予我大力支持与有益的指导,并将我的文章推荐给有关报刊。特别感谢时任山东省地质矿产局总工程师的艾宪森教授,他也是在我最困难的时候极力扶持我的长者。同源说的相关论文能够顺利发表并在山东地质界产生一定影响,多得益于他和其他几位长者的关爱与支持。特别感谢时任《化石》杂志主编的中国科学院古脊椎动物与古人类研究所的尤玉柱教授,他的支持与鼓励极大地激发了我的写作热情,也开拓了我在学术上的思路。感谢北京师范大学彭亦欣教授、山东大学印永嘉教授和我的母校合肥工业大学岳书仓教授、洪天求教授、金福全教授以及其他许许多多曾经关心、支持和指导我的师长、专家和朋友。感谢那些曾经激励我不断发奋、坚持不弃的专家和先生。感谢我的同事和学生们的支持和帮助。感谢家人的陪伴和支持。最后也感谢自己30多年来的坚持,最终写成了这本书!

作　者

2017 年 6 月于合肥

目　　录

第一章 天 问

　　生命是宇宙中的精灵,无法想象,地球上如果没有生命会是什么样子! 千变万化、丰富多彩的生物无疑是地球发展史上最精彩的部分,而人类文明更是地球生命长河中最辉煌的乐章。

　　古人类学研究揭示:人类起源于被称为"类人猿"的古猿。人类的祖先类人猿大约在距今 1400 万年前与现代猿类(如黑猩猩、大猩猩、猩猩、长臂猿等)的祖先分道扬镳,分别朝着不同的方向进化。类人猿起源于原始哺乳类动物,哺乳类动物起源于原始爬行类动物……如此向前推演,一直到地球上最早出现的生命。然而,最初的生命究竟是"无中生有"还是来自某个神秘的地方?

第一节 生命来自何方

　　地球上形形色色的生命是如何起源的? 很多人都在思考这一问题,其中既有地质学家、生物学家、生物化学家、古生物学家、天文学家,也有其他领域的学者,甚至在普通民众中也不乏对此大有兴趣之人。

一、千古之谜,现代难题

　　据统计,地球上现存的动植物种类在 450 万种以上,已知的微生物种类也以十万计,未知的可能更多。在漫长的地球发展史中,究竟有多少生物物种曾经在地球上生存过?

　　已知最早的生命遗迹化石距今有 38 亿年,菌藻类化石有 35 亿年,在南非发现的叠层石化石已有 28 亿年历史,在距今 25 亿～27 亿年的地层中发现过多处柱状叠层石化石(不分叉),更多的叠层石化石(柱状、分叉)主要出现在 20 亿～6.8 亿年前的地史时期形成的地层中,最早的真核多细胞生物化石距今有 21 亿年,但绝大多数发现都是距今 5.4 亿年前寒武纪开始以后的显生宙的古生物化石。

　　根据对已发现并定名描述过的化石资料分析统计可知:越是古老年代形成的地层,所发现的化石越稀少、越简单;越是新的地层,发现的化石越多,化石所代表的生物种类越丰富,生物体结构越复杂,生物物种的进化层次越高级,生物个体体型越大。这表明生物是在由小到大、由少到多、由简单到复杂、由低级向高级,不断进化发展的。

有一个现象值得关注:发现并有记录的地史时期的生物化石种类只有约13万种,竟不足现有物种的1/35,这显然是不符合事实的。根据一些古生物学家和地质学家的保守估计,自寒武纪以来,地球上生存过的生物至少有10亿种,甚至可能超过16亿种。这一数据的准确性暂且不论,但我们可以确信,在长达46亿年的地史时期,曾经在地球上生存过的生物种类要比现有生物物种多得多,远不止数百万种。其原因之一就是化石记录的不完备性,即绝大多数古生物在它们死后或绝灭后都没有留下化石,或者形成了化石却至今仍没有被人类发现。正因为化石记录的不完备性,生物进化中留下了许多谜题至今仍无法破解,而生命起源就是地球发展史中最大的谜题。

地球上最初、最原始的生命出现在什么时候、什么地方、什么样的环境中,它是如何起源的?这一难题一直困扰着人类,人们渴望着有朝一日能揭开其中的奥秘,从而能更深刻地认识自然、认识生命、认识人类自身,了解人类古老的过去和那脱胎于无机界并与之紧密联系的历史。这是人类重建地球自然历史过程中最难书写的篇章,相信地球最初的历史仍在影响着今天的人类。

最早的探索者凭借简单的自然观察来进行大胆猜想和思辨,并坚信能够以此来解说地球上生命的起源。近现代的科学工作者则通过各种实验、观察和科学探测来建立和提出观点、假说和推论,期求能对生命起源问题做出某种解释,以致各种学说和理论不断地被提出或建立,又不断地被修正或否定。

回顾历史,人类探索生命起源的道路漫长而曲折,早期的探索者在大多数时间里都几近在黑暗中摸索。直到神创万物被进化论否定之后,有关生命起源的探索研究才真正开始在科学的道路上迅速发展。1859年,英国博物学家、生物学家查理·达尔文(C. R. Darwin,1809—1882)的《物种起源》的出版是人类认识生物进化发展和自然历史的一座里程碑。自此,受进化思想的影响,人类开始从进化的角度来思考生命起源的问题。在进化论思想的指引下,人类开始一步步接近真理,但依然有许多奥秘至今未解,现有的起源学说也多处于争论和探索之中。

古生物学研究表明,自古而今,地球上的生物是从无到有、由少到多、由简单到复杂、由低等到高等,通过不断进化发展而变得丰富多彩的。今天的生物由古生物演变而来,大量繁衍的古生物又由更古老的原始生物演化而来。从5.4亿年前寒武纪生物大量出现(生命大爆发),10亿~15亿年前海洋无骨骼软体生物的涌现,21亿年前多细胞真核生物的繁盛,30亿年前原生生物的起源,直至38亿年前的原始生命或者更早、更原始的生命形式,生物进化经历了一个极其漫长的旅程!

二、从神话故事到科学探索

原始社会时期,人类的认知能力和抗拒自然灾害的能力都不足,在自然威胁面前往往束手无策。出于朴素的思辨认知,人类因为对未知力量的恐惧而创造了神,继而出现生命源自神创的推断,这在某些原始氏族图腾和古老神话故事中都有反映。

1. 中国古代的创生神话

中国的古老神话中虽然没有特别强调生命的起源,但关于人类和世间万物的起源却陈

述颇多,主要有以下几种:

(1)《淮南子·精神篇》中说:"有二神(阴、阳二神)混生,经天营地……类气为虫(混浊的气体变成虫鱼鸟兽),精气为人(清纯的气体变成人)。"但这种说法并未受到后人的重视。

(2)三国时期吴国人徐整所作的《三五历记》中记载:"天气蒙鸿,萌芽兹始,遂分天地,肇立乾坤,启阴感阳,分布元气,乃孕中和,是为人也。首生盘古,垂死化身。气成风云,声为雷霆,左眼为日,右眼为月,四肢五体为四极五岳,血液为江河,筋脉为地里,肌肉为田土,发髭为星辰,皮毛为草木,齿骨为金石,精髓为珠玉,汗流为雨泽,身之诸虫,因风所感,化为黎氓。"(此书已佚,仅部分段落存于后来的类书,如《太平御览》《艺文类聚》中。)"盘古垂死化为万物"这一传说流传至今且有一定的影响。

(3)《淮南子·说林训篇》中记载:"黄帝生阴阳,上骈生耳目,桑林生臂手……"意思是说黄帝与上骈、桑林共同创造了完整的人。也有人解释为由黄帝造出人类,然后由上骈和桑林等赋予四肢五官。也有人认为是黄帝教化了人,使人脱离了野蛮,有了人性和良知。

(4)女娲在中国神话中被称为"大地之母""造人女神"。盘古开辟天地之后,不知经过多少年,因阴阳感生,在天地间出现了女娲。女娲在这荒凉天地中倍感寂寞,心里想着要是天地间有些像自己一样的人,彼此相伴,该有多好。她抓起一把泥土,掺和了水,照着自己的模样捏出泥偶。迎风一吹,泥偶便活蹦乱跳起来,女娲给他取名为"人"。女娲一个接一个地不停地造人,但辽阔的大地仍然显得空旷、孤寂。为了造出更多的人来,她从崖壁上拉下一条枯藤,放进泥浆里搅动,然后提起枯藤,向四处挥洒。泥点落在地上,经风一吹,都变成了人。于是她不停地挥动藤条,不久,大地上就布满了人类的踪迹……女娲用泥土造人的故事在我国古代便已家喻户晓,影响极其深远。

2. 国外的创生神话

《圣经》记载,上帝花了五天时间创造了大地万物,第六天他照着自己的形象,用地上的泥土造出一个人,将生气吹进鼻孔后,就成为活的男人,取名"亚当"。接着他又取下亚当的一条肋骨,造了一个女人,人类就这样诞生了。

在西方神话中,关于人来自神创的说法还有很多,其中又以"泥土造人"的说法最多,流传也最广。例如,在新西兰神话中,人是天神用红土和自己的血制成的;美拉尼西亚人也有类似的传说;在古希腊神话中,神从地球内部取出土与火,派普罗米修斯和埃庇米修斯兄弟,创造出动物与人类,并赋予人类个性和智慧;北美洲西部印第安人认为"大地开创者"创造树木鸟兽之后,取些暗红色泥土和水,做成一男一女。

3. 神话源于文化

所有的神话传说都只能算是人类认识地球万物起源(包括生命起源)的一种见解,是一定历史时期的文化现象,并不能作为研究生命起源与进化的科学依据。神话传说和原始氏族图腾中所表现出来的神创思想,归因于原始社会的人类认知能力有限,无法理解生命和自然的神奇与变化无穷,于是在朴素的思辨认知过程中产生了生命来自神秘自然力量(神)创造的假设。例如,为了表现自己氏族的强悍,假设自己的氏族为神兽化生而成的熊族、虎族等。

原始人猎取野兽,以其肉为食,以其皮为衣,但又时常受其攻击,成为牺牲者或被食者。

当他们亲身经历同伴丧生于野兽之口或为自然力(如雷电、洪水、火山爆发、地震等自然灾害)所伤害或杀死时,由困惑到恐惧,进而产生敬畏,于是便想象这是某种神秘力量或事物(神)给予的惩罚,并开始检讨自己的行为。

古人类将某种动物或神秘事物(如日光和月光)当做氏族祖先或偶像来崇拜,迷信本氏族是由某种强大的动物或神秘事物转化而来的,这就是图腾。有人认为图腾可能是氏族的徽号,既是氏族的象征或标志,又是崇拜对象。从古老壁画上和一些考古资料来看,图腾多为动物,而且不同的部落都有自己的来源于不同神话故事的图腾。

人类提出和探索生命起源的问题要比提出生物进化的问题早 2000 多年,但至今仍然没有取得实质性的进展,这是为什么呢? 生物进化一直存在,人类已经发现了大量的生物化石证据,而且生物进化事件今天仍在持续。因此,通过家养驯化和野外自然观察,我们现在仍可看到生物进化的事实。而生命起源发生在几十亿年前(可能已有 46 亿年的历史),当时的遗迹与证据几乎完全被后期的演化所覆盖或淹没,已经很难找到直接证据,也无法像通过家养驯化等办法来检验生物进化那样进行实验验证。因此,探索和认识生命起源要复杂得多,相关的任一学说都会包含更多的假设成分。

第二节　生命是什么

生命是什么? 这是研究生命起源过程中需要首先解决的问题。现代进化论证实:生物进化过程是由少到多、由简单到复杂、由低级到高级。我们要追索生命的源头,探求最早、最简单、最低级的生命形式,就是探求最接近非生命物质的生命,即仅仅能区别于非生命物的生命形式。所以,"生命是什么"就是"生命与非生命物的区别是什么"或者"生命的本质是什么"。

一、自然观察

早期生命起源学说或观点的形成与先哲们当初的自然观察密不可分,那些来自自然的启迪被先哲们捕捉并加以推演、归纳,形成一定的见解,直至形成学说或观点。科学学说与观点的形成是逐步完善的,人类认识自然、认识生命起源是个逐步成熟的过程。

要了解生命的本质(什么是生命),进而认识生命的起源与进化,首先必须从认识最直观的生命现象开始,即从认识生命的表现开始。从宏观角度来看,生命与非生命、活物与非活物,我们一般都能够从感官上加以区分。如日常见到的人、马、鱼、鸟、树木、小草等,它们从小到大能够活动和生长发育,我们就认为它们是活物、是有生命的、是生物。而另一些东西,如岩石、水、冰、房屋、枯干的树桩以及用木材制作的家具等自然物质或人造物品,它们不会自主生长和活动,我们就认为它们是死物、是没有生命的、是非生命物。这些生命体与非生命体的特点都非常明显,我们一看便知,很容易区别。

　　显然，并不是所有的物体或现象都能够依据其宏观表现便可以区分它们是生命体还是非生命体。如细菌等大多数微生物造成食物或树木腐烂、酸和碱等引起木材或家具的腐蚀以及在自然状态下铁的生锈等现象，如果不具备一定的科学知识，我们仅凭肉眼很难区别出究竟哪个是生物作用、哪个是非生物作用。还有些物质，即使使用先进的科学知识和仪器，还是难以区别其究竟是属于生命体还是非生命体。例如病毒，当病毒离开宿主细胞、未表现出生命活性时，常会以结晶态出现，这与非生命物的结晶（如矿物晶体）看起来并没有什么不同。如果没有事前告知，在大多数情况下病毒可能会被鉴定为另类结晶体，但是当其接触到宿主细胞、表现出感染性时，我们才会意识到它原来是有生命的。"眼见为实"往往并不一定是正确的。关于生命及有关现象的自然观察一定要立足于科学，要以一定的科学知识和理论为指导，否则不但不能透过现象看到本质，甚至会南辕北辙。

二、生命的特征

　　这里所讲的生命特征是指生命区别于非生命物质的基本特征和一般性特征，即生命体和生命现象所表现出来的区别于非生命物质的统一性和共性。可概括为以下四个方面：

　　1. 新陈代谢和生长发育

　　所有生命体都能进行新陈代谢和生长发育，即通过内在变化，生命体能完成自身的物质更新和与外界的物质、能量交流。从特定意义上讲，生命体都能从环境中汲取有益成分（营养）使自己不断生长、发育、壮大，同时排出体内的无用之物，即因代谢而产生和积累的废物。这种生长是总体性的生长和原有成分的不断更新。非生命物体是通过附加部分物质来获得增长的，这种增长可称为"增大"或"增多"。像矿物晶体的生长就是这样，它是通过在原有晶体或晶芽（最初可能只是一个小质点）上不断附加新的质点（可能是离子或原子）来生长的，这属于递增式生长，而不是新陈代谢。

　　生命体的生长是指把从环境中摄取的营养物质分解吸收（通过化学过程）后输送到整个机体，并将其转化为自身的组成部分。生物体的这种生长属于代谢式生长，那些被生物体吸收利用的物质已经不再是原来的物质了。如奶、蛋、肉、粮食、蔬菜等食物，在人食用后，经过消化和吸收成为了人体的一部分。同时，人体原有的一些组成部分被分解或氧化，还原为无生命物或无机物质，并释放出能量以满足人体活动的需要。这就是新陈代谢，由物质代谢和能量代谢两个相互密切联系的方面组成，既是生命体所必备的基本特征，也是生命功能的具体体现。

　　2. 自我繁殖和遗传、变异

　　生命最基本的特征除了通过新陈代谢使自身不断生长、发育、成熟、壮大外，另一个重要的方面就是能自我繁殖后代、维持种系繁衍。即在自身生长发育壮大的过程中，能分化出新生的下一代子体，并把自身的性状（内在品质和特性以及外在表现）遗传给下一代。生命个体都有生有死，无法永生，但可通过繁育后代使种系繁衍，在一定意义上获得永生。由于杂交、环境变化、隐性基因显现或目前尚不知的原因，子代与亲代之间在特征上存在着一定的差异，即并不完全相像，这就是变异。正是变异使生命有了变化和进步，可以说变异是生命进化的原动力。

生命体繁殖或生殖又称"增殖"。一般来说,繁殖是指上代个体通过种源细胞来增殖独立生活的后代个体。总的趋势是生物通过生殖或繁殖使个体数目代代增加,但在生存环境压力或某些特殊因素的影响下,也有相反的可能,即趋向减少,直至绝灭。生物繁殖的方式是多种多样的,根据传种的种源细胞类型,可以分为无性生殖与有性生殖两大类。

无性生殖的生殖过程是由生物体的非生殖细胞,即无性别的营养细胞或营养体的一部分直接生成或经过孢子而产生出两个以上能够独立生活的子体的生殖方式,其中又分裂殖(由细胞分裂而增殖)、芽殖(由生出的小芽体长成子体而增殖)、营养体繁殖(营养体部分再生形成新个体)和无性孢子繁殖-孢子囊繁殖等。有性生殖是指有性别差异的不同传种细胞相结合而产生出新一代子体的生殖方式。两个异性生殖细胞结合为一个子体细胞的过程称为"受精"。有性生殖又有接合生殖、同型配子结合生殖、异型配子受精生殖,以及有性生殖与无性生殖交替进行的世代交替等方式。

近些年来,还发现有些生物在某些特殊环境下具有特殊的变异或克隆生殖功能。如因某种原因(如海洋中的浮草)迁移到偏远荒岛上的蜥蜴,一只雌性蜥蜴在没有雄性蜥蜴交配受精的情况下,也能产下可育后代的卵。卵孵化后全为雌性蜥蜴,这些蜥蜴也能产出同样的卵。最后,蜥蜴很快便会遍布全岛,这种繁殖方式被称为"克隆生殖"。由此可见,生命对环境的适应能力以及生命世界的奇妙,现有的科学知识也许才刚刚揭示出其冰山一角。

3. 应激性和活动性

任何生物都生活在一定的环境中,并能做到与环境变化相适应、相协调,否则它就不能生存。所以生物对其周围的环境变化都能做出反应,这就是应激性。植物的应激性则主要表现为体内变化等微观运动。如种子被埋在土里,由于地温的作用和雨水的滋润,种子的应激反应就是能适时自主地发芽生长,从而具有与保存在干燥寒冷空气中的同类种子不一样的行为,这就是植物的应激性。动物的应激性可明显地表现为机体运动或状态改变等宏观变化和体内机能改变或生理反应等微观变化。动物在面对某些危险时,一般表现出逃避、尖叫、恐吓、争斗等行为,调动了体内的感觉系统、神经系统和内分泌系统等,甚至连呼吸系统、循环系统和整个机体组织都会激动起来,表现出一致的综合效应。

虽然生物的应激性一般通过运动表现出来,但是生物的应激运动与非生命物质或物体的机械运动、物理化学变化有着本质区别。如自由落体运动、机械运动等,通常只是改变空间位置等简单的运动或由若干简单运动叠加和组合而成的复合运动。生物的应激运动是生物体的各部分运动联合协作而做出的整体的活动或行为,这是一种"活"的运动。即使只在内部因素的刺激下,生物机体内部也会发生或做出相应变化,如内分泌、神经传导等。总体来说,生物体的应激运动是极为复杂的,其中可能存在声、光、电、磁以及物质和能量流通等多种物理化学运动,以及某些目前尚不为人知的机体内部或外部变化(包括某些生理和心理变化等)。

此外,生命的运动、反应和活动是自主的,无论是与外界进行物质交流,还是能量交换都是自主的,都在内在动力驱动下发生。而非生命物体的变化和运动通常是在外力作用下而发生的,如重力作用下的河水流动、山体滑坡,化学变化中的物质分解和化合,核反应中原子核的聚变和裂变等。

动物对环境变化的应激反应多借助于感觉系统(如触感、光感、声感、电感、磁感等)、神经系统和内分泌系统的作用。近年来的一些研究表明,某些植物对外界环境(如触碰、声、光、电、磁等)的微小变化也能做出应激反应,并在体内产生应激效应。例如,捕蝇草在被触碰时,能像动物一样产生应激行为,分泌出相应的消化液,"消化"捕获的苍蝇等小昆虫,补充自身的营养。其中更深层次的机理尚待进一步研究。

4. 原生质

原生质是细胞内生命物质的总称。它的主要成分是蛋白质、核酸、脂质,它分化产生细胞膜、细胞质和细胞核。一个动物细胞就是一个原生质体,植物细胞由原生质和细胞壁组成。原生质是一系列复杂有机物的结合产物(复杂生命分子集合体),是具有"活性"的有机物质的综合体。生命的一切功能和表现几乎都是通过原生质的活动或变化来实现的,即使脱离了生物体或从细胞中分离出来,原生质也同样具有生命的功能和某些特性。所以,在生命的组成、结构、功能乃至起源上,生命与原生质是紧密联系在一起的。

有一类生物需要加以特别说明,人们一般称之为"病毒",也称为"非细胞生物"(有人提出将其划分为独立的病毒界)。它们是有机物,却没有细胞结构,其有机物组成也不能称为"原生质"或"原生质体"。但它们有时又像其他生物体一样具有生物活性,既可以有条件地显现出所有生物体都具有的活性和特征,也可以在不活动时像某些无机物那样形成结晶体,甚至在十分恶劣的环境中能以结晶态长期存在。它们是生命体吗? 现多数学者都倾向于认为:这是一类介于生物与非生物之间的特殊生物。

因为病毒的存在,还有更小的亚病毒等非细胞生物加入生物界,这无疑使生命的含义或特征变得更加复杂和难以定义。如病毒不能进行自我代谢,必须借助宿主细胞才能进行复制等,与上述生命的基本特征多有不符。

尽管生命与非生命物之间存在许多本质上的差别,但在基本物质组成上,生命与非生命物几乎是完全一样的,如地球上最常见的 C、H、N、O、S、P 等元素,也是生命体的基本组成元素。从这一意义出发,可以认为生命的最大特征在于:生命是在自身内力驱动下通过新陈代谢使自身不断生长发育(个体发生)和繁衍进化(系统发展)的物质体系。

三、生命的多样性

生命的丰富多彩在于生命形式的多样性,生命形式的多样性体现了生命系统的复杂性。进化使生物朝着纵向和横向等多个方向发展,形成不同层次、不同级别、不同分支、不同群落、不同门类、能生活于不同生态环境和条件中的生物物种。总而言之,进化造就了生命形式的多样性,也造成了生物门类的千差万别。研究显示,现生生物种类在 450 万种以上,如果再算上微生物,总数会比 450 万多出许多。人们通常将所有这些生物划分为五大界(五界分类系统)。

1. 原核生物界

原核生物界是地球上最早繁盛的生物类群,已发现的某些菌藻类化石距今有 38 亿年。

原核生物个体由单个小微拟核细胞构成,结构简单,无定形的细胞核。现在的蓝藻、细菌就属于这类微生物。

2. 原生生物界

原生生物界是地球上最早出现的单细胞真核生物类群,其细胞结构有了定形的核和细胞器。已发现的多细胞真核生物化石距今有 21 亿年,由此推测多细胞真核生物起源与单细胞真核生物繁盛的年代距今约 21 亿年,单细胞真核生物的起源时间应该更早。

3. 植物界

植物界是一类自养生活的生物类群。植物在生命活动中能自主进行光合作用以合成糖类(淀粉)等营养物质。植物属于多细胞真核生物,细胞壁有纤维素成分,分水生和陆生两大类群,经过数亿年的进化,从低等到高等已演化出许多门类,是现今地球生态系统的基础。

4. 动物界

动物界是依赖外界有机物质异养(摄食)生活的生物类群。属于多细胞真核生物,细胞之间已高度分化,形成了不同类型的细胞,不同的细胞类群执行或负责完成不同的生理功能。动物越高等,其胚胎的发育过程越复杂,其重演的进化历程也越复杂。

5. 真菌界

真菌界是一类依赖外界有机物质以腐生或寄生方式生活的生物类群。真菌属于多细胞真核生物,与复杂的动物和植物相比,其个体构造比较简单和低级。如日常食用的蘑菇。

近年来,也有人将现生生物分为六界系统,加入了病毒界或非细胞生物界。还有人引进"超界""总界"或"域"等新概念,提出将现有生物分为二超界、三总界或三域的分类法(详见第九章)。

除系统分类外,还有一些分类法从实用角度进行生物类别划分,如:① 从生态学上将现生生物分为水生生物、陆生生物、气生生物等;② 从大小上将现生生物分为在显微镜下甚至电子显微镜下才能看得清的细菌、病毒等微生物,大树、大象、鲸等巨型动植物等;③ 从营养方式上将现生生物分为异养、自养、腐生(腐化吸收);④ 从生活方式上将现生生物分为固着、行走、游泳、浮游、飞行以及穴居、寄生等;⑤ 从食性上将现生生物分为草食、肉食、杂食、寄生和食腐等。

生物的多样性还表明每类或每种生物都有其独特的个性特征。

四、生命究竟是什么

通过以上论述,"生命是什么"这一问题似乎已经解决,凡是具有前述列举的四项生命特征的物质体系即为生命。相对于细胞生物(原核、原生、植物、动物、真菌五大界)来说,病毒等非细胞生物的归属比较有争议。即使处于休眠中,病毒一旦在特定条件下遇到宿主细胞,便能通过感染而获得寄生,进而表现出生命活力,因此病毒具有应激性。但是,病毒由核酸或蛋白质组成,不是真正的原生质(原生质具有不断自我更新能力),病毒自身也没有代谢系统,离开宿主细胞便不能生长发育,必须依赖宿主细胞生存,并利用宿主细胞复制繁殖出更多的病毒,甚至产生变异生成变种病毒。因此,病毒在四项特征中只有一项完全符合,其余三项(新陈代谢、繁殖子代和原生质组成)都是有条件符合。以这四项特征为衡量条件,病毒就不是完全的生命,或者说是介于生命与非生命之间的过渡类型。

毫无疑问,由于人们对生命起源、生命本质以及生命现象的认识不同,便会产生不同的解释或学说。在历史上,曾出现过许多次观点之争,很多著名的学者和科学家都曾试图给"生命"下定义。

法国博物学家、无脊椎动物学的创始人、生物进化论的积极倡导者拉马克曾给生命下定义:生命是在刺激的影响下允许器官活动的一种状态(此定义强调了应激性)。

生命还有过其他一些定义:生命是内部关系对外部关系的不断调节(斯宾塞);生命是抵抗死亡的一种整体功能(比莎);生命具有遗传现象;生命在离子、对映体及生物膜组成的有序结构上存在着正演和反演;存在自我复制的遗传系统是生命的一个主要特点;等等。这些关于生命的定义或概念,有的是从生命的功能或组织上加以概括,有的是从遗传和演化或其他方面加以阐述。从一定意义上说,这些著名的论断就生命的实质问题做了一定的概括或阐述,但这是给生命下了准确的定义吗?生命可以脱离物质而抽象为一个定义或概念吗?生命的意义在于其物质体系的多样性、丰富性以及不断地发展进化,除了这些,"生命"还有什么呢?

其实,生命现象是极难给出定义的现象,不同专业的研究者多倾向于用自己专业方面的术语来下定义。比如:

(1)生理学定义:具有进食、代谢、排泄、呼吸、运动、生长、生殖和反应性等功能的系统。但某些细菌却不呼吸。

(2)新陈代谢定义:生命系统具有界面,与外界经常交换物质但不改变其自身性质。

(3)生物化学定义:生命系统包含储藏遗传信息的核酸和调节代谢的酶蛋白。但是已知某种病毒样生物却无核酸,如朊病毒。

(4)遗传学定义:通过基因复制、突变和自然选择而进化的系统。

(5)热力学定义:生命是个开放系统,它通过能量流动和物质循环而不断增加内部秩序。

事实上,所有试图给生命下一个确切定义的想法其实都是想就"生命的特征是什么"做一个科学的概括。众所周知,早在19世纪下半叶,恩格斯曾对生命做过概括:"生命是蛋白体的存在方式,这个存在方式的基本因素在于和它周围的外部自然界的不断地新陈代谢,而且这种新陈代谢一停止,生命就随之停止,结果便是蛋白质的分解。"恩格斯的生命定义在一定程度上揭示了生命的物质基础,即具有新陈代谢功能的蛋白体,这对后世的影响是极为深远的。

一个多世纪以来,自然科学迅速发展,生命科学的相关研究进入了分子水平。现代研究表明,将活的细胞除去水分(原生质的含水量为 $60\% \sim 90\%$)后,剩下的物质主要为蛋白质、核酸、糖、脂四类大分子,其中又以蛋白质和核酸最为重要,蛋白质含量约占 60%。生物体蛋白质由多种氨基酸组成,其对核酸代谢的催化、新陈代谢的调节控制以及高等动物的记忆、识别机能等都起着十分重要的作用。核酸由碱基、戊糖、磷酸组成,根据核酸中所含戊糖的不同,可将核酸分成核糖核酸(RNA)和脱氧核糖核酸(DNA)。核酸控制蛋白质的合成,决定蛋白质的性质。可以说,蛋白质和核酸两者互相依赖、互相作用,使生命体成为一个有机统一体。

本书对于生命的理解基于四项生命特征,笔者称之为"衡量是否是生命的要素",即生命要素。凡是符合四项生命要素的物质体系即为生命体,最简单的生命体是符合前两个生命要素的生命有机物集合体(或复杂生命分子集合体),笔者称之为"原生体"。一般来说,能符合前两项生命要素者,后两项也随之符合,但在鉴别是否是生命时,前两项要素更便于操作。已知所有的细胞生物都完全符合四项生命要素,只有病毒类非细胞生物是有条件符合,这也充分体现了病毒类非细胞生物在生命进化系统中的独特位置。

第三节　共同祖先还是共同起源

一、同祖说的局限性

人们常说,人类都来自共同的祖先(或同一祖先),即"同祖说"。其首先用在人类起源方面,即世界上无论黑种人、白种人或黄种人,也无论他居住何处、形貌如何、生活习性怎样,人类都是来自共同的祖先,或者说都是同一祖先的后代。再进一步就是人猿同祖,即人类与现存猿类(黑猩猩、大猩猩、猩猩、长臂猿)同祖,在大约1400万年前是同类。同祖说承认人类起源于共同的祖先(类人猿)中的一支,其在进化成为人类之前只有很少的数量或只是一个很小的类群,起源的地方在非洲。其实,在亚洲、欧洲的许多地方都发现有古人类的化石。如中国发现有北京猿人、蓝田猿人、元谋猿人、山顶洞人等古人类化石。那么这些古人类都去哪了,难道都绝灭了,只剩下非洲一个地方的古人类?目前,主流观点这样认为:生活在亚洲、欧洲的古人类先后绝灭,现代的人都是从非洲迁移来的。为什么会这样,尚无确切答案。有一种比较温和些的观点认为:非洲人迁移后,与当地人有过杂交,发生过基因交流,所以也保留了部分当地人的血统。但无论怎么说,人类的祖先只有一个——非洲猿人。

为什么是非洲猿人?第一,因为目前最古老的古人类化石是在非洲发现的。例如,发现于东非地区的"南方古猿"化石距今约300万年;1994年在东非国家埃塞俄比亚发现的"地猿"化石距今约440万年;2000年在东非国家肯尼亚发现的"原初人"化石距今约600万年;2002年在非洲中北部国家乍得发现的"图迈"古猿化石(撒海尔人)距今600万~700万年。中国最古老的猿人化石是"巫山猿人",距今约200万年;最著名的"北京猿人"距今约50万年。第二,与人类亲缘关系最近的黑猩猩仅存于非洲,大猩猩也生活在非洲,猩猩和长臂猿生活在南亚。第三,科学进化论创始人达尔文当年推测人类的祖先可能出现于非洲,其推测的主要依据也是人类的近亲黑猩猩现仅生活在非洲。第三条是权威效应,实际上主要依据只有前两条。至于这个共同祖先是哪一种非洲猿人或是什么样的,现代科学界(考古界和古生物界)还说不清。当然,同一祖先或共同祖先并不一定就是一个祖先,最早有研究者试图将人类祖先归于一个或一对祖先类型,提出所谓"夏娃理论",即所有的人类都来自同一个"非洲老妈",但是这一理论争议较大。由于不同人种的差异以及基因的丰富性,人类仅仅来源于一个或一对个体的可能性极小。后来又有人提出可能来自 33 个个体,但过于精确的数字致使提出者自己也觉得不妥,遂改为少数个体,少到不足 50 位或 10 位。总之,人类的共同祖先是一个很小的类群,人类就是由这少数的个体发展而来的,这就是同祖说。

同祖说最初由法国博物学家、生物学奠基人之一、进化论先驱拉马克(J. B. Lamarck,1744—1829)提出来,讲的就是人、猿同祖。在这里笔者给延伸一下,凡是来自共同祖先的生物类群都可以认为是同祖,这样同祖说便可以用来解释生命起源。尽管没人直说,但在探索和讨论生命起源与进化问题时,人们总是以所有生命都是从少数先诞生的共同祖先发展而来为基本事实。现今人们在谈论生命起源时,讲的大多是某一个地方的个体或少数个体或一个小类群的起源,所以人们热衷于寻找能进行化学合成生命物质的"小池塘"。如火山热水湖或海底黑烟囱附近的热水小环境,其中存在的特殊生态系统一直以来就是人们讨论生命起源与演化问题的模范例证。不是说火山热水湖与海底黑烟囱附近小生境及其生态系统的研究对探索生命起源没有意义(其实很有启发作用),而是说我们为什么要寻找类似生命"温床"或"摇篮"的特殊小环境,为什么要把生命起源的祖先类型局限在少数个体或小类群上,为什么不能是地球形成后的大多数地方都适宜生命物质的合成,即适合生命起源,然后生命在地球上遍地开花式地大爆发?想象一下,生命一经诞生,无论是原始海洋,还是温润的大地,到处都是小微原生体,那是一幅多么壮观的场景啊!

人类已经高度进化,在一定意义上可以说是某种特化,并形成了对环境的特定要求。如人类不能在高温($\geqslant 70\ ℃$)或低温($\leqslant -100\ ℃$)中自然生存(不是工程学上带着特殊设备的生存,如航天员在太空穿航天服),而细菌却可以在极低温($\leqslant -200\ ℃$)或超高温($\geqslant 100\ ℃$)条件下生长发育。所以,这里先不讨论人类的起源与进化问题,仅以主张人类从少数个体或小类群演化发展成今天芸芸众生的观点为例,来讨论生命起源是否也是先产生少数个体或小类群,然后再进化发展成现如今的丰富多彩的生物世界的问题。

同祖说应用于生命起源存在很大的局限。生命来自共同的祖先,作为生命始祖即最早在地球上出现的生命个体有多少,最早产生的这个小类群有多大?人类始祖可以从一个到几十个("非洲老妈"),生命始祖可能有多少,几百、几千、几万、几十万或更多?几十万个细菌甚至更小的单细胞微小生物太少,再多些,几百万、几千万甚至上亿也仍不够装满一只小酒杯。拿现代基因派的"尺度"来量一下,假设这些物质全部都是基因,能组装出现代的生物世界来吗?显然不能,其余的基因从哪来?在所有的生物体中,基因只占极小一部分,难道是中途不断有外来基因加入,即大量甚至绝大多数基因都是后来加入的,以丰富生命系统的基因库?可至今未见任何关于系统进化的观点中有过进化系统中途不断有外来基因加入的描述或讨论。如果真是这样,那就应改写生物进化史,重新定义共同祖先!

二、共同起源与祖先类型

如果说地球上的生命来自共同起源,而不是拘泥于共同祖先,那么有些问题就要好解决得多。共同起源可以理解为起源于统一的物源途径或过程,这样就可以将生命起源问题放在全球大环境,而不是特定小环境中来讨论。最初出现的生命形式或祖先类型一定是个非常庞大的群体,可以多到不计其数的微小生命体,且多种多样、丰富多彩。这些无数且多样性的原生体既是生命起源的成果,又是生命进化的开始,生命从这里进化发展。

如果开始只是少数个体或小类群,那么生命进化发展的基础只是一个点,从一个点生长与以全球范围为根基的成长相比,结果肯定是不一样的。我们通常将生命进化系统看成是树状系统,如一棵树,如果共同祖先只是少数个体或小类群,那么这棵树的根部就只是一个点,由这个点向上到枝干、树冠和细枝末叶,而没有向下散开成网状的根部和植根于沃土的宏大根系。因此由一点散开的只能是一张"脆弱"的扇形网,而不是一棵下面根系庞大、上面枝繁叶茂的健康大树。

如果生命起源不是共同祖先或同一祖先,而是一开始便形成了许许多多的个体,原始地球表面的海洋和大地到处都充满着早期的原生体。由这些原生体的不同组合形成不同的生命形式,早期进化发展中还有着广泛的融合与集合组装,不断增加和交换着基因。在这一生命起源与早期进化的图景中,为了区别于传统的共同祖先,笔者提出"共同起源"(同源)来代替共同祖先,强调共同起源所产生的祖先类型就是原生体。与共同祖先或同一祖先的少数个体或小类群完全不同,原生体是遍布原始地球表面的不计其数的芸芸众生,两者是完全不同的概念。

生命的祖先类型一定是单细胞生命体,因为多细胞生物的细胞多已分化,不同的细胞各司其职,每个细胞在某种或某些功能上得到强化,同时也失去了另一些功能。单细胞生物一个细胞就是一个生命体,其内细胞器就是各个器官,所有的生命活动都在细胞质内完成。单细胞生命体可以通过融合等作用直接与外界进行物质和能量交流,具有更大的可变性和进化出新功能的机会。单细胞生物通过细胞融合、聚合或集合重组将原始地表由众多原生体组成的众多复杂的生命系统联成一体,无数的生命系统中的原生体都是生命进化的物质库源、基因库源以及特性库源。这些原生体就是生命进化的起点,也是生命进化的源泉和发动机。只有初始个体众多,才有更多的选择性和生存空间。由此产生的进化是大浪淘沙、优胜劣汰,而不是如只有少数个体那样,需要精心培养、严加呵护,才能有幸长大。

那么,我们的祖先类型——原生体是什么样的?它们与现代哪类生物比较接近?

早在1866年,德国博物学家、进化论的捍卫者和积极传播者海克尔(E. Haeckel,1834—1919)在其提出的三界分类系统中(原生生物界、植物界和动物界),把原生生物看做是最原始的生物,代表生物进化的早期类型。原生生物是一大类单细胞生物,现代将其看成是最简单、最低等的真核生物。单细胞的原生生物集多细胞生物功能于一个细胞,包括新陈代谢、水分调节、运动繁殖等。原生生物全部生存于水中,没有角质,分布极广,凡是有水的地方就有原生生物。它们都很微小,需用显微镜观察,是重要的浮游生物,也有底栖生活,在海洋和湖泊、池塘等一切水域都极为丰富。原生生物种类繁多,已知原生生物界至少包含5万种生物。在潮湿的土壤、叶片上或陆地上也有它们的踪迹,也有一些是共生的,有些还是能引起致命疾病的寄生原生生物。在随后的五界生物分类系统中,原生生物界通常只包括单细胞真核生物以及少数没有组织分化的多细胞生物。

原生生物营养方式多样,有些为自养,有些为异养,还有些为混合营养。有些原生生物似真菌,可以从环境中吸收营养;有些原生生物既可以利用光合作用制造食物,亦可进食有机食物,如裸藻(眼虫)。能进行光合作用的浮游原生生物多成为其他生物(包括原生生物)的食物来源,几乎所有的原生生物都进行有氧呼吸。根据营养方式可将原生生物分为藻类(自养,含有叶绿体,能进行光合作用)、原生动物类(异养,吞噬有机食物)、原生菌类(分解有机物,吸收营养)三大类。有报道说(英国《自然》杂志,2010)发现最早的多细胞真核生物化石距今约21亿年,单细胞真核生物可能早在25亿～30亿年前就已经出现。原生生物属于单细胞真核生物,最早可能出现在25亿～30亿年前,是很古老的生物。

原生生物已有完整的细胞核,说明已进入相当的进化层次。特别是20世纪70年代以来,生物学家们扩充了原生生物界的界限,将单细胞真核生物和原本在五界中属于植物界、动物界和菌物界的某些简单、低等多细胞生物都划入了原生生物界,如变形虫、黏菌、浮游生物、海藻等,据称这样划分的理由是基于细胞构造和生活史的比较,言下之意是有些生物虽然是多细胞生物,但其细胞分化与高等生物相比还不明显。例如,多细胞的海藻比较接近单细胞藻类,而与植物相比差距较大。扩充后的原生生物界分类法将所有认为不适合归入植物、菌类或动物的真核生物皆放入原生生物界中,导致原生生物界下属门类随之扩容,如类似植物的藻类、类似真菌类的原生菌类和类似动物的原生动物类,变得纷繁复杂,反而不能代表其原本的定义:真核生物中最原始、最简单的类群——单细胞生物。

现在已知,原生生物并不是真正的原生体,而是最原始、最简单的真核生物,是五界中在形态、解剖、生态和生活史上变异最大的一界,且分界界限不是很明确。有些原生生物的演化分支很明显地延伸到植物界、菌物界和动物界中,还有就是单细胞原生生物的细胞结构已经非常复杂,能像植物体或动物体一样能完成一个生命体所有的新陈代谢和繁衍过程。所以,从生命起源与早期进化的角度来看,真核生物已经相当进化了,它们的出现是生物演化史上的重要突破,但它们远不是生命祖先类型的代表。

1969年,美国生物学家威特科(R. H. Wittaker,1924—1980)提出五界分类系统(原核生物界、原生生物界、真菌界、植物界和动物界),其中比原生生物更原始、结构更简单的是原核生物,原生生物是由原核生物演化而来的。原核生物没有真正的细胞核,它们更原始、更简单,它们才是生命的祖先类型(参见第九章)。

第二章　进化思想的形成

进化思想的形成使人类认识生物发展史有了质的飞跃,也使人类心智、理性和认知能力得以升华。人类科学地认识到生物进化经历了一个艰难的过程。从生物变化说到科学进化论,经过几代人的不断探索和推陈出新,直到达尔文的划时代工作才真正揭示出生物进化的真谛,创立了科学进化论。达尔文进化论中提出的"物竞天择""适者生存"使人们更多地想到竞争,但生物进化的动力是生物自身的变化,即遗传基础上的变异。竞争和选择决定了进化的方向,但变异才是进化的原动力。

200 多年前,林奈(Linnaeus,1707—1778)基于物种不变的观点将生物进行分门别类,建立了现代生物分类系统并确定了物种的概念。正是在现代生物分类的基础上,人们发现了物种之间的区别与相邻物种间的过渡类型,从而窥探到物种之间的联系与变化,进而推测出起源上的相关性,孕育出进化思想的萌芽。

第一节　自然发生说

关于生命起源的"自然发生说"也称"自生论",最初来源于古代先贤对自然现象的感悟,如干涸的池塘底部人们见到的只是泥沙,可一场暴雨过后,人们在池塘积水中发现小鱼苗。这些小鱼苗从何而来? 在现在的非洲干旱地区的一些季节性水域(如季节性湖泊和沼泽)也会出现同样的景象。不仅是鱼苗,甚至更大些的动物(如两栖动物的蛙类)也会突然出现于雨后沼泽中,干涸的沙地经暴雨浸润后,植物会一下子涌现出来。

今天,这些现象已经有了科学的解释,种子或鱼卵在特殊环境下可以休眠。但在 2000多年前,人类对干涸的池塘雨后能出现小鱼苗等生命的认识还只是思辨性的猜想,认为生命的出现是与某种未知的事实存在关联的。

一、自然发生说的提出与发展

在远古时代,人类对自然的观察是十分粗糙的,对于生物和非生命物质本质的认识还处于原始状态,古代先贤们正是基于这简单、粗糙的自然观察逐渐形成了关于生命起源的认识——自然发生说(自生论),这一观点认为生物最初是从非生命物质中直接产生出来的。自生论与特创论最大的区别在于前者建立在自然观察的基础上,认为生命来源于非生命物质，而不是来自神（众神或一神）的凭空创造。

　　包括古希腊的思想家和哲学家亚里士多德（Aristctle，前 384—前 322）在内的一些早期的先哲们都极力主张自生论的观点。在他看来，干涸的池塘进入雨水以后，出现的小鱼苗就是由塘底的泥土变成的。他在《动物史》一书中写道："大多数鱼是由卵发育而成的，可是有些鱼却是从淤泥及砂砾中产生出来的。"在今天看来，这显然是不科学的认识，但相对于那个时代而言，这应该是最早出现的唯物思辨和科学探索的萌芽，也是最早用自生论解释生命如何产生的明确文字记载。

　　在亚里士多德身后的 2000 多年中，自生论的观点在东西方都很盛行，并通过各国或各民族的文化反映出来。比如，中国古代有"白石化羊""腐草化萤""朽木变蝉"等说法，古希腊、古埃及都有"泥土变鱼"说，在古印度、古巴比伦等国也有"汗水生虱""腐肉生蛆""温土生蛙"等说法。

　　直到 13 世纪，欧洲的学者还相信，鹅可以从树上长出，树叶掉到地上会变成鸟，落入河中可变成鱼的说法。不过，这时的自生论不再是亚里士多德时代认为的生命可直接产生于非生命物质那么简单，而是生命不仅可以产生于非生命物质，并且一种生物可以产生于另一种生物或已经失去生命的生物体。如动物可以直接产生于植物，高级动物可以直接产生于低级动物或已经死去的动物体等。

　　这时的自生论不但涵盖了生命起源，还包含了物种起源等生物进化的内容。直到 17 世纪，自生论的观点仍然有着巨大的影响，甚至在学术界也占据着重要地位，就连一些伟大的科学家，如笛卡儿（1596—1650）、牛顿（1642—1727）、布丰等都是这一学说的信奉者。

　　自生论在当时确实反映了人类原始的反宗教的自然观。它的基础是自然观察（尽管是十分粗糙、不全面的）而不是宗教迷信，其中不乏朴素唯物主义的成分，并且已经反映了或已经开始注意到生命与非生命物质在产生上的联系，但却混淆或忽略了两者间的界限，对生物与非生命体之间的本质区别、转化条件、适宜途径、时间性和转化的进步性等尚缺乏科学认识。当然这无疑是受制于历史的局限性，但却是自生论最致命的不足之处，也是自生论不能成为科学学说的最主要原因。

　　后来，由于一些人对自生论不恰当地主观发挥和歪曲，以致让自生论走向了极端，从亚里士多德最初提倡自生论时引入的"活力说"变为"活力论"。直到 17 世纪初，比利时著名医生范·赫尔蒙特（1579—1644）仍然迷信并极力宣传活力论，他不仅坚持认为生物可以因获得"活力"而突然产生或死物能突然变活，而且还别出心裁地提出了制造老鼠（寓意创造复杂生命）的方法，即在一个容器里，将存有人汗的衬衣和小麦放在一起，经过发酵，21 天后就可以生出活的老鼠来。今天看来这是多么荒谬可笑！

二、雷迪实验

　　17 世纪中叶，随着科学技术的发展，人们开始用实验的方法来探索生命起源的问题。1669 年，意大利医生弗朗西斯科·雷迪（1626—1697）公布了他于 1668 年所做的腐肉实验结果：腐肉并不能直接产生蛆或苍蝇。蛆是由苍蝇产卵后孵化出的幼虫，蛆生长发育成熟后变成蛹,蛹再经蜕变变成成虫苍蝇,如此完成一个生殖循环。

实验通过将肉分别放置于罩有纱布罩和不罩有纱布罩的不同容器内,对其生蛆过程进行连续细致的观察比较。结果发现:罩有纱布罩的器皿因苍蝇不能进入其内,容器中的肉没有生蛆,即肉本身不能生蛆;只有不罩纱布罩的器皿因有苍蝇进入,并将蝇卵留在肉上才会长出蛆来,实验否定了腐肉生蛆说。

雷迪的实验向自生论发起了挑战,从根本上动摇了自生论,证明了像苍蝇这样的生物是不能自然产生的,进而敲响了自生论的丧钟。然而,在这些观察事实的基础上又逐渐萌生了另一种与自生论完全相反的观点,并且很快盛行起来,这就是"生源论",也称"生生论"。该观点认为生物与非生命体之间存在有一条不能逾越的鸿沟,主张一切生物只能来自同类生物。一种观点被否定,另一种与之截然相反的观点的提出或兴盛是正常的,但生源论关于生命起源的解释似乎走向了另一个极端。

三、微生物自生论

显微镜的发明与微生物的发现给自生论带来了第二次春天。由于显微镜的发明和广泛应用,人类发现了远比已知生物小得多、用肉眼甚至放大镜都看不见的微生物。同时由于雷迪实验仍然给人们留下了疑问:那些没有被苍蝇叮过的肉,没有生蛆,但还是腐败了。而且在显微镜下还发现罩有纱布的肉块腐败后,里面有大量的微生物在活动,于是自生论又重新活跃起来。一些自生论的坚持者便据此认为,虽然像苍蝇、老鼠那样结构复杂的生物不能自然产生,但至少像微生物这样结构简单的生物体还是可以由非生命物质自然产生的。随之,"微生物自生论"便诞生了。此后,生源论与自生论(微生物自生论)便展开了近两个世纪的大论战,双方各执一词,各自都在持续不断地进行着实验,并时常在大庭广众下展示自己的实验,进行着拉锯式的论战和辩论。

这一时期,多数自生论者都坚持认为,虽然结构复杂的生物不会自然产生,但结构简单的微小生物却是可以直接由无机物自然产生的。该观点因为凭借当时先进的显微镜观测技术,因此很有说服力,在雷迪实验后又继续盛行了近200年。加上有人肆意拓延和歪曲,并与生机论相附会,结果由亚里士多德的"活力"导演出活力论,认为自然界存在某种特殊的活力,由于活力的激发作用可使死物突然变成活物。这已经走向了科学的反面,自生论由于过分宣扬活力激发,死物快速变活,生命可以突然发生等观点,致使自生论原有的一点朴素唯物主义思想也变成了机械论和神秘主义的附庸,成为人类科学进步和认识发展的障碍。

第二节 生 源 论

一、自生论与生源论的科学论战

　　雷迪的实验从根本上动摇了自生论,产生了生源论,但此后的 200 多年中,微生物自生论仍很盛行。此间,生源论与自生论的论战也一直持续着。1765 年,意大利博物学家斯帕朗札尼(1729—1799)做了曲颈瓶煮沸肉汤的实验,结果煮沸的肉汤在曲颈瓶内存放数月而不见腐败,其中也没有微生物生成。实验事实上证明了微生物自生论不能成立。但是,由于那个时代人们认识能力的局限,加上活力论的影响,有人为微生物自生论辩解道:"高温杀死了汤中原有的活力,所以数月无微生物自生。"

　　由于观点分歧和实验的多解性,在此后的 100 多年时间里,仍然有不少科学家对微生物自生论深信不疑,就连海克尔等也不例外。海克尔认为生物可以通过自然发生而起源,或可以通过自然发生产生新的物种,他甚至认为自生论对于生命起源的解释是最科学的。

　　自生论与生源论的科学论战仍在继续,在斯帕朗札尼实验之后又持续了整整一个世纪。直到又一位伟大科学家的一系列的成功实验,才宣告了这一时代的结束和新的科学时代的开始。这位科学家就是法国微生物学家、化学家路易斯·巴斯德(Louis Pasteur,1822—1895)。

　　1864 年,巴斯德公布了他自 1860 年以来进行的一系列严密而精确的实验(包括他最著名的两个实验:曲颈瓶煮沸肉汤对比实验和无菌浸液实验),证明了微生物只能由散布在空气、土壤、水和各种物体上的微生物孢子(胚种)发育而成,并不能自然发生。微生物及其胚种孢子在自然界中是普遍存在的,所以存放的肉块极易被细菌感染而腐败。实验使生源论赢得了决定性的胜利。

二、生源论的胜利

　　巴斯德最著名的实验之一就是曲颈瓶煮沸肉汤对比实验。与斯帕朗札尼实验不同的是,巴斯德实验是将曲颈瓶和无曲颈的瓶子都盛上肉汤同时煮沸。其中有曲颈的瓶子由于水蒸气在曲颈折弯的管道中凝结成水并汇集于颈弯处,形成水封,使外界空气不能自由进入瓶内。无曲颈的瓶内肉汤虽然也煮沸过,但由于空气自由流通,易被空气中的细菌等微生物感染。无曲颈瓶内的肉汤煮后几小时,很快就腐败变质,产生大量的微生物;而曲颈瓶内的肉汤却一直保持了好几个月也没有腐败。两种截然不同的实验结果对比表明:有机液体腐败是由于外界微生物感染并在其中大量繁殖所致的。如果环境中的微生物不曾进入有机液体中,有机液体就不会自然产生出任何生命来。这显然证明了生物(包括微生物)不能自然发生的观点。

巴斯德的另一个著名实验是无菌有机浸液实验。实验用的几个无菌有机浸液瓶长期保留在巴黎，历时 100 多年仍然保持无菌，即无微生物自然发生。

根据这些实验结果，巴斯德进一步得出了生物只能由同类生物产生的结论，即证实了"一切生物皆来自同类生物"的著名论点。从而最终彻底否定了自生论，确立了生源论，赢得了最后胜利。

巴斯德的系列实验和研究对于微生物学、医学乃至整个生命科学来说，厥功至伟。后来的医学高温消毒即源于此，所以他被后人誉为"现代微生物学之父"。他的发现对于工业微生物学与医学微生物学的贡献是无法估量的，我们日常生活中的食物保存、医疗消毒等都得益于此。但不无遗憾的是，他的研究本来是试图解决人类争论已久的生命起源问题，可事实却走向了反面，特别是被一些人过度渲染后走向了另一个极端。生源论主张一切生物皆来自同类生物，否认生命可以由非生命物质进化发展而来，从而隔断了生命与非生命物之间在发生和进化上的内在联系，实际上也就否认了生命起源于非生命物质的可能性，即有机物起源于无机物的可能性。

三、生源论不能解答生命起源问题

一切生物皆来自同类生物，那么地球上最初的生命来自何方？在生物进化中，新的生物物种又来自何方？人类不得不重新开始思索、探求、猜想和推测。所以，生源论不能解答生命起源问题。极端论者甚至以此来否认生物进化产生新物种的可能性，其基本观点具有反进化论倾向，如"永恒生命论"和"生命神创论"。

自生论被彻底驳倒，生源论事实上也不能解答地球生命起源问题，而古生物学研究成果又一再证明地球生命是从无到有、从简单到复杂、从少到多、从低级到高级地发展演化的。那么从无到有的最初生命从何开始呢？有人把视线转向了地球以外的茫茫宇宙中，企图在地球之外寻找地球生命之源。从 19 世纪到 20 世纪初，西方一些学者致力于在地外宇宙中寻找地球生命起源的可能答案，企图既不违背生源论观点，又能给地球生命起源找到一个合理的解释。学者们在如何认识生命起源的问题上又陷入了困惑和迷惘，于是便有了"天外胚种论"或"泛胚种论"。

第三节 早期进化思想的形成

随着科学发展，早期那种纯粹的思辨性推测和完全抽象地谈论生命的起源和本质问题，显得有些脱离实际。由于技术进步，人类逐步开始以观察和实验为基础来研究和探讨生命的起源和本质问题。相对而言，最初的生命起源问题太过久远，不确定性的影响因素太多，人类尚无法通过对现实世界的观察来进行对比分析或实验研究。于是，转而从生命进化和个体发育上来研究生命的本源问题,由此产生了一些有关生命本质、生物进化以及有机体个体发育的理论和观点。自古以来,"生命本源是什么"一直是最易引起争论的问题,曾有过长期的争论与斗争,历史上有过较大影响的学说有生机论、机械论、预成论和渐成论等。

一、生机论与机械论

1. 生机论

自生论的一个最大错误就是走向生机论(活力论)。今天,生机论被多数人认为是唯心主义观点,因为它把生命本质神秘化了。这一观点认为生命活动是一种特殊的神秘的超自然的活力的体现,即生命体的一切活动都是由它内部具有的非物质因素(活力或生命力)所支配的。任何物体一旦附着上了这种特殊的活力,就会成为生命体(生物),死物也能变成活物。由于活力的存在,生命体与非生命体之间的区别便成为绝对,活力成为两者之间横亘着的不可逾越的鸿沟,任何企图证明生命现象和非生命现象的相关尝试都是对生机论的批判和挑战。

活力论是生机论的理论基础,亚里士多德最初假设生命体中存在这种神秘的超自然的活力,只是出于早期最朴素的唯物认识观,只是为了说明生命的起源及生命本质的特殊含义,并没有什么故弄玄虚之意。可是,后来的追随者们则不断地甚至是无限地加以延伸和渲染,以致自生论走到了极端。近代生机论的代表人物,如德国生物学家杜里舒(1867—1941)就沿袭了这个玄虚的概念,法国唯心主义哲学家柏格森则将活力变相称为"生的冲动"。

2. 机械论

在与活力论的不断斗争中产生了另一种关于生命本质的认知观点——机械论。机械论把生命本质完全归结为物理化学现象,它是资产阶级文艺复兴以后产生的另一种极端思想,与当时机械力学的空前发展密切相关。机械论认为自然界中的一切现象都是由机械原因造成的,在生命体与非生命体之间并没有本质的差别。机械论企图用机械力学原理来解释生命的本质,从而把生命现象与非生命的机械系统完全等同起来,将复杂生命的运动看作为简单的机械运动组合,这显然不符合现代的科学事实,是一种形而上学的观点。

机械论的产生应追溯到达·芬奇(1452—1519)。达·芬奇最初把活的有机体和它的组成部分当作机械系统来研究,他曾论证动物的骨骼就像杠杆一样发生作用。后来哈维则把心脏的作用比作水泵。17世纪,机械论代表人物笛卡儿提出了"动物机器"的观点,他认为动物是一架自动机器,在生命体中发生的各种生命现象都可以用力学原理加以解释,并提出无机界和有机界都是由本质上相同的物体组成的机械体系,遵循着同一种规律。他说:"人和动物的躯体就像一部高等的机器,它们的运动是按照同一种机械规律来进行的,就像人们为了一种特定的目的而制造的机器的运动一样。"

意大利学者波雷里(1608—1679)继续发展了生物机器的观点。在他死后出版的《论动物的运动》一书中,运用多方面的例子论述了这一见解,提出人的行走、跑步、跳跃、滑冰、举重等都完全符合力学原理,动物的飞行、游泳等也同样是力学运动以及把肺当作鼓风箱、把胃看成是一种研磨机械等。

以笛卡儿、波雷里等为代表的用机械原理来认识和解释生命活动的学派——医理学派的活动,打击了当时十分流行的唯心主义的活力论,但自身却陷入了形而上学的机械论泥潭之中。由机械论而导演出的目的论,即关于自然界的一切都(有意识地)被安排成符合目的性的思想,更是走向了极端,更确切地说是走向了唯心主义。就连19世纪德国生物学家、进化论的积极拥护者海克尔都持有这种观点,主张生物体的一切活动与无机现象相等同。可见当时人们关于生命本质的认识是多么的有限。

二、关于个体发育的早期认识

如果不是研究生命的起源问题(系统发生),而仅仅是研究生命的个体形成,即生命个体的发生学问题,人类的认识可以说已经取得了决定性的进展。最初正是因生物进化和生命个体发育方面研究取得突破性进展才揭示了生命的某些本质问题,也由此产生了一些有关生命本质、生物进化与有机体个体发育方面的思辨与认识。

有机体个体发育的研究,虽然正面避开了生命起源这个极易引起争论的问题,但并没有背离它,而是把问题缩小到生命个体的起源和发展这样的具体问题上,并由此来讨论生物进化的一般规律(如重演律)。但生物进化的最初阶段是什么样子? 生命的源头又在哪里? 问题最终还是要回到生命起源的问题上来。当时在显微镜下的生物学研究使人类发现并认识了细胞,即发现和认识了各种复杂的生物有机体原来都是由一个个简单的小单元——细胞彼此结合而构成,并由此发展成细胞学说。

不仅如此,人类在研究胚胎发育的过程中还发现:所有复杂生物体都是从一个简单的单细胞开始的,其个体胚胎都是从受精卵开始、经逐步发育(细胞分裂增殖)而成的。于是,随着胚胎学这一新兴学科的发展,便出现了关于有机体是怎样由一个简单细胞发展而来的种种猜想,即有机体个体发生的假说和理论。这些理论中直到现代仍有着重要影响的有预成论和渐成论。

1. 预成论

预成论又叫"先成论"。1665年,英国自然科学家虎克(R. Hooke. 1635—1703)在用自制的显微镜观察木栓切片时,发现了细胞。1674年,荷兰科学家列文虎克(A. Leewuenhoek,1632—1723)用自制的能放大200~300倍的显微镜观察研究动物活组织和细菌移动行迹,发现了卵子、精子等生殖细胞。以此为依据,预成论者提出,在人和动物的生殖细胞或受精卵中存在一个像小人或小动物一样的东西,它有头、躯干、四肢等,并认为整个复杂有机体就是由它不断扩大发展而来的。就像花蕾里包含有花的所有部分一样,人的精子里包含有小人,鸡的精子中也包含有小鸡,等等,即认为生殖细胞就是其成体的微细模型,个体发育就是预先存在于生殖细胞(精子或卵子)里的子体长大的结果,并没有什么新东西出现。有些预成论者还设想存在于生殖细胞中的"小体"最初是看不见的,其各个不同部分是在不同时期才变成看得见的东西。

荷兰学者施旺墨丹(1637—1680)作为预成论的代表人物几乎走到了登峰造极的地步,当他得知蝴蝶在蛹的阶段就已完全成形时,便盲目地推断蝴蝶在毛虫期甚至在卵里就已经含有它的小体了。并由此认为其他动物也同蝴蝶一样,每一个胚胎在自己的性器官里就已经含有下一代、下下代乃至无限个下代的小体,就像大盒子里装有小盒子一样,一个套着一个,一直套装下去。

施旺墨丹把预成论推向了一种极端形式,设想某种动物的卵里就含有这一种类的一切未来世代的预成小体或微细模型,这就是所谓的"胚胎套合学说"。拿施旺墨丹自己的话来说,就是"自然界中没有发生,只有增殖,就是只有各个部分的生长",他认为这样就可以说明世界上所有的人在诞生前都已包含在亚当和夏娃的性器官里面,"当他们的卵的储藏用完的时候,人类也就终止了"。

另一位预成论的重要代表人物瑞士生物学家哈勃(1708—1777)更是别出心裁地鼓吹预成论,还异想天开地做出计算,认为在夏娃的卵里共藏有 20 亿个胚胎小体(在当时看来,20亿已经是很大的数字了),并预言:此胚用完,人亦到数。可是,现今地球人类的数量已超过70 亿,这是他和他那个时代的人所不能想象的!预成论延伸到生命起源问题上,正是生源论和永恒生命论的极端表现形式,它们之间存有内在联系。到 18 世纪 70 年代,预成论面临着德国学者沃尔弗(Wolf,1733—1794)等提出的渐成论的挑战。

2. 渐成论

渐成论又叫后成论或发育论。沃尔弗通过显微镜对动植物的个体发育进行了仔细观察,提出与预成论正好相反的观点,认为植物的各种器官,如叶、花、果等不是预先形成的,而是由构造极简单的微小突起发育而成的。植物的所有器官都可以缩小成叶的形态,或者说它们只不过是叶的后天变态罢了。

沃尔弗在观察鸡的胚胎发育时,发现肠的原始体是薄片状的,后来变成小沟状,最后才变成管状。因此他认为:个体发育并不像有些学者认为的那样从完备的胚胎(小体)开始,而是从没有分化的胚组织开始的,在受精卵里看不到现成的小体或器官,个体发育是新的部分的形成和一系列新构造的产生,即通过从简单到复杂的变化来实现的。沃尔弗于 1759 年出版了《发生论》,他在书中指出,从鸡卵孵化到鸡的过程中,每一部分都是它从前的另一部分的产物,同时又是以后其他部分的起因。

由于沃尔弗对胚胎发育的系统研究而建立了一门新学科——胚胎学。他从自己的研究中认识到有机体的发育开始于细胞结构,而不是细胞中隐藏的小体或隐形微型。他认为一定形态的形成是细胞按一定规律变化的结果。这其中已经孕育着细胞学说的萌芽。

显然,渐成论虽局限于当时的具体环境但仍对预成论进行了批判,而且用变化发展的观点分析论述了生物个体的发育过程,是一种进步的思想,从而促进着物种进化学说的形成和发展。恩格斯对此曾给予了很高的评价:"沃尔弗在 1759 年对物种不变(论)进行了第一次攻击,并且宣布了种源说的物种进化思想。"

三、生物变化说与科学进化论

到了 18 世纪,有关生命的起源、变化、本质等问题的新观点、新思潮逐渐出现,生物变化说就是当时出现的新观点之一。这一观点认为物种是变异的,并且承认一些物种完全能变化成另一些与先前物种完全不同的新物种。

法国博物学家布丰(Buffon,1707—1788)就是生物变化学说的重要代表人物和积极倡导者,他不仅认为物种是变化的,而且还提出现代生物起源于少数原始类型的进化论观点。并对引起物种变化的原因进行了推测,他认为引起物种变化的主要原因是气候、食物和杂交,人工驯养也起着重要作用。他比较分析了新旧大陆的哺乳动物,认为位于隔离开来的两块不同大陆上的许多物种间既相似又有差异是它们分别生活于不同环境下的结果,而这些不同的生活环境正是大陆分离造成的。他还列举了骆驼、狗等家畜变异的例子,推测斑马和驴是从马变来的等,试图以此来证明生物变化论的观点。

布丰还注意到脊椎动物结构图案的一致性,并由此认为它们属于同一"家族",而不同的物种只是后来变化发展而来的。他还试图把生命的演化历史与地球的无机演化历史联系起来,提出地球的热起源说,认为太阳抛出来的一块炽热物质团形成了地球。最初的地球是圆球状的炽热液体团块,后来慢慢冷却,出现地壳,在其表面笼罩着炽热的水汽,这些炽热的水汽冷凝而形成了热的海洋,最初的生命就是在这热的海洋中产生的。后来随着海洋的降温退却,海底升起,海床露出,形成山或陆地,生物也从水生发展到陆生。

在当时看来,布丰的观点显然是反特创论、反宗教的,承认物种变异演化必然为宗教神权所不容,从而遭到教会和神徒们的斥责和压制。布丰迫于宗教势力特别是教会的压力,于1751年当众宣布放弃他的关于地球形成及物种变异学说。

另一位值得一提的是德国著名学者歌德(1749—1832),他曾试图合理地解释生物进化问题,并确信动植物有着共同的起源。

1790年,歌德出版了《植物变态学》一书,他在书中指出,所有不同形态的植物都起源于一种最原始的植物,所有植物不同的器官都起源于一种最原始的器官——叶子。他在另一部著作《头骨脊椎论》中推测:一切脊椎动物(包括人)的头骨都是以同样的方式由排列有序的骨群组合而成,而这些骨群只不过是变异的脊椎骨或相当于脊椎骨的骨骼融合而成的。他还推断人的骨骼和其他脊椎动物的骨骼一样都是按照同一个类型组合起来的。

歌德的变化说富于思辨性,但还未超越一般思辨的范畴。其中的结论只是一般思辨性的抽象推论,因而未受重视。尤其是在当时的学术界极为推崇实证的情况下,这种反宗教的学说和言论既不可能得到宗教界的欢迎,也不可能受到与宗教界或多或少有着某种联系的学术界的重视,从而既未能在学术界站住脚,也未能在社会上流行开来。再者,无论是布丰的生物变化说,还是歌德的变化说,都还不能称之为"科学进化论"。虽然他们都承认物种变化这一基本事实,但尚未发展到物种系统发展的观点。仅仅承认或认识到物种的变异,甚至还未能认识到变异的历史继承性,对生物进化论来说,这是不够的,与真正的科学进化论还有一段距离。

科学进化思想的出现以达尔文《物种起源》一书的出版为标志。达尔文于1831年12月以博物学家的身份参加了英国海军"小猎犬号"军舰环球科学考察。历时5年,他对沿途(特别是一些岛屿与海岸)动植物和地质特征进行了大量的科学考察和样本采集,后又经过近30年的研究与探索,形成了生物进化的观点。1859年达尔文出版了震动世界的《物种起源》一书,他以大量实证材料证明:生物在生存发展与种系繁衍的过程中,由于遗传、变异和自然选择,逐渐从简单到复杂、由低等到高等不断发展变化。生物在适应环境和生存竞争中,一些优势品种被保留下来,其优势特征便会逐代加强,劣势品种和不良特征便被淘汰。由此,达尔文提出了生物进化学说,即创立了以"自然选择"和"适者生存"为核心的科学进化论。恩格斯将进化论、细胞学说、能量守恒与转化定律并称为"19世纪自然科学的三大发现"。

第四节 现代科学研究

人类探索生命起源与进化在两个方面成果最突出,一是地质学与古生物学,二是现代生物学。地质学研究主要是揭示包括生命起源与进化在内并与之密切相关的地球演化历史。通过古生物学研究可以建立起生物进化序列,直至追溯到生命的源头。现代生物学同样能揭示生物进化的证据,如胚胎学研究、比较解剖学研究和遗传学研究,生物化学研究更是能深入到分子尺度。近些年来,这些方面的研究成果为生命起源与生物进化提供了许多重要证据。

一、胚胎学揭示的进化证据

胚胎学研究使人类对生物个体发育的认识取得了长足进步,如对各门类主要物种的个体发育基本上已有了清楚的认识,特别是对高等脊椎动物个体发育的认识已经很成熟。今天人类已经知道各类脊椎动物,不论其成体的构造和习性多么不同,但它们的早期胚胎发育都是很相似的。例如,人、兔、鸡、龟、蝾螈、鱼等的胚胎发育都开始于受精卵,继而形成囊胚、原肠胚、神经胚及三个胚层,随后在三胚层的基础上发育出各器官系统的原基。此时在外形上,它们仍然非常相似,难于鉴别。

进一步发育会逐渐朝着各自类别的特征发展。凡是分类地位越相近的动物,其胚胎发育相似的时间越长;越远的,其相似的时间则越短。每种动物在其胚胎发生的过程中重演了祖先的特性,也就是说个体发育简单地重演了系统发生。这可以通过在器官系统发生上的重演来说明,如各类脊椎动物胚胎在心脏初现时,都呈直管状,进而分化为一心房、一心室,与鱼类的很相似;哺乳动物的心脏在进一步发育中,必须经过与两栖类相似的二心房和一心室,以及与爬行类相似的二心房和分隔不完善的二心室阶段,最后演化出分隔完善的二心房二心室。

生物重演律成为生物进化的重要依据之一,这与海克尔的开创性工作是分不开的。1866年,海克尔在《有机体普通形态学》一书中根据生物发育过程中的重演现象概括提出了重演律,也称"生物发生律"。他在书中写道:"生物发展史可以分为两个相互密切联系的部分,即个体发育和系统发生。也就是个体的发育历史和由同一起源所产生的生物群的发展历史。"生物重演律是指个体发育史是系统发生史的简单而迅速的重演。也就是说生物个体发育的过程重演了同一起源的生物系统演化的过程,即在个体发育过程中依次会出现其系统发育各阶段的某些性状特征,所以有时也称"系统重演"。

例如,蛙的个体发育经历了受精卵、囊胚、原肠胚、蝌蚪、幼蛙(有腿、尾)、成蛙等几个阶段,分别相当于系统进化过程中的单细胞生物、多细胞群体生物、腔肠动物、鱼类、有尾两栖类、无尾两栖类等阶段,这说明蛙的个体发育反映了蛙的系统发育过程。再如,人的胚胎发育过程中曾出现过鳃裂、尾巴、由一心房一心室组成的心脏等性状;昆虫的胚胎发育早期,每节都有一对肢芽,到了晚期只有胸部的三对肢体发达、其余退化;鸟类早期胚胎排泄氨(如鱼),以后排泄尿素(如两栖类),到成体才排泄尿酸;等等。由此可见,生物重演律的具体表现是多重的,既包括体质形态结构方面的重演,也包括生理机能方面的重演。需要强调的是胚胎发育和系统发生的重演是受环境制约的。由于胚胎发育的时间短,环境不一样,因此胚胎发育过程不可能和系统发生的过程完全一致。

二、比较解剖学揭示的进化证据

在脊椎动物器官的解剖结构上,也同样可以看出它们之间的亲缘关系。许多脊椎动物的某些器官,常常在外形或机能上是不同的,但在基本构造以及在胚胎发育的来源上却是相同的,这类器官称为"同源器官"。

因为趋异作用,同源器官往往具有不同的形态,并且执行的功能也完全不同。例如,鸟的翅、鲸的胸鳍、马的前足、人的手臂在外形和功用上都不相同,但其骨骼的基本结构是一致的,而且也都起源于胚胎时期的中胚层组织。它们之所以不同,是由于前肢适应各种不同的环境而引起的变异,这就是演化上的趋异作用的结果。

另一个进化的解剖学例证就是同功器官的出现。在动物界中,由于进化中的自然选择作用,通常也会出现与同源器官相反的情况,即出现一些机能相似而构造和来源上完全不同的器官,这就是同功器官。如鱼的鳃和甲壳动物的鳃、鸟的翅和昆虫的翅、蛙的足和昆虫的足、鱼的眼和乌贼的眼(也有角质膜、晶状体、视网膜等构造)等,这些器官的内部构造及来源可能完全不同,但其功能却彼此相似。

同功器官的形成是由于进化中出现趋同作用的结果,通常是亲缘关系比较疏远的一些动物,生活在相似的环境条件下或者担负着相同的机能,由于长期适应的结果,对应器官在外形上表现出相似现象,这就是趋同作用。

形成同源器官的趋异作用与形成同功器官的趋同作用都是动物在进化过程中适应环境变化与自然选择的结果。这些事实反过来又可以说明动物的进化。不过趋异、趋同作用并不总是能产生显而易见的同源器官或同功器官,通常还会出现另一种情况,即退化形成痕迹器官。有些动物随着物种从低级向高级演变,某些器官由发达变为退化,由有用变为无用。这种随着物种进化自身退化且遗留下来的器官遗存就称为"痕迹器官"。如草食动物具有发达的盲肠,但人类的盲肠则大为萎缩,失去消化的功能,变成蚓突(阑尾)。像这样的痕迹器官,各种动物都有,如鲸虽无后肢,但在相应的位置上还有残余的骨骼,蟒蛇、海牛身上也有后肢骨骼的痕迹。

人类的痕迹器官有瞬膜、胎儿毛、尾骨、动尾肌及动耳肌等。偶有出现初生儿具有短形的肉尾以及个别人的动耳肌尚有收缩的机能,这些偶发的构造及机能的重新出现,是一种返祖遗传现象,是生物进化中出现的一些特例。

三、遗传学揭示的进化证据

近些年来,遗传学在生物进化方面的应用研究卓有成效,特别是在人类起源与进化方面的应用研究越来越多,在揭示人类同源性方面,尤其是揭示人类演化序列以及世界各地不同人群或种族的亲缘关系方面有着重大作用和重要意义。

遗传是进化的基础,生物在遗传基础上产生的变异,带来了进化的可能性,再通过自然选择确定了进化的方向。遗传一般是指亲代的性状又在子代中表现的现象,但从遗传学上来说是指遗传物质从上代传给后代的现象。生物的基因特征通过遗传传给子代,生物亲代与子代之间、子代个体之间相似的现象皆由此而来,这也是保证物种稳定性的重要基础。生物是在亲传子、子又传子的一代代相传过程中产生了变异,这种变异的积累,再通过自然选择,便造成了生物由简单到复杂、由低级到高级的发展变化,简单地说这就是生物进化,有时也称为"生物演化"。

四、生命的历史遗存

地球区别于其他行星的自然历史就是一部生命起源与进化史。

1. 化石:生命的见证

化石是地球生命存在与进化的见证,也是追索生命起源的重要证据,因为它们是生命的历史遗存。所谓古老生命的历史遗存便是指保存在一定地史时期地层中的化石。化石是生命进化和地球历史的见证者。从生物死亡后被掩埋并经历一系列的变化,最终形成化石的过程称为"石化作用"。

化石是保存在地质历史时期形成的岩层或沉积物中的生物遗体和遗迹,所以化石必须具备一定的生物特征,如生物体实体或部分实体,或者其整体或部分的形状、结构、纹饰和有机化学组分等,或者是能够反映生物生活活动而遗留下来的痕迹,如行走留下的足印、下过的蛋、粪便等,能够说明作为某种生物在地球历史中曾经以某种生活方式存在过。

假如地球历史是一部书,化石就是镶嵌在这部巨著中最精彩的文字和图片,它们不但能生动地注解神秘的史前世界,而且本身也是地球历史的见证者。

化石确实不同寻常,以化石为对象,研究地球历史时期的生物界及其发展的科学就是古生物学。作为地质科学的一个重要分支,也是地质学与生物学的交叉学科,在生命起源与生物进化研究中,古生物学已经取得了应有的地位,并获得了巨大的进展。

利用化石记录可以再现生物进化史、地球演变史和各时期的古地理环境。

人们根据发掘到的化石可以推断出古生物生活时期的环境类型,通过对古生物群落的分析,可以恢复环境背景及环境变迁模式。如有孔虫、鹦鹉螺、三叶虫等为海洋生物,赋存这些化石的地方在远古时期就是海洋。如我国的青藏高原发现了距今 3000 万年的海洋生物化石(如菊石、海百合等生物化石),说明该地方在 3000 万年前是一片汪洋。钙质海绵、藻类化石的出现不但表明海洋环境,而且可以从它们的生态特点来进一步判断产有这些化石的地方是水深不足百米、温暖而又清澈的浅海。

利用标准化石可以确定地层形成的年代,建立地层系统。这样,科学家们可以利用化石恢复从老到新的完整地层系统,地质年代表就是这样建立的。

人们根据化石发现和古生物学的研究成果已经编写出地球的自然历史与生物进化史,乃至人类起源与进化的历程。尽管具体过程还有待于进一步完善,但基本脉络已形成。

2. 化石的形成与类型

在一般人的观念里,似乎动植物死后,自然而然地就会成为化石。这与事实完全不同。其实,动植物死后,其遗体或骨骼要形成化石,而且能被人们发现并挖掘出土,必须经过一连串"几乎不可能的事件"之后才会成为可能,其概率几近为零,所以能在自然界发现化石是十分幸运的,化石也就显得异常珍贵。

(1)任何一种生物要保存为化石,其个体死后必须满足三个条件才有可能。

保存为化石的首要条件就是生物死后能被快速埋藏。动植物死亡之后,要保存为化石,必须避免被其他动物蚕食或分解,所以第一个条件通常是要能被迅速埋藏。试想一下,如果动物死后暴尸荒野,第一步可能被食腐动物啃食;第二步可能会被微生物分解掉。再如植物,一棵大树死后倒地,经过虫蚀,微生物分解和风吹、日晒、雨淋或流水侵蚀等大自然作用,最终便会腐烂、风化成为尘土。如果生物在死后能被迅速掩埋,等于是在厚厚的泥土等沉积物的保护之下,没有动物的蚕食、细菌的分解,也没有风吹、雨打、日晒、风化作用,它就有可能被保存下来,成为珍贵的化石。

保存为化石的第二个条件就是能够产生石化作用。即生物死后其尸体掩埋必须达到一定的深度,才能有适当的温度、压力及富含矿物质的化学流体产生石化作用,将原来的动物骨骼(磷酸钙)或植物枝干取代成其他的矿物质(通常是硅质或钙质),若是深度不够,同样会被雨水侵蚀及微生物分解殆尽,只是比暴露在地表的风化速度慢一些罢了。

保存为化石的第三个条件是要经得起时间的考验。即保存在地下必须经得起长期地质作用而不被破坏。化石在形成过程中和形成后,还必须要经历长时间地壳变动(如板块运动、地层沉降、抬升等)、地层的断裂、褶皱,以及岩浆上侵带来的地热烘烤、挤压、地震破坏、地层上升时遭受的剥蚀、风化等地质作用的考验。

由于持续进行的侵蚀与地壳活动,年代较古老的化石,通常比年轻的化石更为罕见,因为较老的岩层承受着更长时间的蹂躏与毁损。所以,年代越老的化石越难发现。这一方面是古老时代的生物少,能在地层中形成的化石本来就少;另一方面就是越是古老的地层经受的破坏越多。

(2)化石形成了,我们要发现它还必须具备两个条件。

首先,地壳运动能够使在地下深处形成化石的地层或岩石抬升到地表或近地表,还要有适当的风化侵蚀作用使化石暴露出来或接近于暴露且不至于被破坏,以便能够让人们发现或找到它。一般来说,即使是岩石中保存有化石,同时也能够避开侵蚀与地壳运动等一系列地质作用的影响,但仍有可能无法被发现。因为化石之所以能够被人类采集到,是因为在地壳运动过程中,含有化石的地层恰巧被抬升到地壳表面,并经过大自然的风化侵蚀作用,使其裸露于地表并呈现出来。

最后,也是最关键的一个因素就是人类能够发现和找到它。地球上仍有很多地方是人迹罕至的区域,如深山、沙漠、南极大陆,这些地方即使有古生物化石裸露地表,也只能任凭风吹雨打,毁坏殆尽。还有就是发现古生物化石的人要知道它是化石,它才不会被当成一般的岩石或骨头而随便丢弃。有时盖房子、开挖隧道等,都有可能发现化石,若不能加以保护和及时抢救发掘,也只能任其毁于人为破坏,直至消失殆尽。

(3)根据化石成因与保存特点,地质学与古生物学上把自然界保存的化石划分成四种主要类型。

① 由生物死后的实体部分(遗体或其部分,主要是动物骨骼或植物枝干等硬体部分)被埋藏于地下沉积岩(物)中经石化作用形成的化石称为"实体化石"。② 生物遗体在保存为化石的过程中,通过挤压作用在岩石表面留下印模、铸型等,有时生物遗体会被分解或风化掉,但通过挤压留在岩石表面的印模、铸型等却能很好地保存下来,能够清晰地显示生物硬体表面的精细结构,这样保存的化石就称为"铸模化石"或"印痕化石"。③ 动物在其生命活动中在岩石表面或地层中遗留下来的痕迹或遗物称为"遗迹化石",前者如动物爬痕、钻孔、洞穴、大型动物的足迹等,后者如动物的粪便、蛋等。遗迹化石是研究动物生活习性及生命活动的重要证据,恐龙足迹和恐龙蛋就是经过漫长地质作用形成的著名而珍贵的遗迹化石。④ 还有一类特殊的化石,随着科学技术的发展也越来越突显出重要性,这就是由古老生物在地层中遗留下来的化学物质,其被称为"化学化石"。

3. 化石作证

不要小瞧这些化石,科学家们已经赋予这些地球历史的见证者众多的使命。化石能够揭示生物的进化途径,根据众多化石记录可以重塑生命进化系统。对于已经绝灭的生物,若想了解它们的形态、结构及演化线索,一定离不开化石。化石是生物产生和演变的直接证据,实践证明,人类目前掌握的有关动植物在演化方面的信息绝大多数都是从化石中得来的。通过以化石为研究材料的古生物学研究可以深入探求地球的自然历史。化石在研究地球生命起源与早期进化中具有重要作用。通过早期化石发现可以确定地球上至少在什么时期具有了什么样的生命形式,可以帮助确定地球生命的祖先类型。

让我们一起来回顾一下地球上曾经发生过的重大事件:

地球形成于46亿年前,地球上最古老的岩石、最早的生命出现于太古代,最早的化石距今有38亿年,所以真正的生命起源时间应该更早。25亿年前,地球上的许多地方出现了由大量藻类繁盛形成的叠层石,这时候及此前一段时期,地球上可能存在一种以菌藻为主体的"菌藻生态系统"。有报道称(英国《自然》杂志,2010),在加蓬的弗朗斯维尔发现了距今21亿年的多细胞真核生物化石,被称为"大化石"。据此推测,距今23亿～25亿年前,多细胞真核生物可能就已经在地球上出现。单细胞真核生物可能出现得更早,笔者推测在距今25亿～30亿年前,地球上就已经出现真核生物。距今15亿年前,地球海洋中可能到处都是真核生物的足迹,只是多为软体,没有硬壳,故不易保存为化石,所以今天发现的化石不多,但偶尔还是会有发现真核生物化石的报道。自约5.4亿年前开始的寒武纪以来,生命似乎突然在地球上大规模出现,这一事件被称为"寒武纪生命大爆发",其实只是这一时期的化石大量被发现,或者说是硬壳生物(主要是海洋有壳类)大量出现,现代生物的各个门类的代表类型基本上都不同程度地有所发现。以下是根据化石资料,人类所能认识到的一些主要生物门类最初在地球上出现的时间表(仅供参考,确切的数据应以最新的科学报告为准):

最早的水母和珊瑚出现在距今 5.5 亿~5.4 亿年。

最早的硬壳动物出现在寒武纪早中期,距今约 5.3 亿年。

最早的鱼类(无颌类)出现在奥陶纪早期,距今 5 亿~4.8 亿年。

最早的陆生植物为裸蕨类植物,出现在志留纪中晚期,距今大约 4.2 亿年。

最早的昆虫出现在泥盆纪早期,距今 4 亿~3.8 亿年,出现时间可能与有颌鱼类和节蕨植物同时或略早。

最早的四足动物为两栖类,出现在泥盆纪中晚期,距今 3.8 亿~3.54 亿年。

最早的爬行类出现在石炭纪的中早期,距今 3.5 亿~3.2 亿年。

二叠纪无论植物或动物都达到一个空前发展的阶段,但到二叠纪末却出现了生物大灭绝事件。正是这次生物大灭绝给爬行动物的空前发展提供了广阔的空间和丰富的食物。

最早的恐龙出现在三叠纪中晚期,距今 2.4 亿~2.2 亿年,进而进化成门类众多且躯体庞大的大型动物,迅速占领了地表的各种生态空间。

最早哺乳类出现在三叠纪晚期,距今 2.3 亿~2.1 亿年,比恐龙出现的时代要晚近 1000 万年。

最早的鸟类出现在侏罗纪晚期,距今 1.6 亿~1.4 亿年。

最早的显花植物出现在白垩纪中早期,距今 1.3 亿~1 亿年,距今 6500 万年前,白垩纪结束。到白垩纪末,又出现了一次生物大绝灭事件,这次包括恐龙、菊石在内的地球上大多数生物物种都灭绝了,特别是像恐龙那样的大型爬行动物。此后便进入了以哺乳动物和显花植物占绝对优势的新生代。

最早的马出现在早新生代始新世早期,距今 5300 万~4800 万年。

最早的鲸鱼出现在始新世中早期,比马的出现时间要晚约 300 万年。

最早的猴子出现在始新世中晚期,距今 4500 万~4000 万年。

最早的猿出现在渐新世中早期,距今 3500 万~3000 万年。

最早的类人猿出现在中新世早期稍晚些时候,距今 2200 万~2000 万年。

最早的古人类化石发现于距今 700 万~600 万年。

中国最早的古人类化石发现于距今 200 万年前(巫山猿人),著名的"北京猿人"生活的年代距今约 50 万年。

第五节　探索永无止境

人类探索生命起源的历史已有好几千年,即使从亚里士多德提出自生论的时代算起,也已有 2300 多年，但至今人类对于地球生命起源的认识仍然是迷雾重重，现有的学说都还存有争议，特别是对生命起源中的许多重大问题的研究结论和解释仍然众说纷纭，莫衷一是。

人类对生物进化的探索历史才几百年，早期在宗教特创论的统治下，几乎没有太大的建树，直到达尔文划时代的工作，创立了科学的生物进化论，人类对于生物进化的认识才取得了实质性的进展，但这个历史还不到 200 年。

人类提出和探索生命起源的问题要比提出并研究生物进化的问题要早 2000 多年，但至今尚未取得实质性进展。其中原因可能很多，除了宗教压制外，主要有如下一些原因：由于生物进化一直都存在，地球演化史中不但存在着大量的化石证据，而且这样的事件今天仍在发生着，人类仍可看到生物进化的事实。而生命起源的发生在几十亿年前，可能已经过去 45 亿～46 亿年了。当时的遗迹与证据几乎完全被后期的地球演变所覆盖和淹没，因而探索和认识起来就要困难得多。所以，相关的学说都会含有更多的假设成分，并且已经很难找到直接证据，也无法像通过家养或驯化等过程来检验生物进化那样来进行直接实验验证。

那么，人类对此是否就毫无办法呢？直接证据不易找到，甚至无处可寻，还有间接证据；无法直接用实验来验证，还可以用已知的许多间接事实来进行综合验证，而且这样的事实证据正越来越多地被人类发现。如果一个假说能被已知大多数相关事实验证，并与地球演化历史无矛盾冲突，且能综合许多过去曾为其他互相对立的学说各自引为证据的事实或现象，就应该是一种"理论"了，或许几近真理，或许与真理只有咫尺之遥。

关于地球上生命起源的认识，历来就与不同的世界观和认识论之间的争论和斗争交织在一起。早期的争论和斗争主要是科学思想与宗教势力的斗争，具体地说就是主张生命有起源、有变化的变化论思想与坚持生命无起源、无变化的由神创造的特创论的斗争。近代和现代，随着科学技术的发展和人类认识的进步，各种学说或理论相继提出和建立，又不断地被修正或推陈出新，甚至出现了各据一方、鱼龙混杂的局面，以致各种思想和观点的斗争变得错综复杂。

自从"生命起源必然是通过化学途径实现的"的论断提出以来，在许多国家和地区关于生命起源的研究就基本确立了以化学进化说为主要基调和基本出发点。可是近些年来，这一论断受到严重的挑战，并且其自身也在发生着分化，同时受到一些新的科学发现、观测事实以及某些实验结果的冲击或质疑，已有不少人完全脱离了这一论断，他们另辟蹊径，进行着完全不同的探索和研究，并且已获得不少新发现。

基于完全相同的事实材料，但是从不同的角度、立场或认识论和世界观出发，可能得出完全不同的结论和观点。所以，总结和综合分析人类关于生命起源问题的认识和研究发展史是很有必要的，我们也许能从中得到一些有益的启示和某种解决问题的科学方法（参见第五章）。

第三章　宇宙生命论

提出地球之外的宇宙(行星)还存有生命,并认为地球上的生命可能来自地外宇宙,不是始于现代,而是很早的古代。早在公元前 400 年,古希腊先哲梅曲罗多罗斯就曾说:"在宽阔的田野里仅长一棵小麦,在无限的宇宙中仅存在一个有生命的世界,这是违反自然的。"16世纪,意大利僧侣布鲁诺提出宇宙中有无数个行星可产生生命的观点。17 世纪,克里斯琴·惠更斯也提出在地球以外存在有生命的行星的观点。但迫于宗教的压力,他又辩解说:"没有生命的行星是不合情理和浪费的,不代表上帝物各有其用的旨意。"

数千年来,关于地外生命和文明的猜想和推测一直深深地吸引着人们,同时也困扰着人们。

第一节　天外胚种论

天外胚种论(泛胚种论)提出,地球生命来自地外宇宙空间广泛存在的生命胚种的巧然输入。它是主张生命地外起源的早期代表学说,也是 100 多年来解释地球生命起源的重要学说之一,但一直到 20 世纪 30 年代,有人仍将它与永恒生命论混为一谈,认为生命无始无终,只是循环往复。具体到地球生命即无起源,只需宇宙"永恒生命"输入即可,否定地球生命从无到有的起源,从而走向了科学的反面。

一、天外胚种论的提出

从 19 世纪中晚期到 20 世纪初,巴斯德的一系列精密实验(1864)最终驳倒了自生论,使生源论获得了最终胜利。但生源论并没有回答地球上的生命最初从何而来,即生命在地球上的起源问题。当时欧洲的一些学者趁着生源论取得决定性胜利之势,提出以宇宙"生命胚种"的假设来解释地球生命起源的学说,这就是天外胚种论。天外胚种论认为,在地球以外的宇宙空间广泛存在着生命胚种,它们在太阳光的压力作用下降落到地球上,因地表环境适宜其生长,于是很快发展起来。

在生命起源论战中取得决定性胜利的生源论得出"一切生物皆来自同类生物"的结论,加上当时学术界形而上学之风盛行,最终走向生命无起源的永恒生命论。天外胚种论正是在这样的历史条件下被提出来,很快便成为永恒生命论的代表学说。当时一些著名科学家,如德国物理学家、生理学家赫尔姆霍茨(Helmholez,1821—1894),德国化学家李比希(J. Ron Liebig,1803—1873)和瑞典化学家阿列纽斯(S. A. Anhenirius,1859—1927)等都持有这种观点。李比希于1868年提出,可以用地球上的生命来自宇宙胚种的假说来解决多少年来关于生命起源的一切争端。在他看来"生命就像物质本身那样古老、那样永恒"。

1907年,阿列纽斯出版了《宇宙的形成》一书,他在书中提出:宇宙中一直就有生命胚种存在,它们以生物孢子形式在宇宙空间游荡,靠太阳光的压力不断地降落到一切星球上。当它们落到地球上时,由于地表环境的条件适宜,于是就在地球上定居并发展起来。李比希、阿列纽斯等人所倡导的天外胚种论事实上主张的就是永恒生命论。

二、天外胚种论的覆灭

现代科学技术发展到20世纪30年代,由于发现太阳光中的紫外线具有极强的杀伤作用,能杀死宇宙间无遮挡的任何生命,包括细菌孢子等。各种宇宙射线也具有强大的破坏性和杀伤力,它们合在一起足以破坏暴露于宇宙空间的一切有机物,甚至可能连最简单的双原子分子也会遭受解离的命运,而不会存在很久。因而大多数人都转而认为,在这样条件恶劣的宇宙空间,存有任何形式的生命孢子的可能性几乎等于零,更不用说是活的微生物了。天外胚种论因此遭受到致命打击,以致破灭,甚至被一些人斥为无稽之谈。

20世纪是科学大发展的时期,这一时期早期,认为地球生命起源于原始地表富水环境中的化学进化的"化学起源说"逐渐被人们所认同并开始兴盛,且很快超过天外胚种论。加上天外胚种论有着自身不可救药的硬伤——太阳紫外线和宇宙射线让天外胚种无处可藏,天外胚种论便从此沉寂。20世纪中后期,人类进入太空探索时代,但在地球以外的任何宇宙空间或星体上,都未曾发现有任何形式的生命胚种存在。如人类在月球表面采样并带回地球进行检测分析,并未发现有任何形式的生命胚种或其迹象存在。人类已发射探测器登陆火星,以及发射探测器到木星卫星和土星卫星考察,均未发现有任何形式的生命胚种或疑似生命胚种的迹象存在。因此,天外胚种论渐渐地淡出人类的视野,被大多数人所遗忘。

第二节　地外生命探索

生命的确是个奇迹,只要条件适合便能繁衍生息,发展壮大。然而这一奇迹仅仅发生于地球吗?茫茫宇宙中,仅有地球这个生命孤岛?在地球以外,是否还有其他生命或文明世界存在呢?这无疑是一类十分诱人的问题,早在几千年前,人类就已经提出并开始思考它。

一、地球之外是否有生命存在

地球只是宇宙中一颗极普通的行星,只因为有了千姿百态、各色各样的植物、动物、微生物,才使我们这个由或冷或热的岩石、无定形的水和狂躁不安的大气组成的宇宙方舟显得如此生机勃勃和轰轰烈烈。无法想象,地球上假若没有生命还会是这么可爱的蓝色星球吗?

几千年来,关于地外生命或文明的猜想或推测一直都在深深地吸引并困扰着人们。人们希望能在宇宙中找到自己的同类,并梦想着能与他们建立联系和友好往来,同时又在担心会受到远比人类智慧和科技水平发达的外星人或外星生物的进犯与奴役。学者和科学家们更是不遗余力地进行着探索和研究,希望有朝一日能确切地回答关于地外生命的种种问题。

地球以外的宇宙究竟还有没有其他生命呢? 如果存在,他们是以什么形式、什么状态生存在什么样的环境里? 与地球生物相比,他们又有什么独特之处呢? 与地球生物一样还是不一样? 他们的智力和科技水平发展到什么程度,远远高于我们人类还是处于原始状态? 他们存在于宇宙的什么地方? 我们如何才能找到他们,并与他们建立联系、沟通思想和进行文化交流? 他们能与我们地球人和平相处吗?

今天,人们似乎更加相信,在宇宙的某处或某些地方,只要存在有适合生命生存和繁衍的条件(如适宜的温度、湿度、化学组成和行星表面特征),生命就有可能存在。如果地球生命演化模式同样适合宇宙其他星球的话,生物的进化结果必然会导致类似人类或超人智慧生物的出现。

人类在探索地外生命的过程中,首先想到的自然是太阳系内其他行星上可能存在生命,其中最为精彩的就是关于火星生命的想象。在太阳系所有行星中,关于火星人的猜想和故事最多,火星人曾被科幻小说描述成极端聪明又非常残暴的绿色小矮人,既叫人神往,又令人生畏。这曾一度激起许多科学家的研究和探索热情,公众也一直对火星生命或火星人充满了幻想和猜测,甚至达到迷信的地步。

科幻小说家乃至科学家之所以看好火星人,大众之所以对火星人信以为真,其首要原因就是火星与地球有许多相似之处。火星是地球的毗邻行星,位于地球的外侧,是最类似地球的类地行星,但比地球小,直径 6760 km,仅比地球半径大一点,体积为地球的 15%,质量为地球的 11%,平均密度 3.96 g/cm³(地球为 5.52 g/cm³)。公转轨道较地球远,公转周期(围绕太阳运行一周,即年长)687 天,相当于 1.88 地球年。自转周期 24 h 37 min,与地球相近(地球为 23 h 56 min 4 s)。自转轴倾斜,与轨道面交角为 24°30′(地球约为 23°30′)。因此火星上的日长、年长都与地球近似,也像地球一样,具有四季变化,其中尤以日长和四季变化与地球最为一致。

用天文望远镜观察,可以看到火星表面非常明亮,呈火红色,周围环绕大气层,两极有白色极冠,像地球两极的冰帽。火星表面存有一些暗色阴影,并随季节变化,如同地球上的四季植被变化一样,春夏扩大向赤道推进、秋冬缩小变成黄褐色。所以,人类曾猜想:火星可能同地球一样,有山川河湖、鸟兽虫鱼,有春华秋实、冬枯夏荣,乃至认为其生命形式已高度进化,形成类人或超人智慧生物。

另一个重要原因是 19 世纪轰动天文界的两大发现。1877 年,意大利天文学家夏帕勒里通过天文望远镜发现火星表面密布着一些规则的黑色线条。夏帕勒里形象化地称其为"火星河渠",并根据自己长期的观测绘制了火星图。可是,有人在将意大利语翻译成英语时,将河渠译成"运河"。不久人们便传扬,火星上发现了运河,并由此推测出火星上存有高等智慧生物——火星人，即运河的开凿者。这就是最初火星运河和火星人的由来。

随后，天文学家们纷纷把望远镜对准火星，搜寻火星运河及火星生命的迹象。其间许多人都声称看到了运河，并相继绘制出风格各异和内容不同的火星运河图。美国天文学家洛威尔还为此变卖家产，建立了私人天文台，历时十几年，拍摄了几千张火星照片，绘制出详细的火星河网图，并声称他已发现了500多条火星运河。当时，几乎所有研究火星运河的天文学家们都一致认为，这些运河是火星人开凿出来的以便引极冠之水来灌溉沙漠里的农田。这与火星表面的四季变化正好吻合。既然能建造如此大型的河网水利系统，大举改造自然，那么火星人的智力和技术水平一定很高，可能远远超过了地球人。

同年的另一项重大发现是美国人阿·霍尔发现了火星有两颗小卫星。由于这两颗卫星特别小，离火星很近，随即这又被传说(误认)是火星人发射的人造卫星。火星人已经拥有高度发达的科学技术和工业力量，进而认为火星人要造访或进犯地球亦非难事。

正是因为有了这些早期的发现，再加上人们有意或无意的误传和曲解，以及一些人非凡的想象力和科幻小说的渲染，所以才常有火星人不日侵犯地球的喧闹。直至今日，火星人给予人们的影响和震撼仍未消失，关于火星出现"明星面孔"的报道，也使火星人或外星人之谜蒙上了重重迷雾。虽然，近年来或多或少地有些改头换面，将过去十分具体的火星人变成外星人(ET，不一定来自火星)，飞碟事件的频频出现，地球人遭外星人绑架和捕获外星人的事也屡有传闻等，更加增添了外星人和地外文明的新闻效应，但其离真相太远。

二、地外生命全能搜寻

尽管人类谈论地外生命已有几千年了，但其中绝大部分时间都只是在猜想、臆测或思辨性地泛泛而论，真正的科学探索还是现代的事，且也多限于太阳系以内。对于太阳系以外的浩瀚宇宙，近些年发展起来的高新技术才把人类的视野延伸到宇宙深处，探索才刚刚开始。

人类探索宇宙生命的途径是多种多样的，但最主要的无外乎如下几种：

(1) 利用天文望远镜来延伸人类的视线，如地面天文台通常使用的天文望远镜，以及1990年由"发现号"航天飞机送入地球空间轨道的哈勃空间望远镜。

(2) 射电天文学研究，接受外太空传来的各种电磁波信号，进行分析，如通过光谱分析可以定性和半定量地测知发射光谱物质的组成和结构，通过某些特征无线电波的分析可以推知是否存在高等文明生物。

(3) 通过收集和分析研究来自太空的物质信使来认识宇宙及其演化历史，推测宇宙深处不为人知的秘密。如通过收集、分析落入地球的陨石、宇宙尘埃、太阳风质点、宇宙射线核等特征粒子以及月球物质和彗星物质等，可以了解宇宙中的其他天体上是否有过生命的演化。经研究已经证实在某些陨石(主要是碳质球粒陨石)中含有一定量的氨基酸等最简单的生命有机物。

(4) 由地球向太空发射探测器直接飞临待探测星球进行探测，然后将信号和图片送回地面接收站，甚至可以采集样品带回地球进行分析研究，这是人类进行宇宙探测中最精彩的一幕。然而，这也有它的局限性。宇宙天体之间相距都极远(一般以光年计)，而人工宇宙探测器的飞行速度相对来说却很低,远远低于 1‰光速。所以,靠目前的探测器探测太阳系以外的天体在一代人的时间内是难以完成的。对太阳系以内的行星、卫星等星体的探测一般也要花费几年或几十年时间。

(5)比较行星学研究,如通过行星间的对比分析,可以初步判断哪些行星或卫星上条件比较适于生命的生存和发展,有可能存在生命,然后再加以重点探测。

(6)通过收集和分析研究可观测到的天地生相关现象和奇异事件,以及开展天地生综合研究,以了解天地生的相关关系、地外生命的可能存在形式等。

(7)开展地球生命起源和演化方面的基础研究,为探索地外生命建立理论基础和进行对比研究,以及为外空生物学的研究提供依据和标明方向。

目前,虽然传统的光学望远镜仍在发挥着作用,但在所有关于地外生命的探索中,最有实质性进展和实际意义,也是最为精彩和耗资最巨大的部分是发射宇宙飞行器进行实地考察。此外,就是射电探索了。20 世纪 60 年代以来蓬勃开展的射电探索发现和证认了星际有机分子的存在,从而导致了宇宙生命论的兴起。1960 年,美国天文学家弗兰克·德里克第一次把射电望远镜瞄向了太空,从而拉开了对宇宙空间进行射电探索的序幕。他首先瞄准的是离太阳系最近的两颗恒星金牛-鲸鱼座和 E -波江座,这标志着射电探索时代的开始。他的主要方法是接收某些来自那里的无线电信号,使用的是最适合通讯的频率。当时探测的主要目的之一就是试图通过监听附近恒星系发出的非自然信号来确定那里是否有文明生物存在。

整个 20 世纪 60 年代,人们只采用频率为 1470 MHz(波长为 21 cm)的氢离子谱线进行射电探索。随后又用了其他几条谱线,仅此而已,非常有限。因为选择什么频率、带宽以及偏振目标天体等都是探索者们面临的极其复杂的难题,其中许多变量需要大量的计算,而在当时这都是极为困难的。经过半个多世纪的发展,如今扫向太空的光谱分析仪已拥有几百万上千万条通道,计算机系统能迅速处理大量的射电数据,可以从中找出可能存在的极微弱的异常信号。但在大多数情况下仍然只能根据所接收到的来自宇宙(天体)的各种电磁波特征辐射来进行分析研究,从而推测宇宙的物质组成和确定是否有生命物质存在,这是一项非常艰辛而费时间的工作。人类曾经为了证认(即确定宇宙电磁波中特征辐射属于哪种元素、同位素或分子的谱线)太阳光谱中化学元素氢的特征谱线(一条黄线)竟花费了 27 年时间,因此,探测和证认宇宙化学物质组成是十分艰难的。直到今天,还有许多来自宇宙的光谱线(天体和星际空间的射电频谱的谱线)究竟代表什么物质仍未被证认出来。

三、飞到火星去

20 世纪中后期,美国、苏联两个超级大国的军备竞赛带来了太空探索热潮,特别是美国“星球大战计划”的推出,更是将太空探索推向高潮,人类的太空探测取得了重要进展。

1957 年 10 月 4 日,人类成功地发射了第一枚地球轨道飞行器,即人造地球卫星“斯普特尼克 1 号”,这标志着人类跨出地球,进行外层空间飞行探索时代的到来。1967 年 7 月 19 日,“阿波罗-11 号”宇宙飞船载着阿姆斯特朗和奥尔德林第一次登上了月球,完成了振奋世界的科学创举,开辟了人类进行行星探测的新纪元。可是,这次以及后来多次载人或不载人探测都表明月球上不存在任何微小的生命体或曾有过生命活动的遗迹。

对于火星的宇宙考察早在 1965 年便已开始,当年 7 月 14 日,带有多种科学仪器的"水手"4 号宇宙飞船飞向火星,探测了 1% 的火星表面。共获得 22 张图像,最大分辨率为 3 km,发现火星表面有许多撞击坑,说明火星更类似于无生命的月球,暴露于宇宙物的撞击中。

1969 年,美国发射了"水手"6 号和 7 号宇宙飞船,用不同的科学仪器探测了 10% 的火星表面,获得 200 张图像,分辨率达 0.3 km,再次证明火星类似于月球。

1971 年 5 月,美国发射了"水手"9 号,并于同年 11 月进入环绕火星运行轨道。这是人类第一次发射环绕地球以外行星轨道飞行的宇宙飞船,共环绕火星运行了 698 圈,发回 7300 多幅图像,最大分辨率达 100 m。同时,"水手"9 号还第一次近距离拍摄了火星的两颗卫星(火卫 1 和火卫 2)。据说"水手"9 号所获资料远比前三次飞行探测乃至地球上 350 多年来观察资料的总和还要多 100 倍。

更为壮观的还是 1975 年"海盗"号的两次发射。"海盗"1 号和 2 号宇宙飞船均由轨道飞行器和登陆舱两部分组成,分别于 8 月 20 日和 9 月 9 日发射,并于 1976 年 7 月和 9 月在火星上先后成功着陆。一系列的科学仪器对火星表面及大气做了测试、分析及有关试验和拍摄工作。仅轨道飞行就获得了 52000 多张火星表面图像和详尽的卫星图像,分辨率为 10～200 m。其中 2 号轨道飞行器和登陆舱一直工作到 1980 年。1 号登陆舱 1979 年 3 月开始自动运转以后,每周可向地球发回一张图片,直到其核能源消耗完毕。

在美国人大举进行火星考察的同时,苏联人也不甘落后,于 1971 年和 1973 年分别发射了"火星"2、3、4、5、6 和 7 号宇宙飞船,但多不成功或所获资料甚少,均不能与"海盗"号相比。据"海盗"号登陆考察和此前多次考察的结果表明:火星表面不存在有机分子,也没有发现任何生命或生命遗迹,生物学试验也未能找到有生命存在过的迹象。气相色谱仪的监测结果表明,大气中不存在有机分子。

对于生命来说,火星表面条件实在太恶劣了。如表面重力太小,仅为月球的两倍多一点,大气稀薄,不到地球表面大气压的 1%,而且其中 95.32% 为 CO_2,N_2 为 2.7%,Ar 为 1.6%,O_2 仅为 0.13%,有 0.03% 的水蒸气。表面无液态水,极冠由冰和干冰组成。气候极为恶劣,大尘暴可持续两三个月,刮得天昏地暗,足可摧毁一切。表面温度变化范围为 −133～17 ℃。根据"海盗"号两个着陆点测试,即使在夏季,其平均气温也只有 −60 ℃,日变温差约 50 ℃。在冬季,2 号着陆点温度已达 CO_2 的凝结温度(−120 ℃),足以形成干冰。

在这样恶劣的条件下,有生命存在的可能性是极小的。但仍有人坚持认为,"海盗"号着陆后,只不过勘查了火星表面的极小一部分区域,那些尚未探测过的广大火星表面区域和被表面覆盖着的地下深部也许会有生命存在或能找到生命活动的线索。

可见,关于火星生命是否存在,并没有因为科学考察而终结,仍存争议,火星生命之谜仍未最后揭开。那么,在没有任何证据的情况下,凭什么说存有火星生命或火星文明呢? 火星人的神话不是应该收场了吗? 可事实却不是,所谓的 UFO 仍不时地将火星上的消息带到地球上来。除了表示遗憾外,我们毫无办法。因为科学探测至今也没有断然定论:火星上没有也不可能存有生命。所以火星生命论者便有机可乘,神话一旦形成便如此地具有生命力,科学有时也不得不让其几分。

进一步的考察不仅需要更大面积,更广泛地探测火星的大部分乃至所有表面以及表面以下的地方,而且需要尽可能地利用软着陆采样带回地球进行更详尽地分析,或者像登月一样,由科学家亲自登上火星,进行身临其境的考察。20世纪末美国曾宣布,发射载人宇宙飞船登陆火星,对火星进行考察和采样分析,可至今未能实现。

第三节 宇宙有机物的发现

20世纪60年代以前,射电望远镜还没有广泛应用于宇宙探测,星际空间那奇妙的分子世界还没有被人们发现。大多数人仍然迷信,太阳等恒星的紫外辐射及其他星光辐射、宇宙射线等都有强烈的杀伤力和解离作用,在这样的辐射条件下,星际空间不可能有任何形式的分子存在,就连双原子分子(当时已发现了至少三种)即使形成也不会存在很久,碳经分解最终只能生成碳粒,更谈不上存在复杂的有机分子了。然而,星际空间那或稀疏或浓密的星云是由什么组成的呢?难道它们都是些冰冷的孤原子或离子凝块吗?

一、星际分子的发现与组成

发现和论证星际分子的工作并不是一帆风顺的。首先是技术问题。在大多数情况下,我们对星际物质组成的研究只能根据来自宇宙空间的各种电磁波特征辐射进行间接分析和推测。因为各种物质在一定的状态下所发出的波谱是特定的,所以根据接收到的特征谱线,即可反推有关物质及其存在状态。已发现的星际分子几乎都是根据宇宙特征辐射波谱来推测的。

早在1926年,天文学家爱丁顿便推测:暗星云能为分子存在提供一个很好的环境。1937年,有人通过光学望远镜和光谱仪观测、分析来自星际空间的特征谱线,发现了甲川。随后于1940年和1941年通过光学望远镜在星际空间又分别发现了氰基和甲川离子。但不无遗憾的是,由于受当时观念和认识上的局限,所有这些发现都没有引起人们应有的重视,反而被偏执地判为:在强宇宙射线的作用下,它们很快就会被分解,并有人断言再也不会发现其他星际分子了。

20世纪60年代,射电望远镜开始用于宇宙探测,从而大大拓宽和延伸了人们的视野。1963年,人们通过26 m直径的射电望远镜在星际空间发现了羟基。但到此为止,所有已发现的星际分子都是双原子分子。那么,在星际空间是否存在更复杂的多原子分子呢?

1968年,有人利用改进的射电望远镜搜索太空,观测到了由四原子组成的氨气分子(NH_3)的谱线,次年又发现了水分子(H_2O)和甲醛分子($HCHO$)。这时人们才开始相信,在密度极低的星云物质中,果然存在有结构复杂的多原子分子。其后随着射电天文学的发展,更多更复杂的星际分子相继被发现和证认出来,相关探索和研究也日益受到重视。20

世纪后 30 年是发现星际分子的丰收时期,在这之前人类对宇宙的探索与研究深度有限,总共才发现了 7 种星际分子。

1970 年是星际分子发现的第一个丰收年,这一年的发现量相当于前 30 多年(1937～1969)的总和(7 种),有氢气(H_2)、一氧化碳(CO)、氰化氢(HCN)、氰化乙炔($HCNCH$)、甲醇(CH_3OH)、甲酸($HCOOH$)、甲酸离子(HCO^+),其中大多数为有机分子。1971 年更是出人意外地发现了 10 种星际分子,除一氧化硅(SiO)外,其余 9 种都是有机分子,如甲酸胺、一硫化碳、碳化羰酰、乙腈、异氰酸、乙醛、甲基乙炔、硫甲醛、异氰化氢。1972 年发现了硫化氢(H_2S)和甲亚胺($HCNH_2$)两种星际分子。1973 年发现了一氧化硫(SO)。1974 年发现了偶氮氢离子、乙炔基、甲胺、甲醚、乙醇等。1975 年发现了二氧化硫、一硫化硅、硫化氮、丙烯腈、甲酸甲脂、氰化胺等。1976 年发现了氰基丁二炔、甲酰基、乙炔等。1977 年发现了硝酸基、乙烯酮、乙酸、丙腈等。1978 年发现了氧化氮、氰基、氰基辛炔、氰乙炔基、丁二炔基、甲烷等。此后又相继发现了甲硫醇、硫化异氰酸、乙烯、硫化甲醛离子、一氧化碳离子、质子化二氧化碳、氰酸等。到 20 世纪 80 年代初,共发现 60 多种星际分子;到 90 年代所发现的星际分子数增加到近百种,其中约 80% 为有机分子;2004 年,有报道称,已发现的星际分子数已达 130 余种,其中绝大多数为有机分子。无疑这极大地丰富了宇宙化学,并促成了该学科的迅速发展。

已发现的这些星际分子的绝大部分都位于大的星云内部或其附近。此外,在一些彗星物质中也发现了数量不等的有机分子。如 1974 年在科胡特克彗星中发现了 HCN 和 CH_3CN 两种有机分子。

自 20 世纪 60 年代以来,由于射电天文学的迅速发展和有关研究的深入,在物质密度极为稀薄的星际云中或其附近发现了大量的分子,它们正是星云的重要组成部分。可是,人类丰富的想象力还远不止于此,随之各种各样的推测与假说应势而生。一些学者进一步提出了假设与疑问:宇宙空间是否存有比目前已经发现的简单有机分子更复杂的有机物。如生命有机分子或微小的生命体(微生物或生命孢子)? 太阳系或太阳系以外的宇宙中是否存在有大量复杂有机物(如石油)? 有些学者还把这些猜想与地球上有机物的起源(如生命和石油的起源)问题联系起来,从而使问题更具魅力和复杂性。

二、陨石有机物的发现

星际分子的发现主要是靠接收或搜寻宇宙辐射中的特征谱线来分析推知,如果说这是一个间接过程的话,那么来自宇宙空间的陨石则提供了寻找地外复杂有机物的直接证据。

关于陨石(主要是碳质球粒陨石)中是否真正含有有机成分,尤其是比较复杂(原子数和分子量都较星际分子大得多)的氨基酸及烃类化合物,曾有过很长时间的争论,人们曾一度怀疑陨石中的有机物是由于地球上的有机物污染所致。人们在这种污染与非污染问题上争执不下,急切地盼望着能有过硬的证据来说明这一点。

要证实陨石中含有有机物,除了在技术上要提高分析的精度外,还必须要有合适的陨石可供分析。1969 年 9 月 28 日上午 10 时 45 分,在澳大利亚墨尔本市北部的默奇森

(Marchison)地区陨落一块特大碳质球粒陨石,后来被称为"默奇森陨石"。为了查明其内是否确有有机物存在,并证明它不是被地球有机物的污染,研究人员做了精心的保护和处理。当陨石一落地,闻讯赶到那里的研究人员发现陨石已爆裂成为许多碎块,并嗅到了有机物燃烧的臭味,就像地质工作者用地质锤敲打富含有机物的石灰岩时会散发出臭味一样,人们闻到的焦臭味正是陨石在陨落中有机物被碰撞或摩擦燃烧的结果。研究人员很快用飞机将其运送到美国宇航局阿米斯研究中心,那里有为分析月球物质是否含有有机物质而精心设置的专门实验室和特别设备及仪器。

默奇森陨石一送到那里,陨石外部就立即被剥掉,以清除可能存在的地球物质污染。然后将中心物质制成粉末,经萃取后做了精确分析。结果共发现了 20 多种氨基酸和十几种烃类化合物等有机物质。在其中 1 g 陨石试样中共发现 6 μg 甘氨酸、3 μg 丙氨酸和谷氨酸、$1.3 \sim 1.7$ μg 卟啉和天冬氨酸。此外,还有亮氨酸、缬氨酸、脯氨酸、肌氨酸、B-丙氨酸、N-甲基丙氨酸、N-乙基丙氨酸、R-氨基-N-丁酸、R-氨基-异丁酸、B-氨基-异丁酸、异缬氨酸、原缬氨酸(戊氨酸)、哌可酸等氨基酸。烃类主要有正烷烃、一甲基烷烃、二甲基烷烃、烷基环己烷、多环烷烃、烯烃以及苯和烷基苯、联苯萘和烷基萘、菲和甲基菲、萘嵌戊烷和烷基萘嵌戊烷、氟蒽烯芘等有机物。这些样品的分析都是极其小心地进行的,完全排除了地球物质污染的可能性。

从陨石中所含有的氨基酸等有机物的结构也证明了这些有机成分为陨石本身所固有。因为陨石中的氨基酸除甘氨酸外,其他所有氨基酸都至少有一个不对称原子,含有这种不对称原子结构的氨基酸可以有两种互为镜像的对映异构体(又称为"光学异构体"),这就像人的双手一样镜像对称,但不能重叠。凡是具有对映异构体的分子均被称为"手征性分子"或"不对称分子"。根据呈镜像对称的对映异构体的构型特征,将其一类称为"左型",相当于人的左手性,以"L"表示,又称"L旋体";另一类与之对称的结构称为"右型",相当于人的右手性,以"D"表示,又称为"D旋体"。

奇特的是地球生命有机物中的氨基酸全是 L 型,只有在古老岩系中才有可能发现 D 型。在默奇森陨石中发现的氨基酸除甘氨酸外 L 型和 D 型几近等量。由此可证明这样的氨基酸组成并非是被地球生命有机物质所污染。此外,陨石有机物中的碳同位素测定也证明了这一点。

除默奇森陨石外,美国在南极发现的碳质陨石中也发现有氨基酸、正构烷烃、芳烃、姥鲛烷等生命小分子化合物和烃类等有机化合物。在我国的吉林陨石(1976.3.8)中发现含有 C_7 到 C_{32} 的正构烷烃、芳烃及卟啉化合物、有机色素等。还有阿伦德(Allende)、奥奎尔(Orqueil)、伊武纳(Iruna)、默里(Marray)、科尔德波克维尔德(Cold Bokkereld)、米格海(Mighei)、莫科亚(Mokoia)等陨石中也都发现有不等量的较复杂有机物。

各陨石中的有机物碳同位素组成与地球有机物有很大的区别,证明了这些有机物为陨石本身所含有,并非是被地球物质的污染。地球有机物由于植物叶绿体的光合作用导致的同位素效应,使碳-12(^{12}C)含量明显增高,而碳-13(^{13}C)含量极微。默奇森陨石和现已发现的含有机物的其他陨石中的有机物的碳同位素组成却不同,即 ^{13}C 含量相对较高。对物质或测试样品(试样)中碳同位素的组成(^{13}C)通常用下式表示

$$\delta^{13}C = \frac{[^{13}C/^{12}C]试样 - [^{13}C/^{12}C]标样}{[^{13}C/^{12}C]标样} \times 1000$$

经过分析测算得知：地球无机物的 $\delta^{13}C$ 一般在 $-4 \sim +4$，地球有机物的 $\delta^{13}C$ 则在 $-40 \sim -25$。几种碳质球粒陨石中碳同位素组成如表 3.1 所示。

表 3.1　几种著名碳质球粒陨石中的碳同位素组成

陨　石　名　称	$\delta^{13}C$			
	总　碳	碳酸盐	可溶有机物	不可溶有机物
伊武纳(Ivona)	-7.5	$+65.8$	-24.1	-17.1
奥奎尔(Orqueil)	-11.6	$+70.2$	-38.0	-16.9
默里(Murray)	-5.6	$+42.3$	-5.3	-14.8
默奇森(Marchison)	-7.2	$+45.4$	$+5.0$	-13.8
米格海(Mighei)	-10.3	$+41.6$	-17.8	-16.8
莫科亚(Mokoia)	-18.3	无	-27.2	-15.8
科尔德波克维尔德(Cold Bokkeveld)	-7.2	$+50.17$	-17.8	-16.4

由表 3.1 中所列数值与地球上 ^{13}C 组成的对比可知，陨石有机物中的 ^{13}C 含量普遍比地球有机物要高，就连无机物中的 ^{13}C 也同样高于地球。这足以证明陨石中的有机物并非地球物质污染所致，而是陨石本身所固有。也就是说，科学分析证实了来自宇宙的某些陨石(目前仅限于碳质球粒陨石)中确实含有氨基酸等生命小分子和烃类等复杂有机化合物。

第四节　新宇宙生命论

一、天外胚种论的复兴

由于射电天文学和宇宙化学的迅速发展，在宇宙空间，尤其是大星云内相继发现了大量的有机分子。到 2010 年为止，人类发现的星际分子已经超过 140 种，其中 80% 以上为有机分子。此外，在太阳系的木星、土星、天王星、海王星等类木行星以及某些卫星的大气层中相继发现有 CH_4、NH_3 等成分。在某些彗星中，也发现有大量的有机成分。通过对落入地球的某些陨石进行分析得知，其成分中含有多种氨基酸和烃类等复杂有机物，其中不少还是组成蛋白质的必需氨基酸。如前述在默奇森陨石中发现了近 20 种氨基酸和十几种烃类。

所有这些有关宇宙空间存在有机物或生命小分子的信息都被天外胚种论的坚信者拿来作为其有力证据，从而使一度沉寂的天外胚种论死而复生，再度兴起，并有所发展。宇宙星云或星际空间存在着大量的有机分子这是事实，但它们只是简单的有机小分子(原子数在 11

以下）。由此推测宇宙中的某处（如地球）存在更为复杂的生命有机物质甚至生命也不是不可以，但要说它们就是地球生命之源，这中间还是存在着很大的差距。不说星际分子或陨石有机物与地球生命的关系如何确定，单就星际小分子、陨石内氨基酸与生命之间还有万水千山的距离需要跨越。从小分子到氨基酸，由氨基酸到生命活体，在宇宙环境和自然条件下究竟是如何转化的，这也正是多年来无数的探索者们梦寐以求想要解决的难题。

二、霍依尔的新宇宙生命论

1978年，英国著名天文学家弗雷德·霍伊尔（Sir Fred Hoyle，1915—2001）根据星际分子与陨石有机物的发现事实，提出宇宙空间广泛存在由有机分子发展而来的高级生命物质的推断。1980年，他再次提出在宇宙空间确实有高度复杂的有机物存在，并认为生命在宇宙中的可能广泛存在和地球上生物发展是密切相关的，地球上生命的起源可能是由于有生命的星际微生物进入地球表面而发生，如通过彗星带到地球上。宇宙中存在更复杂生命有机物乃至生命活体的观点被称为"宇宙生命论"，还有人喜欢称之为"新宇宙生命论"，以区别于老的天外胚种论（泛胚种论）。近二三十年来，国内也有不少学者持有这种观点，甚至有过之而无不及。

地球上的生命是来自宇宙吗？霍伊尔认为这种可能性是非常大的。但确切地说，要回答这个问题还需要时间。

在宇宙空间，紫外线和宇宙射线确实具有强大的杀伤力，在没有任何屏蔽或保护的条件下，不仅生命体会被杀死，就连普通的碳氢化合物在紫外线的长时间照射下由于解离作用也不会存在太久，因氢、氮会离解，剩下碳形成碳粒，这同样也是事实。宇宙生命胚种如何能够在暴露的宇宙环境中长期生存而不受伤害呢？可见，星际有机小分子的存在是有其特殊性的，尽管其形成和如何屏蔽紫外线等宇宙辐射的确切原因目前尚不明了，但可以肯定地说，其中存在着某种特殊的因素或原因，且极可能与星际尘云的微粒结构有关。

宇宙中存有有机分子，但简单有机物（包括氢基酸等生命小分子）与生命之间毕竟还有着十分遥远的距离，其间空白太多，绝不能等同。所谓彗星（或类似的尘埃物质）中存有微生物的发现（据说是因为某些特殊的消光现象），或许是观测者的主观愿望，或许是观测上的错误所致，其确切性尚有争议，仍待进一步证实，如美国天文学家康奈尔大学的卡尔·萨根（1934—1996）教授就认为那只是误认，如某些尘埃物质也会呈现出同样的现象。所以，仅据简单有机分子或一些自身可靠性都存在问题（至少是不那么确切）的推论，就断言宇宙空间广泛存在生命胚种（如微生物），并认为那就是地球生命的起源未免过于牵强，且缺乏应有的科学性。

三、宇宙中是否还存在更复杂的有机物

在宇宙中寻找更为复杂的生命物质、乃至生命孢子和生命活体，一直是天文生物学学者和地外文明探索者们的夙愿，但结果怎样呢？

霍依尔曾说:"在宇宙空间存在着更为复杂的高级生命有机物直至生命孢子或微生物是可能的,生命是一种宇宙现象,并且与地球生命的起源有关。"霍依尔认为,彗星尾部就可能携带着病毒和细菌,当彗星掠过一颗行星时,这些物质便沉积于行星的表面,这就可能导致这个行星上生命的诞生。霍依尔还进行了一些比较实验,认为来自哈雷彗星的一种特定波长的光谱与经过冷冻的细菌的悬浮物产生的光谱是相同的,据此他提出,生命在宇宙空间是通过彗星来传播的。

但卡尔·萨根对此却持有异议。他认为霍依尔的实验结果并没有为彗星上是否存在细菌提供任何依据,因为含有简单化学杂质的冰粒也同样能影响天文望远镜对彗星上冷冻干燥物的观察。霍依尔看到的可能只是化学杂质,而不是细菌。宇宙空间是否有更复杂的生命有机物乃至生命活物还有待于更深入的研究和更严格的证据才能准确解答。目前所有的结论或证据都还只能说是某种设想或希望,要使其成为事实还有很长的路要走。

宇宙星云和彗星物质中的大量有机分子和陨石有机物的发现并不能说明宇宙空间确实存在生命或生命胚种,同样也不能证明地球上的生命就是来源于宇宙空间的生命胚种。它只能说明(或许揭示了这样的事实):在星云或彗星这样的微尘结构的物质中,存在有简单有机分子形成和保存的条件,包括物质条件和能量条件。在此条件(尘云环境)下,可以形成简单有机分子,或者简单有机分子能保持稳定状态,或者分子生成速率或数量大于分子同时消亡的速率或数量,仅此而已。而陨石有机物存在的情况要复杂得多,这与陨石自身的形成及形成后的存在环境及经历直接有关。

目前,所有发现含有有机物的陨石均为碳质球粒陨石,它具有特殊球粒结构和原生构造,物质间胶结松散,未见有像地球上的沉积岩、岩浆岩或变质岩那样的熔融、结晶、胶结及后期改造等迹象。而有机物一般多包藏在陨石物质内部,在其坠落于地表的过程中并未完全烧失。一般来说,陨石不可能单独直接形成于星际空间,它一定是来自某个行星或小行星(可统称为陨星)的爆炸或碰撞后的碎片。这就是说氨基酸等有机分子并不是在星际尘云中直接形成的,而是在某些陨星形成时,在陨星内部生成。

如果含有生命分子等有机物的陨石不是沉积岩块(肯定不是)或者陨石来自的那个陨星不曾发生过沉积作用的话,那么唯一的可能性就只能是陨石中的生命有机分子是在陨石形成过程中,在其内部由陨星物质合成,并随着陨星的形成、陨星物质凝结而被包含其中。由此可以推测合成生命有机物的物质条件就是形成陨星的原始尘云物质中含有的简单有机分子和无机物,其合成所需能量可能来自陨星形成过程中物质凝聚收缩时的碰撞(收缩能)。根据含有氨基酸和烃类等有机物的陨石(碳质球粒陨石)的特点来分析,以下几点值得注意:

(1) 构成这些陨石的元素也就是构成地球的元素,化学分析和光谱分析都未曾发现过地球上不存在的元素;

(2) 陨石中主要元素的丰度与太阳大气中元素的丰度基本一致(这是否代表了太阳系原始物质的组成);

(3) 陨石中易挥发性元素含量较低(这是否说明在陨石形成过程中有过气体成分的逃逸);

(4) 球粒陨石中含有氨基酸等生命小分子和烃类有机物较普遍,但至今尚未发现有蛋白质和核酸这样的生命高分子。

以上几点可以说明：合成氨基酸这样的生命小分子的条件（主要是能量条件）要求较低，伴随着陨星形成，在其内部的合成是比较普遍的，而合成蛋白质、核酸这样的生命高分子却要复杂得多，有更高的环境条件要求，在一般的陨星形成过程中，其内部合成的可能性不大。

由此可进一步推测，宇宙中广泛存在生命胚种的可能性极小。如果存在（或许存在于别的什么星球上），它们如何顺利地穿越以光年计的遥远距离和环境条件极为严酷的星际空间，到达地球并迅速适应（否则即会自灭）原始地表环境（如现有观点所认为的无有机物的动荡环境），生存并发展起来都是大问题，至少不是一件平常事件。况且至今也没有发现这方面的任何证据或找到过任何能说得过去的迹象。由此可见，在没有任何可靠证据的情况下，现在再将地球上生命的起源问题简单地交给天外胚种来解决是没有道理的，除非能找到更加有力的证据。

第五节　外空生物学

半个世纪以来，随着地外生命探索的广泛兴起和不断深入，一门新兴的边缘科学——外空生物学应运而生。外空生物学是研究地外空间生物及有关问题的科学，也可称之为"地外生物学"。到目前为止，它多限于研究或探讨以地球生物为样板的太阳系内可能存有的生命以及有机物的存在形式、性状、起源和发生发展规律等。对于太阳系以外，外空生物学目前还处于证明是否存有合适的行星或非自然信号的射电探测阶段。当然从发展的角度来看，外空生物学应着眼于所有可能存在的宇宙生命，应该向太阳系外拓展，将所有可能存在的宇宙生命都作为其研究对象。所以从长远来看，更应该称之为"宇宙生物学"。

一、太阳系行星生物学

自 20 世纪 80 年代以来，随着太空探索热潮的兴起，外空生物学的有关研究曾出现一个高潮，全世界有数百位知名学者在直接或间接地从事外空生物学及有关问题的研究工作。他们时常聚在一起就外空生物学的广泛课题进行研讨。其中的大多数人都认为，尽管现在还难作结论，要肯定地回答什么还为时尚早，但有关地外生命的探索无论有无结果或结果如何，这种探索工作都应坚持下去，直到有一个确切的结论。这个确切的结论也许不会在我们这辈人找到，探索也许是永无止境的。不过，那些引导人类不断探索的思路将来有一天也许会产生出确切的结果。外空生物学家们不懈追求的一个很重要的目标就是在地外行星（或卫星）上找到新的生命，哪怕是最简单的生命形式——能自我繁殖的单细胞生物体也会令人惊异和兴奋不已。

外空生物学的另一个很重要的课题就是探索地球上的生命起源问题。地球生命是地外成因、地表成因或同源成因虽然尚有争议，但外空生物学家们多偏向地外成因，即宇宙成因。

他们的研究在于探索宇宙中的物质(可能是生命物质)是怎样在地球上产生出生命的。

地外生命存在于何方,太阳系内还是太阳系外?就目前已知的资料来看,在太阳系内寻找较低等生命也许是可能的。就技术而言,也只能立足于太阳系内,所以应该称之为"太阳系行星生物学",或者直接称为"行星生物学",这样即使在太阳系以外发现生物也适合。在太阳系外寻找高等生命的希望更大,因为在太阳系外的未知领域更广、更多,当然探索的难度也更大。

地球以外的茫茫宇宙中,存在别的类似太阳系的行星系和其他生命形式是可能的,关键是如何找到它们。也许正如弗利曼·戴森认为的那样,"宇宙中也许充斥着生命"。哈佛大学天体物理学家保尔·霍罗维兹也说:"就我们进行过的探索来看,天空可能充满着射电信号,而银河系有 1500 亿颗恒星和 100 亿个星系,当然存在生命。"另一位著名科学家美国宇航局艾姆斯研究中心的巴纳德·奥利弗利走得更远,他认为:星系中大约有 5% 的恒星是"正常的太阳",其中大约有半数带有适于生命生存的行星。因此,实际上有几十亿颗可能拥有生命的行星。

探索地外生命的工作是艰辛的,在短期内很难得出什么结果或结果多不尽如人意,但可以肯定的是这类探索性工作本身具有很重要的意义。这不仅可以使人类最终彻底认识生命起源及发生发展的事实真相和宇宙的奥秘,认识天地生的相互关系等科学问题,而且这一工作本身就可以促进科学技术的发展,开拓人类视野和活跃人类思想。有些重要的意义也许我们现在还认识不到,正如保尔·霍罗维兹所说:"它与人类努力从事的每一领域、每一件事都有关。"其实,就连那些对地外生命的存在一直持怀疑态度或坚决反对的人也认为这类探索工作是极有必要的。如苏联科学院通讯院士什克洛夫斯基就坚持认为"地球以外,不存在任何有理性的生命"。他说:"我本人始终坚信不疑,生命是宇宙中极其稀有的现象。只有极少数恒星有它们的行星系,也许会有那么几个行星,上面有某种生命的痕迹。而论及智慧生命,我们才是生物学上独特的奇异现象。"但他又说,"应当指出,谁要是迷信我的观点绝对正确,并且误以为探索地外生命或文明毫无意义那他就不够严肃了。"他甚至认为,"无论如何,探索地外生命或文明是具有科学意义的,这项研究工作应该坚持进行下去,而且只有各门学科的学者们通力合作,才能把真理揭示清楚。"几乎所有认为有必要进行这类探索的学者和科学家们都认为,只有各学科相互结合,进行多学科的综合探索与研究,才能最终把真理揭示出来。

二、外空探测

寻找地外生命是外空生物学的首要任务,也是迄今为止外空生物学研究的主题所在,因为只有真正找到地外生命,外空生物学才有确切的研究客体,才能真正开始谈论外空生物学的具体内容和某些实质性的东西。自 20 世代 60 年代以来,美国、苏联等国家向太阳系的大多数行星和卫星发射了大量的宇宙探测器,美苏之间的军备竞赛成为太空探索的助推剂。

就太阳系而言,水星离太阳太近,岩石质表面,遍布陨击坑,大气极稀薄(<0.003 大气压),主要为 He,一般认为其没有存在生命的可能。金星有稠密大气层,其浓度是地球大气

的 90 倍,大气成分中约 96.4％为 CO_2,表面温度高达 420～485 ℃,大气呈强酸性,显然不适宜生命的生长,所以一般也认为不存在生命。

与金星相比,火星曾被认为是太阳系最有希望找到地外生命的行星,因为作为地球的毗邻行星,也是最类似于地球的类地行星。可是多年的科学探测并未找到这方面的任何证据或希望。迄今为止的所有探测都表明火星人纯属现代神话。进一步的考察就是用往返登陆舱软着陆后采样带回地球并进行更详细的分析,或像登月一样由科学家们亲自登上火星进行考察。美国曾宣布 21 世纪前半叶的某个时候将人类送上火星,到时也许能提供更为详细的关于火星生命的资料或证据。

太阳系内第二个被认为最有可能找到地外生命的地方就是木星的卫星之一"欧罗巴(Europa)"星,又称"木卫二"。木卫二直径约为 3130 km,大小与月球差不多,密度为 $3.03 g/cm^3$,组分与太阳系内侧类地行星相似,主要由硅酸盐岩石组成。从"伽利略"号宇宙飞船发回的数据表明木卫二有内部分层结构,并可能有一个小型金属内核,表面有极稀薄的含氧大气层。根据"旅行者"号空间探测器发送回地球的照片可推知,木卫二表面平坦,有长长的浅沟,与火星、月球等不同的是撞击坑不发育,没有发现撞击坑的辐射状物质结构或明显的盆地构造。休斯敦大学的约翰·奥罗认为木卫二表面覆盖着约 10 km 厚的冰层,其下有 90 km 深的海洋(撞击坑看来是被塑性流动的冰层或冰层下的水填充或弥合了),它的物理化学状况都很适合生命生存。虽然到达木星的太阳光很有限,但在冰层之下可能会发生化学作用并生成简单的生命物质,这是组成生命最基本的物质原料。那里有可能是最有希望找到地外生命的地方。他的这一见解曾对地外生命探索产生过一定的影响,科学家们也曾对木卫二寄予厚望,为了不让"伽利略"号宇宙飞船在考察后坠毁在木卫二上造成污染,科学家们不得不忍痛割爱,让其与木星相撞,销毁于木星大气中。这里引用两则来自网络的消息,以说明人们对于木卫二上存在生命的期盼。2013 年 12 月 11 日,美国宇航局宣布,木卫二表面发现黏土质矿物,极可能成为孕育新生命的温床。2016 年 9 月 26 日,美国宇航局专家杰夫·尤德称,木卫二的地下海洋被认为是太阳系中最有希望发现生命的地方。还有报道称,木卫二冰层之下可能存在液态水世界,由此推测木卫二内部极可能存在能量源。

太阳系内第三个被认为可能存在生命的地外行星(卫星)是土卫六,又称"泰坦星(Titan)"。土卫六是土星的最大卫星,平均半径 2575 km,质量 $1.345×10^{23} kg$,平均密度是 $1.88 g/cm^3$。土卫六质量较大,大小与火星差不多,其表面重力与地球相比还是太低,比月球稍大。土卫六表面温度低,平均−179.16 ℃,拥有浓厚大气层,表面大气压约为地球的 1.5 倍。土卫六不仅保持有大气圈,大气中也会形成云层,大气成分主要为氮气(约 99％),其次是甲烷(1％),此外有微量的乙烷、乙烯、乙炔和氰化氢,有研究认为云层的成分可能是冰冻的甲烷。科学家推测大气中的甲烷可能是生命体的基础,因此土卫六被高度怀疑有生命体存在。土卫六可以被视为一个"时光机器",有助于人类了解地球最初期的情况,揭开地球生命起源之谜。

研究表明,土卫六上存有较复杂的有机分子,其星体的主要成分可能为水氨和甲烷,存有石质核和岩石质幔,壳层可能为水冰,壳幔之间可能为富溶解氨的水,即"岩浆层"。冰壳还可能局部熔化为液态甲烷海,甲烷海位于水-氨溶液(岩浆层)之上或冰壳上。由此,有人推测,土卫六上可能有原始生命。土卫六特殊的富有机质的寒冷表面,是否会有较高等的生命呢? 它将成为未来重要的探测对象。

太阳系外又会怎样,是否存有生命或文明世界? 对于太阳系以外,人类目前还只能采用射电探测,第一步必须在太阳系以外找到行星或行星系。据科学家们推测,类似于太阳系的行星系在宇宙中可能是大量存在的,由此进一步推想:生命也可能普遍存在于宇宙之中,而智慧生物的存在也是极有可能的。

可是,人类至今竭尽所能也没有在太阳系其他行星、卫星或太阳系以外的地方探测到任何形式的生命存在,确切地说就连最低等的微生物或类生命的大分子有机物集合体(生命分子体系)也没有找到过,更不用说类人或超人地外文明了。即便仅仅只是他们活动的痕迹或遗物也会令我们地球人心旷神怡、兴奋不已,可是至今所有的传说、目击报告和可能事件不是无法证实或查无确证,就是存有多解性等。于是,人们又不得不回到老问题上,地球以外存有生命吗?

人类在落到地表的某些陨石内发现了氨基酸等最简单的生命基础物质(更复杂的生命有机物还尚未发现),可是谁能肯定这些陨石就一定是太阳系内或太阳系外的产物呢? 它们究竟来自哪里,我们尚不清楚,也许它们与地球是同时形成或同样的来源呢? 更为复杂的有机物乃至生命除去地球又在哪里? 于是,人类又不得不把目光瞄向了太阳系以外,希望能在宇宙深处的某些地方找到其他生命,尤其是智慧生命。

三、天道茫茫,任重道远

地球所在的太阳系其实只是宇宙中一个很普通的行星系。对于太阳系以外的世界,人类目前尚无能力发射探测器进行直接探测(也有一些探测器在完成太阳系行星探测任务后正向太阳系外飞去,或者作为地球向可能存在的地外文明介绍自己的非探测性飞行器),但却可以通过接受来自宇宙的电磁波辐射来研究其他可能存在的星系的情况。如通过射电望远镜,人类可以探测到太阳系以外的恒星或星云的组成及有关情况。当然对于行星,由于它们本身不发光,在许多方面目前还难以确定,但却可以探索到它们的一些信息。如果有外星人存在的话,人类也许可以"听到"来自宇宙的地外文明的呼号,或他们彼此之间的通讯呼叫,或无意间泄漏出来的信息(如同地球人的电视发射塔向太空泄漏信号一样),尽管人类尚未确切地收到过或辨认出这样的呼号。

问题是在宇宙中,还有别的恒星也像太阳一样,周围有行星绕其旋转,并与中心恒星一同构成一个稳定而规则运动的行星系吗? 只有先找到其他行星系统,才有可能找到新的生命,甚至高度发达的智慧生物。

多数天文学家都认为,宇宙间应该存在其他类似于太阳系的行星系统,它们可能是由一个中央恒星(如太阳)和若干个行星组成的行星系。美国亚利桑那大学月球和行星实验室主任尤金·列维认为:"我们的太阳系实际上是一个简单结构,我们认为它是自然而然出现的。"这间接说明形成行星系在宇宙中具有普遍性,"宇宙各处都有可能形成行星系,其中可能有许多类似我们的行星系,包含 6 个或 7 个,甚至 12 个天体"。在这些思想的指导下,近几十年来，人类对于未知行星的探索从未间断过。

自20世纪80年代以来，这些探索工作有了一些重要进展和发现。1983年，通过红外天文卫星探测，发现大约有50颗星体在发出超量红外辐射。据此推测，这些星体周围可能存在尘埃云。美国行星科学家布兰德福特·史密斯通过望远镜观测一颗离地球50光年远的恒星(Beta. Pic星)时发现了更进一步的线索，他看到这颗恒星周围的尘埃云呈圆盘形，朦胧可见。他认为根据圆盘的形状和人类对行星形成的了解，可以推论这颗恒星外围的尘埃云物质已经开始结块，正在形成行星。

1984年，亚利桑那大学的另一位科学家唐纳德·麦卡锡领导的研究小组又有了新的发现，他发现了一颗恒星附近有一个环绕它运转的暗色天体，其体积大约是木星的10倍，但科学家们尚难以肯定这究竟是行星系还是双星系。列维认为这个天体也可能是一个双星系中的伴星，由于太小，以致燃烧不起来，成了暗星。但是他又说："从我们迄今为止所得的信息来看，还不能断定。"言下之意那也许正是人类所要寻找的行星。就在1984年前后，科学家们还取得了另外一些成就和新发现。加利福尼亚大学圣克鲁斯分校的一个天文学家小组公布了一条消息，说他们发现了一个可能正在形成的太阳系。他们对距离地球约450光年的金牛座T型变星进行了长期的观测研究，发现这颗T型变星已凝聚成一颗原恒星，并逐渐演变为白矮星，辐射出过量的红外光，而这被公认为是周围物质中含有大量尘埃的结果。他们还发现这颗星亮度变化奇特，这被认为可能是其周围巨大的行星云状物质所引起的，或者是其周围的尘埃和气体正处于凝聚、形成行星的过程中。此外，通过三架不同的望远镜联合观测还发现，T型变星还有一颗伴星，称为"金牛座T型变星的红外伴星(TIRC)"。其体积有木星的3～4倍，质量约为木星的10倍，表面暗淡(与T型变星相比要暗得多，也冷得多)，温度很低，约538℃。科学家们已经确定它不是一颗恒星，那么是不是一颗行星呢？可能是，但目前尚不能肯定。倘若是行星的话，那T型变星系是另一个太阳系吗？人们正在寻找确切的答案。

1992年，又有报道称，两位美国天文学家肯尼思·马什和迈克尔·马奥尼利用红外天文卫星的数据，研究银河系内金牛-御夫天区中环绕金牛座T型星的气盘，发现8颗星的环星盘有间隙，其中7例绕金牛座T型星运行的伴星可能是行星、低质量的暗星或褐矮星，这两位天文学家还发现靠近间隙外侧的环星盘平均温度只有约−38.15℃。

另一个很有希望在其周围找到行星的恒星就是众所周知的织女星，它是天空中最亮的星星之一，距离地球比金牛座T型变星要近得多，约为26光年，其体积约为太阳的两倍，表面温度为太阳的1.5倍，亮度却相当于太阳的60倍。天文观测发现织女星的周围存在一些很冷的固体物质，大部分都位于直径大约为160天文单位(太阳与地球之间的平均距离约$1.5×10^8$ km)的环内。其温度比T型变星的伴星的表面温度还要低，根据这些物质辐射的微弱的红外光来推测，其表面温度不会超过−184.44℃(绝对零度为−273.15℃，织女星表面温度为8900℃)。这些冷暗物质究竟是什么，固结的体块有多大，它们是行星，还是类似于太阳系中的小行星、彗核、流星体等小天体？这些都有待于今后的进一步观测研究来解答。

更为欣喜的是在比织女星更近的南鱼座α星(距地球约23光年)的周围也发现存在有

岩石碎块样物质。此外,1987 年,加拿大天文学家称,发现了两颗大行星的证据,其中一颗距离太阳系约有 48 光年,另一颗只有 11 光年。近些年来,还有不少其他新发现,如可能(只是可能)找到了正在形成的行星系,接受到一些人类目前尚无法解释的宇宙信号等。这些都是人类探索地外生命的新线索和新希望。

虽然至今人类还没有找到确凿的证据,能说明除地球以外的任何地方有任何形式的生命存在,但探索的步伐却一刻也没有停止过,而且在不断地加快。早在 1960 年,美国国家射电天文台的弗兰克·德里克便开始了一些重要的探索。他试图通过监听附近恒星发出的非自然信号来判断那里是否有文明生物的存在。第二年他提出了一个德里克方程式,试图对银河系中能够同人类进行通讯联系的文明社会的数目进行概率预测。

其实,德里克方程式中除了恒星形成的速率人类已有所认识外,其余所有参数都是未知的。所以有些科学家对此提出了完全不同的意见。普林斯顿大学高级研究所的物理学家弗利曼·戴森就认为:"从事对宇宙其他地方智能生命存在概率的数学计算是不值得一提的事。宇宙也许充斥着生命。答案是:等等看。"但也有些科学家支持德里克方程式,或提出类似的见解。

近二三十年来,仍不时有一些关于发现脉冲星附近有行星环绕其运行的报道。

1990 年,美国天文学家亚历山大·沃尔兹赞在室女座(距地球约 1600 光年)发现了脉冲星,随后,他与美国国家射电天文台的弗雷尔就一直监测着这颗脉冲星,并于几年前发现这颗脉冲星周围至少有两颗行星在绕其运行。其中靠内的那颗绕转周期为 67 天,与脉冲星距离为 0.36 天文单位,质量为地球的 3.4 倍;靠外的行星绕转周期为 98 天,距离为 0.47 天文单位,质量为地球的 2.8 倍。可能还存在第三颗行星,它距脉冲星更远,大约在 1.1 天文单位,绕转周期为 360 天。在此之前,还有一例报道称,在脉冲星周围发现有一颗行星以 180 天的周期绕其运转。

由于目前有关科学研究的重点几乎都放在探索和寻找地外生命上,所以一些科学家更乐意将这一研究领域称为"生物天文学",而不是外空生物学,他们认为真正解答外空生物学问题只有等找到地外生命后才能谈得上。20 世纪末,在法国萨沃耶召开了"第三届生物天文学国际讨论会",会后的有关出版物中对宇宙进化的复杂过程做了阶段描述。如大爆炸后几十亿年形成星球和行星并继续合成化学元素,然后是形成第一批有机分子;其后是前生物化学阶段,有人甚至认为这一过程至今仍在土卫六上发生着;再后就是原始生命,如地球最初几十亿年里的细菌,在火星的永冻土中或许能找到它们的同类;高级生命甚至比人类更高级的文明社会或许正存在于宇宙中的某处,寻找他们一种最直接的方法就是搜寻来自宇宙空间的、由类人生物发出的无线电信号。

近 30 多年来的天文学和物理学方面的研究成果业已表明:行星不是罕见的,而是在宇宙演化过程中自然形成的,仅银河系可能就有数千亿颗。有报道称,到 2010 年为止,太阳系外已经发现并基本确认的行星多达 424 颗,其中包含许多和地球相似的小质量岩石质行星。而在星际气体中,已经证明有 100 种左右的大分子有机物(星际分子数超过 140 种),分布在不同的天体环境中,包括恒星形成区、原行星盘和行星大气中,这些都有可能成为构成外星生命的物质基础。

其中需要解决的一个最基本的问题就是生命的起源问题,这是外空生物学需要深入研究的一个重要课题,也是地球生物学向外空生物学推广的基础。

就地球生命来说,搞清楚地球生命的起源就可以对比地外生命,认识生命在宇宙中的可能分布、性状及其与所处环境的关系,并指导寻找地外生命。反过来,认识了地外生命也可以更深入地认识地球生命的实质及其来源问题。

在现代重要的基础科学中,只有生物学基本上是仅限于地球生物而言的,其他学科如物理学、化学、地质学等都可以适用于地球以外的空间,所以目前的生物学还只能称为"地球生物学"。它能放之宇宙而皆准吗?因此外空生物学还有一个重要任务,就是如何将地球生物学推广到地球以外,从而比较分析地球生物与外空生物在物质组成、组织结构、生理系统和机制等方面的异同点。例如,地球生物组成以碳为中心,外空生物可以放弃碳而以硅为核心吗?地球生物通过有氧呼吸(体内氧化)来获得活动能量,外空生物可以凭借硫呼吸来获得生命活动所需的能量吗?等等。

总之,外空生物学所要研究的内容很广、很多,同时也对地球生物学的发展产生重要的甚至革命性的影响。关键是人类先要在地外宇宙空间找到生命体,然后才好开展系统的研究工作,否则人类就只能将主要精力放在永无休止的寻找或预测可能存有的地外生命上。

第四章　化学进化论

化学进化论也称"地表起源说"，是主张地球生命起源于原始地表化学进化的生命起源学说。这一学说认为地球上的有机物来源于原始无机物的化学进化，地球生命起源于这些由化学进化产生的原始有机物。

第一节　化学进化论的建立

一、人类早期化学进化思想

早在 1809 年，天外胚种论尚未提出，生源论与自生论还在争执不下时，德国自然哲学家奥肯(Oken,1779—1851)提出一个在当时看来可谓大胆的猜想，认为地球上的一切有机物都产自于原始海洋中的一种由无机物演化而来的"原始黏液"(后人称之为"原始汤")，最初的生命就是由这些原始化学物质——原始黏液演化而来的。它来自无机物，又是一切有机物的源头。

经过无数人的发展，后又有人提出：由原始黏液逐渐形成一种极小的泡状物，由泡状物再演化出最早的有机体。这一猜测及其后期发展表达了有机物由无机物转化而来的化学进化论的基本思路，并以原始黏液作为过渡媒介。这是已知最早关于地球生命通过化学途径起源于无机世界的化学进化思想，但直到 20 世纪，生命起源的化学进化思想才被人们普遍认同，并开始流行起来。20 世纪 20～50 年代，化学进化论已基本成为一种思潮，并逐渐成为比较系统的学说，大多数化学家，特别是生物化学家都开始信奉这一学说。

1828 年，德国化学家维勒(Weller,1800—1882)第一次用氯化铵和氰酸银等无机物为原料制成了简单有机物尿素，开创了人类利用无机物合成有机物的先例，这表明无机物与有机物之间并无绝对界线，在一定条件下是可以互相转化的。从而改变了人们关于有机物只能来自生命体的传统认识。1845 年，人工合成脂肪再次证明了这一点。

随着人工合成有机物不断取得成功，生物大分子(如蛋白质和核酸)相继被发现，有机化学尤其是生物化学取得长足进步，人们逐渐了解到这样的事实：神秘的生命物质的主要成分原来只是些蛋白质和核酸类物质。这些物质都是些生物大分子化合物，也称"高分子化合物"，如蛋白质由氨基酸缩合而成，核酸由核苷酸相互结合而成。

1859 年，达尔文在《物种起源》一书中提出生物进化论的观点，进化思想开始影响人们关于有机物和生命起源的认识。随着研究的不断深化，一些著名学者也开始涉足生命起源与演化这一禁区，开始将生命体的组成与生命起源和演化当作有待解答的问题进行科学探索、猜测以及公开讨论。

1866 年，海克尔提出生命是"由高分子碳化物所组成的蛋白体"的设想（见《有机体普通形态学》），认为过去和现在生存于地球上的所有有机体都是由少数共同祖先类型逐渐演化而来的，它们都开始于极为简单的原始有机体，原始有机体又是从自然界中非生命物质中发生的。1876 年，恩格斯也提出"生命的起源必然是通过化学途径实现的"（见《反杜林论》）这一著名论断。

大约自 20 世纪 20 年代开始，以苏联生物化学家奥巴林（A. I. Oparin，1894—1980）为代表的一大批生物化学工作者和学者开始了从生物化学的角度来研究生命起源，探索生命起源的可能途径，并极力主张应用生物化学方法、原理和语言来认识和解释生命起源问题。

1929 年，英国生理学家、遗传学家荷尔登（Haldone，1892—1964）提出在地球出现生命以前，曾有过一个由无机物到有机物的化学进化过程，并认为生命就是起源于经过化学进化而产生的含有许多有机物的复杂环境，而不是直接起源于无机物。

二、奥巴林学说

1924 年，奥巴林出版了一本关于生命起源的小册子，随后又发表了一系列论著，并于1936 年就有关方面做了全面的系统总结，出版了《地球上生命的起源》一书，书中他系统地提出了生命起源的化学学说，论述了生命起源的化学机制，后又经过多次修改和补充，于1957 年出了修订版，对书中内容做了扩充、修订和完善，比较完整地阐述了地球上的生命起源于原始地表（海洋）环境下由无机到有机、由简单到复杂的化学进化学说。

由此建立了奥巴林生命起源假说，即原始地表化学进化说（为了区别于现代化学起源学说而称之为"传统化学起源说"），这一假说认为：地球上的生命起源于原始地表条件下（原始海洋或海洋附近环境中）由化学进化所造成的富含多种有机物的复杂环境，而不是直接起源于只有无机物的简单环境，即在生命出现以前，曾有一个由无机到有机、从简单有机物到复杂有机物的化学进化过程，生命产生于由化学进化产生的原始复杂有机物中，并力图用生物化学语言来阐明早期的化学进化过程。这与奥肯、海克尔、荷尔登等人的见解是完全一致的。

根据奥巴林提出的生命起源的化学机制，生命有机物形成的基本过程是由简单到复杂的逐步合成过程，大体可分为三个阶段：

1. 简单有机物产生阶段

由无机物产生简单的有机物，主要为碳氢化合物，如甲烷等。反应过程为

$$金属碳化物 + 水 \Rightarrow 碳氢化合物$$

这是物质进一步复杂化，即向复杂有机物演化的基础。

2. 蛋白质的形成阶段

简单的碳氢有机物在适当的条件(如富水环境)下与氨和水结合生成氨基酸或其他较复杂的有机物。反应过程为

$$碳氢化合物＋氨＋水 \Rightarrow 氨基酸(聚合) \Rightarrow 类蛋白质$$

这一过程被认为发生在地球上出现液体海洋以后的富水环境里或某些特殊的环境中。

3. 有代谢功能的蛋白质的形成阶段

首先是在含有许多蛋白质的共同溶液中析离出个别的体系,形成蛋白体。即

$$蛋白质分子聚合 \Rightarrow 分子团 \Rightarrow 团聚体$$

团聚体是一种胶体微粒,具有简单的内部结构,内部结构不断完善以致获得了科学意义上的比较稳定的代谢和增殖功能,这就是最原始的生命,在此基础上进一步进化出细胞结构。其中氨基酸的形成及其后的进化必须有水参与,即必须在富水环境中才能进行,团聚体或高级团聚体已初具生命现象,能进行基本新陈代谢和增殖功能。

奥巴林提出的这一生命起源过程强调"自氨基酸到团聚体"是在原始海洋或其附近的富水环境中,通过化学过程渐进演化起源的。奥巴林学说后来得到世界各国学者的广泛重视。对于现在关于生命起源的认识,尤其是对坚持化学起源论者来说,其影响仍然是巨大而深远的。

奥巴林学说最为突出的除了提出前生命化学进化外,还提出了从氨基酸的演化开始必须有水的参与才能进行,即最重要的化学进化过程必须是发生在地表原始海洋或其附近富水环境中。他所提出的团聚体已初具生命现象,能进行基本代谢活动,大致相当于后来其他一些生物化学家提出的团球状蛋白体。

可以肯定地说,尽管荷尔登等也提出过类似的观点,但只有奥巴林学说才使生命的化学起源说成为一门系统的理论,以致今天仍被许多人所称赞和推崇,并认定为科学学说,进而对现代有关生命起源的研究产生着不容忽视的推动作用和影响。

三、模拟实验研究

有关化学进化的模拟实验研究主要是指模拟地球早期自然环境中的某些条件来进行生命基础物质的人工合成实验研究。如科学家们在实验室通过用一定配比的简单有机物质在一定的能量条件下合成生命基础物质——氨基酸、多肽以及嘌呤、嘧啶等,它们都是组成生命体的最基本物质成分。其中最具影响的是由美国学生米勒根据他的老师优里所设想的方案,在模拟原始地表海洋与大气条件下进行了合成氨基酸的实验。

1953 年,米勒(S. L. Miller)在实验室将一些玻璃容器用连通管道连接,组成一个实验装置,在玻璃容器内放入 CH_4、NH_3、H_2、H_2O(蒸汽)4 种物质的混合物,来模拟原始地表的大气成分,以加热煮沸来保持混合物蒸汽化,并使混合气体在密闭的玻璃管道中循环,混合气体通过玻璃管道时的温度保持在 $80\sim90$ ℃,通过火花放电模拟闪电和紫外线照射,历时一周后,实验合成了多种氨基酸(共 11 种)和其他有机物质。

其中甘氨酸(氨基乙酸)、丙氨酸(α-氨基酸)、天冬氨酸(2-氨基-1,4-丁二酸)、谷氨酸

(2-氨基-1,5-戊二酸)等4种氨基酸是生物蛋白质的重要组成单元(组成蛋白质的氨基酸共有20种)。此外,还产生了四甲酸(蚁酸)、乙酸(醋酸)、乳酸(α-羟基丙酸)等一些重要的羧酸和羟基酸以及微量的尿素等。实验表明,所有这些有机物都是细胞的极好养料,可用来培养微生物。

1972年,米勒调整了原始地球还原性大气成分(模拟)的配比,改以CH_4、N_2为主,含有少量的NH_3和H_2O,他认为这样的混合气体模拟原始地球的还原性大气更为合理,因为NH_3会溶于水中,在大气中不可能大量存在。他与合作者对上述4种混合气体进行火花放电,结果得到35种有机物,其中有10种是组成蛋白质的氨基酸,即:甘氨酸、丙氨酸、天冬氨酸、谷氨酸、缬氨酸、亮氨酸、异亮氨酸、脯氨酸、丝氨酸和苏氨酸等。通过改变实验和分析方法,还会得到其他一些有机物。如在分析之前进行水解,可生成天冬酰胺和谷氨酰胺;实验中增加H_2S,可生成甲硫氨酸;在CH_4、NH_3、H_2O和H_2S混合气体中进行光解作用,可以得到半胱氨酸;对CH_4及其他碳氢化合物在高温下进行热解,可获得苯丙氨酸、酪氨酸和色氨酸。由此可见,通过米勒模拟实验和类似方法,用无机物和有机小分子合成基础生命有机物——氨基酸是完全可行的。

受米勒实验启发,后来又有人用氰化氢、氨、水蒸气等气态混合物为原料,经加热合成了嘌呤、嘧啶等有机碱。嘧啶环系碱和嘌呤环系碱以及核糖、磷酸等是组成核苷酸的原料,核苷酸是核酸的基本组分,即核酸的单体或基本单元。氨基酸是组成蛋白质的原材料。氨基酸与有机碱的人工合成表明生命基础物质的基本单元(小分子)在一定物质组合和能量条件下是可以通过化学途径合成的。由此推论,在原始地球条件下,由化学途径产生生命物质的可能性就有了实验依据。

随后,核糖、脱氧核糖、核苷酸等也都先后实现人工合成。实验还表明,几乎所有的生命基础物质(基本单元,小分子)都可以用简单有机物和某些无机物为原料,经加热、放电或紫外线、宇宙射线等高能射线照射而制得。如

$$HCHO \xrightarrow[\text{稀溶液}]{\text{紫外线、}\gamma\text{射线照}} \text{核糖} + \text{脱氧核糖}$$

$$HCN + NH_3 \xrightarrow[\text{水溶液(蒸汽化)}]{\text{加热 90 ℃}} \text{腺嘌呤}$$

$$NH_3 + CH_4 \xrightarrow[\text{水}]{\text{加热}} \text{尿嘧啶}$$

$$NC_3N + KCN \xrightarrow[\text{水}]{\text{加热 100 ℃(24 小时)}} \text{胞嘧啶}$$

$$CH_4 + NH_3 \xrightarrow[\text{水(蒸汽)}]{\text{加热(温度可变)}} \text{鸟嘌呤}$$

1959年,科恩柏(Kornbery)以4种基础核苷酸(A、T、G、C)作为基本材料,在有少量先导物(DNA)做模板的情况下,人工制得了核酸DNA。这是在有条件的情况下合成复杂有机物,实际上只是对已有物质的复制,算不上从无到有的合成(起源)。因为在制造核酸DNA之前已经加入了以下物质:

(1) 有少量DNA做模板诱导物;

(2) 以从大肠杆菌中提取的多聚酶做催化剂;

（3）由 ATP(三磷酸核苷)提供能量。

这样制得的 DNA 的特异性取决于先前加入的模板 DNA。因此,这只是在人工控制下的 DNA 复制,还算不上 DNA 的人工合成。也就是说这一实验只能说明 DNA 复制的某些情况,并没有解决 DNA 最初合成,即起源问题。

第二节　化学起源说的发展

一、福克斯的实验

1960 年,美国科学家福克斯(S. W. Fox)以氨基酸混合物为原料,经加热(160～200 ℃)脱水缩合,制得了更为复杂的类蛋白物质——多肽。由氨基酸(脱水缩合)组成的肽链是蛋白质的一级结构形式,其性质类似于天然蛋白质,故又称"类蛋白"。蛋白质在稀盐溶液(如原始海水)中可以亲和形成多分子体系的小滴或小球体,福克斯称其为"微球体"。因此福克斯以此为基础提出的地球生命起源假设又称为"微球说"。

多肽是蛋白质在水解时的中间产物,也是氨基酸聚合为各种蛋白质的基础物质,聚合反应式为

$$氨基酸 \xrightarrow[\text{在一定限度内随温度增高多肽分子量增大}]{\text{加热 160～200 ℃}} 多肽（类蛋白）$$

福克斯的实验还表明:当温度加到 160 ℃时,氨基酸聚合生成的多肽分子量为 3600 左右。当温度加至 190 ℃时,生成的多肽分子量为 8600 以上,并且这种多肽大分子多呈球状,表明这时形成的多肽链已自动叠合形成蛋白质的深层结构,即可能已具有了区别于一般肽链的二级甚至三级结构,也可能类似于奥巴林所说的团聚体。

尤其值得注意的是,福克斯的合成实验是在没有酶(一般生化反应所必需的催化剂)的参与,仅以加热作为基本能源的情况下完成的,这就比较接近原始地球上可能存在或可以满足的自然条件。比如,火山活动就可以提供局部高温条件,即在火山高温提供能源的条件下,原始蛋白质或多肽合成的可能性是存在的。

并且已经有人提出,在地球形成早期,在地表存在近 200 ℃的高温区是完全可能的。问题是除了局部高温外,其他条件也可以保证吗? 后来人们还发现,如果加入适量的磷酸,即使在 70 ℃的条件下,氨基酸也能聚合形成多肽。这无疑使合成实验又向前迈进了一步。福克斯根据自己的实验提出了微球说,比奥巴林的团聚体说更具有事实基础,因而也更具有说服力和可信性。

与此同时,有人在实验室条件下,用紫外线照射氢氰酸等制得了组成核酸的重要聚合物卟啉,用醋酸和甘氨酸组合反应合成了卟啉环,从而为核酸的合成提供了物质基础。卟啉是血红蛋白、叶绿素、细胞色素、酶等的重要组成成分。

现在,在实验室模拟条件下,就是生物大分子也能部分地合成。多少年来,人们一直认

为,生命有机物质氨基酸、有机碱、核苷酸、多肽、卟啉乃至蛋白质或核酸等化学合成的成功,为地球上生命起源于原始地表海洋或其附近环境中,从无机到有机化学渐进演化的化学起源说提供了有力的证据。

这些生物化学方面的合成实验确实可以说明:在一定条件下,由无机物合成有机物,由简单有机物合成为复杂有机物,乃至生命大分子和多分子团球体等是完全可能的。可是,原始生命物质究竟是在什么样的地表条件下,又是如何合成并一步步复杂化和多样化的呢?所有的实验研究都是在可以任意控制调节的人为条件下进行的,而不是实际情况,原始地表"正好"存有这样的理想条件吗?

二、加弗龙的假设

1960 年,生物化学家加弗龙(Gaffron)根据当时的研究资料和人们的认识水平概括出生命起源的几个重要化学步骤以及假设(理想)的原始地球的表面条件。加上其他人的一些意见和材料,这里综合概括如下:

(1)原始地球大气具有还原性,H_2 大量存在而 O_2 缺乏,外来能源为太阳紫外线、星光辐射和宇宙电离射线等,来自地球内部的能源主要为地球物质中蕴藏的化学潜能和来自地球内部的局部热能,在此条件下可产生氨基酸,卟啉等有机物。

(2)后来,O_2 开始在地表出现并在地球上空形成臭氧层,臭氧层阻碍紫外线大量进入地球,O_2 仍不足,H_2 也缺少,能源主要为可见光、有机物潜能、局部热能,形成的有机物更加复杂和多样化,有蛋白质、核酸、类脂、多糖等,出现团聚体(如奥巴林所说)或微球体(如福克斯所说)。

(3)早期的厌氧异养生物已大量消耗地球上所积累的有机物,所存有的有机物能源已不足,光合作用开始,自养生物出现。

(4)绿色植物进行光合作用的时代开始。

三、化学进化起源说总结

无论是奥巴林(1936,1957)、福克斯(1960)、加弗龙(1960),还是同时代或后来人的修正补充,所描述的生命化学起源学说,其要点基本可以概括为:

(1)地球上的生命起源开始于地表原始海洋和大气层形成以后,原始地表海洋或某一水域(小如池塘)中的无机物通过化学进化产生各种有机物质,生命就是从富含各种有机物的复杂水环境(原始海洋或湖塘等)中诞生。

(2)原始地球形成原始海洋和大气层至少经历了几亿年,然后才开始化学进化。原始地表环境是还原性的,大气中富含 CH_4、N_2、NH_3、H_2 等成分,O_2 缺乏。由无机物到生命小分子阶段被认为是在原始大气条件下进行的,而其后各阶段,即由生命小分子到大分子再到生命活体(团聚体或微球体)的进化阶段被认为是在原始海洋或类似水环境下完成的。

(3)生命起源的主要化学进化过程,从无机物开始的连续进化过程可归结如下:

无机物→碳氢化合物等简单有机物（＋氨＋水）→氨基酸等生命小分子（聚合）→蛋白质等生命大分子（聚合）→多分子体系团（完善化）→团聚体或微球体（约同团球状蛋白体，进一步完善化）→原始生命（获得基本代谢与增殖功能的高级团聚体或微球体，内部结构完善和功能分化）→细胞（现有生命体中最基本的结构单位）。

（4）生命有机物质合成的能量来源被认为是来自天空放电、紫外线、宇宙射线、放射线照射、火山、地热造成的局部热源以及陨星经过大气层时产生的冲击波等，原始地球开始时在充斥紫外线的环境（同时为还原环境）中产生了氨基酸、有机碱、卟啉环等基础生命有机分子，然后又在缺少紫外线的环境里由氨基酸、核苷酸等生命有机小分子聚合成蛋白质、核酸、类脂、多糖等生物大分子，再产生出多分子团蛋白体。

（5）初始生命是异养的，并厌氧呼吸，富含各种有机物的原始海洋正好提供了养料基础，后来原始地球上的有机物消耗得差不多了，便产生了自养生物，由光合作用产生出大量的有机物和 O_2。同时也改变了原始地表的环境，由于自由氧（O_2 或 O_3）的出现，环境由还原性逐渐变为氧化性。

经过几代人的不懈努力，到 20 世纪 60 年代初，化学起源说已基本成为一个比较系统的学说，初步具有自己的理论体系和一些实验依据（如米勒、福克斯等人的模拟实验），也比较符合人们当时对于自然界的认知和科学研究水平。

尤其是宇宙射线和紫外线强杀伤作用的发现，使原以为宇宙空间可能存有微生物等生命胚种的人也开始转变观点，导致宇宙胚种说的夭折。化学进化说很快便赢得了决定性的胜利，受到普遍欢迎，并为大多数人所接受或赞同。

四、问题依然存在

关于地球生命起源的化学进化学说虽然在不断地深入人心，得到愈来愈多的人的支持和肯定，但同时人们依然深深地感到地球生命起源问题并没有真正解决，就连化学进化论的倡导者们也不乏这样的想法。因为，当时的化学进化论虽然给出了生命起源的总的图景，但许多具体问题并未真正解决，有些现象或实验研究结果是多解的，甚至出现相互矛盾的情况，尤其是一些关于生命起源的根本问题依然存在。如：

（1）促使无机物合成为有机物、简单有机物合成为复杂有机物乃至生命大分子的高能条件同样会导致复杂有机物，尤其是生命大分子的裂解和变性。无论是在高温，还是在高能射线照射条件下，蛋白质、核酸、氨基酸和核苷酸都不能长期保存，要不了几分钟便会分解或被破坏掉，而这些有机物在地表环境中形成时，是如何克服环境的破坏性的？

例如，在 90 ℃时，核酸便会变性，氢键断开，DNA 失去双链螺旋结构，RNA 会失去发夹式结构。变性的核酸便不再具有复制和转录（信息传导）的功能。

蛋白质在地表自然条件下只要加热到 70～100 ℃，便会出现变性反应，凝固变白，失去原有的性质和生物学功能。此外，在强紫外线或电离射线照射下或者遇酸、碱、盐、酒精等时也会出现变性反应，直至分解。

在促使生物大分子合成的高能条件（福克斯合成多肽的温度高达 160～190 ℃）下，生成的蛋白质最多只能保存几分钟便会分解掉。因此,模拟条件下的实验与原始地球的真实情况还存在着相当大的差别。

(2) 对原始地表环境的设想存在矛盾。以最具实证作用的米勒(1953,1972)和福克斯(1960)的实验为例,氨基酸的合成使用水蒸气等物质并在高温放电的条件下进行,而实际情况下,维持水成气态的地面高温可能会造成海洋的沸腾,甚至地表不再存有液态水,在这样高温蒸腾的环境中,就连氨基酸也无法保存很久,更不用说合成多肽了。且氨基酸聚合成蛋白质的反应是脱水缩合反应,需要如福克斯实验中的干热条件,到处充满着气态水(水蒸气)的环境显然不利于脱水反应的进行。

有人根据氨基酸合成蛋白质的反应是脱水缩合反应提出原始地表曾存在干热环境的假设,但这样的干热条件是极不利于多肽或蛋白质保存的。这还不是全部的矛盾所在,富水环境极不利于脱水反应,如果没有酶的催化作用(酶也是一种蛋白质),要进行脱水反应是不可想象的。

还有人认为,即使有酶催化,在原始海洋中也不可能发生氨基酸的脱水聚合反应,即不可能由氨基酸聚合生成更复杂的类似蛋白质这样的有机物。换句话说,假如有蛋白质或多肽生成,在高能动荡的海洋环境里,它们连较长时间的保存都办不到,如何期望其生成由高分子有机物组成的活性体系——团聚体或微球体呢?

一般地说,这里至少存在一个动态平衡问题,即在原始地表(海洋)高能动荡的环境条件下,聚合生成像蛋白质、核酸这样的高分子有机物和其在自然条件下的分解、破坏等在速率和数量上的动态平衡问题。还有一个关键问题,就是生命的起源过程一共经历了多长时间,究竟是以时、日、年来计,还是应该以百万年、亿年计。在大多数人的论述言语中,应该是以亿年计的,那么在数亿年的时间里,原始地表要不断地合成氨基酸等生命有机物,并且要保持某种动态平衡这可是一件非常困难的事。

(3) 生命起源的化学进化离不开原始地表,原始地表环境决定着化学进化是否能够进行。可是所有对原始地表环境的描述(或想象)都是根据化学合成有机物的实验条件需要来设定的,如还原性、氧化性、大气成分、局部高温且不过高,等等,可谓理想化条件。原始地表条件真的是和人们的任意设定一样吗? 即使真能如人所愿,那么这样理想的环境能够保持亿年不变吗?

(4) 还有一些问题,看似不太,其实也不小。如:① 原始地表环境为什么呈还原性? ② 原始有机物的合成是分阶段还是连续进行,即是先合成一大批氨基酸,再进行蛋白质的合成;还是合成一部分氨基酸后,接着合成蛋白质,同时氨基酸合成仍在继续以便为合成更多的蛋白质供应原料? 另外,蛋白质到团聚体或微球体的过程同样是分阶段还是连续进行? ③ 化学进化究竟是在独特的小环境中先进化出生命再迁移到全球大环境中,还是一开始就在像海洋这样的大环境中进化并直接产生出生命? ④ 最初的生命是异养生活,它们的异养食物是什么,是以与生命起源一同产生的有机物为食物,还是在生命诞生后,化学进化产生有机物的过程还在继续,不断为新生的生命提供食物来源? 如果是前者,那化学进化产生的有机物储备有多少,够原始新生的生命维持多久? 食物用完,自养功能尚未形成,又该如何? 如果是后者,化学进化产生有机物的过程何时终止? 为什么会终止? 如不终止,现在还在继续吗？⑤ 如果说生命起源用了上亿年，那么从氨基酸到蛋白质，再到团聚体或微球体，其间的时间是如何分配的？即是氨基酸合成后等上几千万年再合成蛋白质，蛋白质再等上几千万年再形成团聚体或微球体；或是氨基酸不停地被合成，持续几千万年，直至某一刻合成了蛋白质，蛋白质也同样不停地被合成，持续几千万年，直到某一刻形成了团聚体或微球体？等等。

此类问题连同其他一些类似的问题说明，以米勒、福克斯等人的实验为代表的所有关于合成生命有机物（包括高分子）的模拟实验都只具有参考意义或在某种条件下的实证作用，甚至仅能作为一种思路的向导，并不能代表原始地表的真实情况，更不能说已经揭开了地球生命起源的奥秘或已经证明了生命的化学起源学说。当时地球上究竟发生了什么事，人们至今仍然只是猜测，因为：

（1）人工模拟合成有机物就连短时间（几天甚至几个小时）的稳定性都不能保证，有机物合成后很快又被分解掉，这对历时以百万年、千万年甚至亿年计的生命起源的化学进化历程来说，又有什么意义呢？

（2）许多实验都表明：合成同一有机物的原料和能量条件远不是唯一的，而是有多种合成途径。如米勒（1953）用 CH_4、NH_3、H_2、H_2O 加热煮沸，在气态下混合经放电合成了多种氨基酸。而 G·沃森（1971）用 NH_3、$HCHO$、CH_3OH 在气态下混合经紫外线照射 25 天后也产生了多种氨基酸，其中多数是蛋白质中所含有的氨基酸，如甘氨酸、谷氨酸、门冬氨酸等。1972 年，米勒又以 CH_4、N_2 为主，加以少量 NH_3 和 H_2O 的混合气体，进行了改进版实验，同样取得成功，且获得更多氨基酸。

随后，又有人用 H_2S、HCN 等代替 H_2O、CH_4，并改变能量形式，如用高温、β-射线、强光照射等，也合成了多种氨基酸。因此，合成生物小分子（生命体的基本组成单元）只要有适当的物质条件和能量条件即可行，方法多样。物质条件可能就是 C、N、H、O 及 S、P 等基本元素，只要含有这些元素的化合物皆可，而不限于少数具体化合物。

（3）当时根据太阳系类木行星大气中富含 CH_3、H_2 等物质，推测原始地球大气环境中也富有 CH_3、H_2 等成分并肯定其为还原性。这在当时虽然没有人提出过疑问，但现在看来是存在不少疑问的。CH_3、H_2 等成分的来源本身就是问题，它们是来自无机物或原子的自然形成还是来自复杂有机物的分解？

种种问题的存在并没有使研究者们退缩，反而促进了研究者们不断努力和探索。近几十年来，研究取得了一些进展，但也相继发现了一些新问题。由多分子体系演化为原始生命活体的"事实"或"经历"，至今仍没有找到可信的实验佐证材料或确切的理论依据。最初的 CH_4、NH_3、H_2 是如何生成又是如何保持长期存在的？后期的化学学说在论述生命起源及生命出现后早期的地球环境时，对地表环境由还原性向氧化性过渡以及光合作用的出现等都是近于随心所欲、呼之即出的假设。

正因为如此，研究者们一直不满意现有的答案和假设，也一直没有停止过探索的步伐。

第三节　新观点、新发现、新问题

　　传统化学起源说的不足和重重疑问促使人们不懈地努力探索，自 20 世纪 60 年代以来，有关生命起源于化学途径的研究一直都没有停止过，并不断取得新的重要进展。

　　一方面是化学起源说面对来自新宇宙生命论等非化学进化论的挑战艰难地向前发展；另一方面是一些实验（或模拟）研究或相关探索发现的资料越积越多，而不同的研究者又各自根据自己的实验或研究材料来进行解释，以致在地表起源说之下出现了不同的观点，而且数量越来越多，分歧越来越大，新学说或新观点不断被提出或倡导，又不断被否定或刷新。例如，近些年来生物化学方面的研究进展以及一些新观点的提出就特别引人注目。

一、RNA 有机体与硫酯世界

　　生物化学家们一直都在试图从生命的基本特征和生命体的关键构成物上来解答生命起源问题。生命最大也是最基本的特征之一就是自我复制并把自己的特性传给后代，这也可以表达为生物的繁衍和再生能力（前述生命四大要素之一）。众所周知，生物的这种功能或特征来源于其机体关键构成物之一 DNA 的遗传性，而 DNA 的遗传复制又必须要有一大群酶来做催化剂，即 DNA 的生物学功能要有蛋白质的参与才能实现。

　　酶是一大类蛋白质的总称，蛋白质是生命体的另一大类关键构成物。蛋白质的形成是根据 DNA 编码指令来进行的，即 DNA 与蛋白质是互相依存、相互促进的，这是现代生物化学研究得出的共识。

　　可是在生命起源过程中，究竟是先有 DNA 还是先有蛋白质呢？因为在现代认识的生物系统中，两者谁也不能单独生成和存在。所以，两者谁先于谁生成的问题便陷入了著名的"鸡-蛋悖论"。对此，人们曾做过长期的探讨和辩论。

　　经过研究，科学家们发现了 DNA 的一种化学相关物 RNA，既具有部分的 DNA 特性，又能够在某些情况下凭借自身的性能行使酶的功能，即既能像 DNA 那样贮藏遗传信息，又能像酶那样行使特定蛋白质（酶）的催化功能，在无其他任何催化剂（如酶）的情况下，能进行自我复制。于是，生物化学家们便设想了最初的生命形式或生命起源的前奏物，它们就是既携带遗传信息能进行自我复制（无需酶催化），又能行使生命功能的 RNA 分子。这就是"RNA 世界"理论。

　　用"RNA 有机体"或无蛋白质 RNA 世界模型来代替 DNA 或蛋白质世界来解释"DNA-蛋白质"的鸡-蛋悖论问题，从而避免了"先有蛋，还是先有鸡"的饶舌和永无休止的诡辩式争论，这确是一大进步，但新问题又接踵而来。例如：① 简单分子是如何进化到 RNA 分子的？② RNA 有机体是如何转化为"DNA-蛋白质互存有机体"的？③ RNA 生命形式是如何适应早期地球环境的？等等。仅仅第一个问题，分子生物学家们就提出了许多疑问和争论。首先,无法证明 RNA 有机体或 RNA 世界的确实存在。RNA 同样由核苷酸组成,设想无其他有机物存在的干扰和合成,在广阔的地表仅仅存在相对纯净的单核苷酸,并且能在原始地球上大量积累,以致 RNA 诞生并发展起来。这是难以置信的。其次,如果说 RNA 是最早产生的,那么在没有任何酶作用的情况下,RNA 又是如何产生的呢? 一些分子生物学家仍然坚持认为,酶在其中曾起过重要作用。

于是,有人进一步提出了“硫酯世界”的设想,认为硫酯世界可能先于 RNA 世界出现。即设想酶的前体——原酶是始于硫酯键的。硫酯键产自高热而富含硫的酸性培养基内,在原始代谢过程中,硫酯键被作为燃料消耗掉,它既是主要能源,又被认为处于原始生命的中心地位。硫酯世界的设想真的解决了 RNA 的生成问题吗? 这同样是一个值得讨论的问题。

曾有报道称,麻省理工学院的化学家们在实验室内合成了能自我复制的分子,由此可能提供解释问题的新理论。新分子由连接在一起的氨基腺苷和酯组成,称作“氨基腺苷三酸酯(AATE)”,当把未结合的酯和氨基腺苷所组成的材料一起放入氯仿溶液中,形成的 AATE 便可起到制造自身拷贝的模板作用。

尽管在原始地表(演化)环境中,无机物生成反应可通过时间催化来代替化学催化,即可以通过漫长的时间作用来解决一切催化问题,而无需强调有机物生成反应的加速问题。这就像将一个比重较大的铅球放置在塑性较大的胶泥上一样,人们无需考虑铅球是否要获得一个初动量或冲击力以便其打入胶泥中,也无需担忧铅球刚放在胶泥上时两者表面的对抗,要不了多久,重力自会使铅球沉入胶泥之中。

AATE 系统既具有一些近似 DNA 的性质,也包括了蛋白质的典型特征,这似乎是一个突破。与 DNA 相同,AATE 系统中由氢键连接酯和腺苷,DNA 中的两个互补单链也是同一弱键连合;与蛋白质相同,AATE 系统中的胺和腺苷之间的结合是通过酰胺键实现的,蛋白质中的氨基酸正是通过酰胺键连接的。酰胺键可以利用碱基配对来制造。

但问题依然存在,如实验是在有机溶剂中而非水中进行的,这并不能代表原始地表(或海洋)环境。再说,生命起源一定是在原始地球大环境下的宏观演化过程,是个大进化问题,如果考虑这样的大问题只着眼或拘泥于某一个化学过程或某个化学键的配对问题,极有可能因小失大而误入歧途。

二、新说纷纭,谁是谁非

生命起源的化学进化学说虽然至今仍然在各种学说的争论中占据优势,尤其是近些年来有关生物化学方面的研究,被认为已取得了重要的甚至是突破性进展,但是并没有解决生命起源的根本问题,更没有形成最终理论。化学起源说仍面临着许多观点和理论的挑战,是非对错仍在持续争论中,而且化学学说本身也在发展变化,形成了许多不同观点和见解,分歧很大。如传统的奥巴林学说与史密斯的泥土说就截然不同。总之,化学进化论的研究发展是多极化和分歧式的,并逐渐形成了多种观点或学说并立和互相争议的局面。

1. 泥土说

20 世纪 60 年代,苏格兰格拉斯哥大学的凯恩斯·史密斯曾提出,原始氨基酸是在某些颗粒细小、具有特殊结构的泥土上起源并缩合成聚合体的,而不是在原始海洋中通过雷电或紫外线照射才合成的,即原始生命有机物起源于泥土。他试图用黏土矿物晶格能来解释复杂生命有机物合成的能量来源和可能途径,进而提出地球生命由普通泥土上合成的生命有机物进化而来的假设。这一观点后来被称为"泥土理论"或"遗传结晶说"。

20 世纪 80 年代末,美国宇航局加州阿米斯研究中心的科学家们曾宣称这一假说已被他们证实。他们发现普通泥土的结构中存有一种结构缺陷,而在其特有的缺陷位置中却含有其特有的结构能,这一能量释放出来后可以把无机物变成有机物,直至形成构成生命体的基本单位——氨基酸。其实,充其量仅仅只是发现了能促使简单无机物合成为有机物直至氨基酸的另一类能量形式而已。

泥土理论这种与传统化学起源学说完全不同的观点,无疑是向传统化学起源说——奥巴林学说发起了挑战,同时也促使关于生命起源的化学学说向前迈进了一大步。但无论怎么说,都不能说生命起源的问题已经解决。美国宇航局的科学家们所进行的实验最多只能说明特殊的黏土结构能可以促使无机物合成有机物、简单有机物合成复杂有机物、直至合成氨基酸。如果再进一步,氨基酸在普通泥土中或者能借助于某种特殊的黏土结构能而脱水缩合成蛋白质,那么,至少可以解释氨基酸缩合成蛋白质时的脱水问题,即普通泥土(主要为黏土矿物)可以充当氨基酸聚合成蛋白质过程中的催化剂或脱水剂。这有可能为氨基酸在富水的原始海洋环境中向蛋白质演化找到一种可行的途径,至少可以为氨基酸聚合反应中的能源和脱水问题提供一种可行的解释和研究方向。当然,前提必须是某种特殊的黏土结构能确能促使氨基酸聚合成蛋白质。

所以,从探索和研究的意义上说,泥土理论和美国宇航局的科学家们关于普通泥土中能合成氨基酸的发现对生命起源的科学研究具有开拓性意义,它既是对传统化学起源学说的挑战,又是对化学进化学说的重要发展。

从宏观方面来讲,泥土理论并没有超出地表化学进化起源说。同奥巴林学说一样,泥土理论也认为原始基础有机物是在地表环境中由简单无机物逐步合成的,在基本物质来源方面两者几乎没有什么差别,只不过一个强调是在复杂的海洋等富水环境中进行化学进化,而另一个则认为是在普通泥土上完成由简单到复杂的化学合成。两者都属于地表化学进化说,只是观点不同。

确切地说,泥土理论与奥巴林学说的主要区别在于强调原始地表有机合成和有机物进一步复杂化(聚合)的能量来源不同,前者认为是普通泥土结构中有缺陷的晶格能促使有机物合成并进一步聚合成复杂有机物;后者则认为促使化学进化(合成有机物并逐步复杂化)的能量来源于地表热能、大气雷电、阳光或紫外线照射以及宇宙辐射等。

2. 海底热泉说

海底热泉说是根据海底热泉喷口处发现独特的生物群落而提出来的假说,它的形成与兴起得益于海底"黑烟囱"的发现。海底黑烟囱是指海底深处地下喷出的高压热液喷泉,形成原理和火山喷泉类似,喷出来的高压热水在海水中升腾就像烟囱中冒出的黑烟一样,目前发现的海底热泉主要为黑色,也有白色和黄色,这可能与所含矿物质成分和喷出时的压力有关。

　　1977 年 10 月,美国伍兹霍尔海洋研究所深海载人潜艇"阿尔文(Alrin)"号在加拉帕戈斯群岛海域发现海底黑烟囱及其热泉生态区。这一奇异自然景观的发现立即引起科学界极大的兴趣和关注,迅速兴起海底黑烟囱的研究热潮。1979 年,又在同一地点 1650～2610 m 深的海底熔岩上,发现了数十个不断喷出高压热水(约 350 ℃)的柱状喷口,喷出的高压含矿热液在海底看起来犹如黑色烟雾,热液与周围海水混合后,很快产生沉淀,沉淀物主要为磁黄铁矿、黄铁矿、闪锌矿、黄铜矿等金属硫化物矿物。这些海底硫化物堆积形成直立的柱状圆丘,状似烟囱,故称为"黑烟囱"。随后,海洋学家又在墨西哥西部沿海以北的北纬 10°海底和北纬 21°的胡安·德富卡海峡下勘察到大规模热泉区,热泉区有多处喷涌富含矿物质热液的黑烟囱,海洋学家分别进行了多次综合考察,获得了许多新的收获和重要发现。海底黑烟囱的发现及其研究被认为是近几十年来全球海洋地质领域取得的最重要的科学成就。

　　现地质学家多认为,海底黑烟囱是地壳活动在海底的表现,主要分布在地壳扩张带或一些地壳薄弱地带,如大洋中脊的裂谷、海底断裂带和海底火山附近。科学家们在太平洋、印度洋、大西洋中脊和红海等地相继发现了许多正在活动或已经死亡的烟囱。大洋中脊是地壳扩张地带,岩浆不断从地下涌出,形成新洋壳,大洋地壳在这里增生并向两侧缓慢移动。洋中脊内的大裂谷中往往有很多热泉,水温多在 300 ℃左右,大西洋中脊裂谷底的热泉水温最高可达 400 ℃。在某些海底断裂带和有火山活动的海洋底部,也往往有热泉分布。此外,在大陆边缘板块碰撞带,洋壳板块俯冲挤压大陆边缘,形成海沟和山脉,通常会伴有火山活动,在其附近海底也会有热泉分布。

　　海底黑烟囱及其热泉生态区是一个非常独特的自然奇观:看起来烟囱林立,四处喷烟吐雾,好像进入重工业基地,而在"烟囱林"中却有大量奇异生物围绕着烟囱生存。在黑暗的海底没有光照,完全依靠烟囱喷出的"黑烟"支持着维生系统。在热泉喷口周围密聚生活着种类繁多的蠕虫,其中管足蠕虫可长达 45 cm,有报道称最长的管状蠕虫可长达 3 m。在泉口附近还会发现各式各样前所未见的奇异生物,包括大得出奇的红蛤、海蟹、血红色的管虫、牡蛎、贻贝、小虾以及一些形状类似蒲公英的水螅生物等。

　　经实地采样分析研究,科学家们对海底烟囱的结构及其成因已有一定的了解。"烟囱"内壁与热水接触,多为粗大黄铜矿、黄铁矿等金属硫化矿物结晶体;外壁主要由石膏、硬石膏、硫酸镁等矿物组成,最外层富含重晶石、非晶质二氧化硅等。"烟囱"底部有黑色细粒沉淀物,其中富含金、银、铁、铜、铅、锌、汞、锰等多种金属硫化物矿物和硫黄,它们是具有重要经济价值的金属矿产,在其周围的水样中氦-3 和氢、锰的含量较高。有海洋地质学家通过研究认为海底黑烟囱的形成并非仅仅是地质活动的结果,神奇的热泉底栖生物在构建烟囱的过程中也起着至关重要的作用。通过采集岩心样本,科学家们发现烟囱壁岩石上布满含有重晶石(硫酸钡)的凹陷管状深孔,经研究确认这与热泉口旁密集分布的某些蠕虫的生存行为有关,管状孔穴应为蠕虫打洞筑巢所致,从管洞外形来看极有可能是管足蠕虫长期挖掘穴居的产物。

　　解剖分析表明,管足蠕虫内脏中的细菌可从热液中富含的亚硫酸氢盐中获取氢原子,细菌还可把海水中的氢、氧和碳吸收并转化生成碳水化合物,为蠕虫提供生存所需的有机食物。这种化学反应的结果是排出多余的硫元素,蠕虫排泄的硫在海水中生成硫酸,并促使海水中的钡与硫酸发生化学反应,生成硫酸钡(重晶石)。如此反复,蠕虫迁居或死后便在岩石中遗留下管状重晶石穴坑。事实上由蠕虫开凿的洞穴息息相通犹如礁岩迷宫,从而使热液将矿物质源源不断地输送上来并堆集成烟道,黑烟囱实际上就是管状洞穴的出口,也是富含矿物质的热液外流的通道。从多处海底热泉采样分析来看,不同纬度、地形和深度的海洋,具有不同的物理及化学条件,因此造就了特色各异、多种多样的海洋生物群落。

此前,许多科学家都认为深海海底只是无尽的黑暗、寒冷与寂静,不可能有生命存在。海底黑烟囱热泉生态奇观的发现,以及观察到的与已知生物极为不同的奇特生态形式,完全改变了人们对地球生命进化的认知。即使在热泉区以外如同荒芜沙漠的深海海底,仍出现了蠕虫、海星及海葵等生物。热泉生物能够生存完全是依靠化学自营细菌这个初级生产者。在黑烟囱喷出的热液里富含硫化氢,这样的环境会促使某些嗜极细菌(如极端嗜热古细菌或硫细菌)大量繁殖,并使硫化氢氧化,产生能量、硫和有机物质,形成化学自营维生系统。密集的细菌群落会吸引一些滤食生物前来摄食,或者形成能与细菌共生的无脊椎动物共生体,以氧化硫化氢来提供能量与物源营生,如此便形成了一个以化学自营细菌为初级生产者的生态系统。

不依靠光合作用提供基础能源而能化学自营的生态系统的发现,足以让人们对地球早期生命形式与地球生命起源等问题产生诸多联想。正因为此,一些研究者提出地球生命起源于远古海底热泉的"海底热泉说",认为今天的海底热泉与太古代的地球面貌相同,正是在海底热泉喷口处形成了最初的生命,然后才发展到地表和其他地方。海底黑烟囱热泉区及其特异生态系统的发现确实开拓了人们的视界,让人们认识到生物世界是如此的丰富多彩,不一样的生物可以有不一样的生活。但要就此推测或断言它们就是地球生命的起源(或祖先类型),还为时尚早,其中还有许多疑问有待解答。

凭什么说深海海底喷烟热泉区就代表着原始地球环境,地球早期为什么不是到处喷着岩浆或者热气,而是喷着黑烟般的高压热水?海底黑烟囱至少要等到地球上积蓄了极为丰富的水并形成深海之后才能发生,生命为什么不能在地表刚富集水时就开始起源过程或化学进化呢?最关键的是,海底热泉区的特异生态系统是相对人类所处的所谓正常生态系统而言的,反之,人类相对它们也是特异生态系统,那么为什么是它们那个特异生态系统进化演变成人类现在的生态系统,而不是人类正常生态系统中的某些分子遗落于海底热泉区的特异环境中,因为适应环境而演变(特化)成它们现在这样呢?即为什么不能说是正常海洋中某些生命分子或生物种类因适应海底热泉区的特异环境而演变成的特异生物类型呢?应该说,推测海底热泉特异生物是现代生物中的某些特化类型要比称其是现代生物的祖先类型更有说服力。

3. 其他新学说与新观点

早在黑暗海底特异生物世界发现之前,就有人提出地球上最初的生命可能起源于高温硫化物热水池塘的"硫化物说",也有人认为生命起源于地球早期原始炽热的富硫化物溶液的沸腾海洋,提出生命起源于"高温硫化物"假说,其依据是在一些火山喷泉附近形成的高温富硫化物的热水湖泊中,发现富集有嗜极细菌。同海底热泉区发现的细菌一样,这些细菌也多是耐高温、耐酸,以硫为"食"的嗜极古细菌(现代细菌的一类)或硫细菌。在美国黄石公园

　　和我国云南腾冲由火山喷泉热水形成的热水湖中就发现了大量耐高温嗜极细菌,其形成机理与海底黑烟囱热泉区类似,只不过一个在黑暗的深海底,一个在阳光充足的地表。

　　受此启发,有人提出,原始生命并不是诞生于温暖的以碳为能源和基本养料的原始水域(海洋),而是诞生于富硫化物的高温沸腾的热水中,原始生命就是以硫化物为食的。如科学家詹姆斯·莱克就持有这一观点,并声称他是借助于电子计算机对生物基因进行分类研究后提出以上见解的。

　　近些年来,也有人根据黑暗深海海底一些富硫化氢的火山口或热泉喷口及其附近环境中生物群落的存在,甚至很繁荣的事实来证明莱克观点的正确性。可见,硫化物说与海底热泉说有许多相通之处,从本质(如能量和物质来源)上讲,两者其实是一回事。只不过,将地球生命的祖先类型说成黑暗深海底部才有的奇异热泉生物更具有神秘性,也更具吸引力。

　　除奥巴林的团聚体说、福克斯的微球体说、泥土说、海底热泉说和硫化物说之外,20世纪70、80年代以来产生并发展起来的新观点还有:认为生命物质可能起源于火山喷发中的"火山说"以及"超循环理论"等。20世纪80年代末,苏联科学院生物化学研究所的学者们通过模拟火山喷发实验,发现氨基酸等生命基础物质可以产生于火山喷发中,甚至有报道称,他们在火山喷发物中找到了氨基酸等有机物。据此推论,地球上最初的生命有机物可能就是产生于地球形成初期频繁发生的火山喷发,随即便有人宣称火山说已得到证实。

　　火山说如果是指火山成因的高温热水和矿物质与生命起源有关或能促使生命物质的合成,那么发生在海底的如海底热泉,喷出地表的可汇集成地表富硫化物高温热水池塘,就相当于前面所讲的海底热泉说和硫化物说。前面地表化学进化中已讲过,若说火山喷发能直接带来生命起源,而不是通过别的"介质"间接作用,这就如同说烧烤架能把放上去的鸡肉烧烤出活鸡来,根本无需讨论。

　　另一值得注意的是德国科学家艾根提出的超循环理论。它是根据生物遗传基因DNA和蛋白质的相互依存关系而提出的一个分子体系自组织理论。超循环理论实际上讲的是在化学进化中究竟是生物信息还是生物功能先起源的问题,或者是生物信息与生物功能的谁先发生或相关发生的问题。艾根提出并试图回答在生命起源过程中是"先有信息,还是先有功能"的问题。具体地说,就是先有核酸(信息载体)还是先有蛋白质(功能体现者)的问题。

　　艾根认为,核酸与蛋白质的相互作用是一种双向的因果关系,它们是一种互为因果的封闭圈。其中蛋白质是核酸DNA的翻译产物,又是核酸DNA复制的催化剂;核酸既指导蛋白质的合成,其自身复制又需要蛋白质的催化。因而,两者相互依存、相互作用,构成一种互为因果的高级复合超循环。艾根还指出,那些提出在起源上"先有蛋白质还是先有核酸"的问题,如果仅仅理解为在时间顺序上谁在先的话,那它就根本不是一个科学命题,真正的科学命题应该是讲两者相互作用的因果关系。

　　实际上这是在讨论如何思辨或诡辩方法的问题,而不是讨论从无到有的生命起源问题。

　　有关生命起源的生物化学研究确实是在不断发展和深入,但并未最终解决问题,所有的实验研究都只是在按主观愿望设计的理想条件下进行的,并未现实地考虑原始地球的实际情况。近些年来已有人对先设的原始地球环境的还原性等条件提出了疑问,为什么原始地表环境会是还原性的,当时的地表情况也许正好相反。

再者,为什么非要说从无机到有机的化学进化一定是在地球形成后的原始地表才能发生,或许早在地球形成前的地球天文时期(前地球尘云时期)的原始太阳系星云中就已发生或已经开始且贯穿于地球形成的全过程,并一直延续到地球形成后的若干亿年,直到生命细胞出现。

三、如何辨证"事实"

前面所讨论的各种学说、观点都可以归入化学进化论范畴,化学进化论也称"地表起源说"或"化学进化地表起源说"或"原始地表化学进化起源说"。化学进化论实际上代表着一大群学说或观点,其主要依据是各种化学途径合成有机物的模拟实验或自然现象的观测材料。大体可归结如下:

1. 传统化学起源说

由奥巴林(1924,1936,1957)创立,由米勒(1953,1959,1972)、福克斯(1960)等人通过实证进一步"确认"的地表化学进化起源说,提出原始海洋或其附近富水和还原性大气环境下化学渐进演化形成生命有机物,进而通过化学进化形成生命活体。由奥巴林提出化学进化的理论框架,由米勒等模拟原始海洋和大气放电合成氨基酸的实验、福克斯等用氨基酸通过加热合成类蛋白质实验等提供依据。此前也有人提出生命起源于化学进化的设想,但自奥巴林等开始才建立了比较系统的学说,包括奥巴林的团聚体假说和福克斯的微球体假说。

2. 泥土说(遗传结晶说)

泥土说由凯恩斯·史密斯于20世纪60年代提出,认为原始有机物起源于黏土矿物中有缺陷的晶格结构所储蓄的能量。20世纪80年代后期,美国宇航局阿米斯研究中心的科学家们研究发现,普通泥土结构中含有的能量能促使氨基酸合成并能进一步促成彼此连接形成更大的分子,从而"证实"了生命起源于黏土矿物的泥土说。

3. 海底热泉说

海底热泉说起因于1977~1979年以来深海探测中的科学发现,由黑暗深海底热泉喷口处特异生物群落和生态系统的发现激起科学家们对地球生命起源的诸多联想,经过20世纪80年代以来的一系列探测研究,现有不少科学家和学者都认为地球生命起源于深海底热泉喷口的海底热泉说已经被"证实"。海底热泉说与以往多以实验材料为依据而提出并认为已得到"证实"的假说不同,它是基于深海底热泉区特异自然现象的具体观测材料和探索发现。这种直接以真实观测材料为依据提出假说或建立学说或证实理论的方法,笔者称之为"直证法",与以实验为依据的"实证法"相比,更有说服力。

4. 硫化物说

硫化物说是詹姆斯·莱克为代表提出的地球生命可能起源于原始富含硫化物溶液的沸腾海洋或其他炽热水体的假说,在高温热水水域和富硫化物环境(如美国黄石公园中富硫化物热泉湖和我国云南腾冲的高温热泉湖)中发现的耐热耐酸的嗜极细菌,被认为是"证实"了这一假说的证据材料。

5. 火山说

20 世纪 80 年代后期,苏联科学家(1988)发现某些火山喷发物中含有有机物的"事实",被认为"证明"了他们自己提出的"生命起源于火山喷发"的火山说。

众多的假说、理论和观点,都各有各的道理和依据,究竟谁是谁非,谁代表着正确答案或更接近于真相? 现在下结论还为时尚早,但有一点可以肯定:像生命起源这样极为复杂的难题,涉及天、地、生物等各个方面,仅凭某一项观测资料或实验结果就下结论显然是不够的。

比如,仅凭生物化学方面某一实验研究得出的结论可能是片面的,仅凭宇宙化学方面的某些观测资料来下定论也是不完全的。正确的结论必须是综合研究已知所有有关事实及研究结果和观测资料。只有进行综合研究,才有可能找到正确的答案。

综上可知,不同的研究者根据各自不同的实验结果或观测"事实"材料就会得出完全不同的结论,从而形成完全不同,甚至对立的观点。各研究者如果仅仅只是依据自己的实验结果或观测材料就坚持某一学说或观点,而将那些反证材料和并行材料(被其他学说引以为证据但与本假说并不排斥的材料,如泥土能合成氨基酸、加热高温能使氨基酸聚合成多肽与深海热泉区奇异生物的发现等)弃之不顾,甚至有意掩盖起来,结果就只能造成观点林立、互不协调、各自为阵的局面。显然,这并不是最终解决生命起源问题的可取方法。综合研究所有相关材料,才有可能得出相对合理的结论。在一定的条件下,由化学过程将无机物转化为有机物,将简单有机物转化为复杂生命有机物是可能的,但需要一定的物质条件(如某些无机物和简单有机物的混合)、能量条件(如加热或地热、放电、阳光或紫外线照射、火山喷发、泥土中储存的能量释放等)和一定的反应途径或过程。模拟自然过程只是代表自然变化中可能存在的某一过程,而并不能表明事实就是如此。

这实际上并不能作为地球形成初期(如化学起源说所认为的在地球形成若干亿年后)原始地表合成氨基酸、蛋白质等生命有机物的直接证据(像现有化学起源说认为的那样)。人们设计的所谓当时地表海洋及大气条件都是根据实验室合成有机物质的实验条件和状况来假定的,自然界的作用是长期的综合性的,通常伴随有大量的物质交换和复杂的变化,还有地球内部因素和宇宙因素的影响,等等。即使能像人类所假设的那样,也还有一些关键性问题无法解释,如前述氨基酸缩合成蛋白质必须经过脱水,促使生命有机物合成的高能条件同时也是促成有机物分解破坏的作用力等。在地表原始海洋里,即使产生了蛋白质,在高温或阳光曝晒下,其存在的寿命也是短暂的,如果没有不断的补充和增加以及较好的保护条件,很难想象能形成如化学起源说所希望出现的团聚体。况且能够合成生命有机物(小分子或高分子)的物质条件和能量条件或其组合条件绝不是唯一的,甚至人们至今也不知道会有多少种。所以,不同的研究者模拟不同的条件来做实验研究加上过分强调自己的成果就有可能得出不同的结论。

在笔者看来,生命物质的合成实验与有关观测材料都很好地说明了一些生命有机物质的形成原理与方法,但并未解决生命起源问题。可以初步归结:生命起源的早期阶段一定有过某种化学作用过程,但这一过程究竟发生于什么样的环境中,与地球的什么时期及什么样的演化过程相对应,又是如何进行和完成的,目前各家意见和见解相差甚远,尚有待于进一步研究和讨论。

20 世纪 70、80 年代,正是各种生命起源学说先后形成和成熟的年代。同源说也算一家,应该说同源说是介于宇宙生命论的地外起源说与化学进化论的地表起源说之间的行星起源说。

1988 年,笔者根据已有学说及有关研究现状,考虑到宇宙、地球与生命起源的相关性,综合研究了天文、地质、古生物、宇宙化学、地球化学、生物化学等方面的研究资料和科学探索成果,提出了"生命地球同源学说"。

同源说认为:地球上的生命起源与地球的形成是同源的,即生命有机物起源于地球形成过程中。早在地球形成前,形成地球的原始太阳系尘云物质中,就存在有大量的简单有机小分子和无机化合物(如同现已发现的星云物质中含有的星际分子),它们是后期复杂生命有机物质合成的物质基础。随着地球的形成,原始尘云物质收缩、聚集,互相碰撞,其中的简单有机物和某些无机物便会化合或聚合形成各种复杂有机物——包括生命高分子化合物。由于地球形成中的物质分异作用,生成的各种有机物随着地球的形成上行运移并富积于地表,汇集成富含有机物的原始海洋,正是在这富含有机物的复杂的地表原始海洋环境中诞生了最初的生命。这一观点将地球生命起源的化学进化由原始地表环境前推到从宇宙演化到行星形成的不断变化着的大环境中。

第五章　认识发展与关键问题讨论

人类认识与探索生命起源的历史,也是人类自身的成长史,与人类的思想进步、科技进步和社会进步息息相关、相辅相成,并随着人类的不断实践逐步深入、逐步发展。人类关于生命起源的理论建设与科学实践,反过来也在不断推动着科技发展、社会发展以及人类自身思想的升华。在经过一定阶段的探索或争论之后,生命起源研究往往会有个突破性发展时期。从认识实践和发展过程来看,可将人类 2300 多年来关于生命起源的认识发展和科学探索研究史划分为四个大的阶段(时期),其中最精彩的部分共有三次科学大论战,到现代已基本形成了两大学说阵营:化学进化论(地表起源说)与宇宙生命论(地外起源说)。30 多年来,笔者浸润于两大学说之中,又游离于这两大学说之外,研究其中的各种观点、理论及其引用的实证材料,观测或实验研究结果,试图综合这两大类学说,并尽力使所有基于科学事实提出的观点都能得出科学、合理的解释。

第一节　认识发展的四个阶段

自 2300 多年前亚里士多德提出并极力倡导自生论以来,人类关于生命起源的认识与研究一直在不断深入和发展。纵观历史,可见其发展既有持续性,又有阶段性,往往经过一定时期的探索积累或学术争鸣之后,会有个突破性和百花齐放的发展时期。笔者将 2300 多年来人类关于生命起源的探索与认识历史划分为四个阶段。

一、自生论的形成、发展与演变

人类关于生命起源认识与探索的第一阶段以自生论的形成、发展和演变为主要标志,延续时间较长,大致可以认为自亚里士多德提出自生论的那个时代(约公元前 350 年)直到 17世纪,历时 2000 年左右。这一阶段人们对生命起源的认识主要基于感性和粗浅的自然观察,宗教神创论及神话故事仍占据着重要位置。在这一阶段的早期,亚里士多德等人倡导的自生论在神创思想和宗教势力面前显得力量不足,后期的自生论又被歪曲,加上与活力论合二而一,甚至被宗教所利用,以致走向了科学的反面,但早期的自生论无疑含有朴素的唯物思想。这一阶段的学术之争主要表现为科学与神学和宗教势力的斗争。

二、生源论的形成、兴盛与论战

人类认识与探索生命起源的第二阶段主要以雷迪-巴斯德的学说——生源论的形成、发展及其与自生论的论战并取得最后胜利为标志。时间自 17 世纪中后期(1669)到 19 世纪中后期(1864),历时约 200 年。这一阶段的重要特点是开始信奉用实验证明的方法(实证法)来研究和说明生命起源问题,而不是像第一阶段那样仅仅停留在对现象的自然观察和思辨性的推论上。主要学术观点早期是自生论与生源论并立,并逐渐形成学术对抗,中后期的学术对抗和争论以生源论与微生物自生论之间的论战为主,从而形成了生命起源研究和认识史上的第一次科学大论战。论战双方拉锯式地公开展示各自的实验结果,充分阐述己方的观点,并极力强调其正确性和科学性。

第二阶段也可以认为是生命起源科学研究的初始时期或开创时期。因为第一阶段,从科学意义上讲还难以称得上是真正的科学研究,最多只能说是"唯物"思辨或猜想时期。第二阶段最终以生源论的彻底胜利而告结束。

第二阶段关于生命起源的认识发展中,有两个重要的转折点值得注意。第一个转折点是雷迪的实验(1668~1669),他向自生论发起了第一次冲击,动摇了自生论的基石,促使学术界的认识和观点开始由自生论向生源论方向转移,并导致生源论的崛起和兴盛。此后,因为显微镜的发明,使人们对过去未知的微观世界有了一定的认识,于是自生论者又推出了微生物自然发生说。在雷迪实验之后,只有微生物自然发生说尚在坚持,且与生源论进行了长达两个世纪的持久论战。第二个转折点是巴斯德的实验研究(1860~1864),巴斯德的一系列科学实验和研究证明了就连微生物这样简单微小的生物也不可能直接由非生命物质自然发生的事实,以致颠覆了微生物自生论,进而彻底粉碎了自生沦,确立了生源论,致使学术界的目光和观点都转向了生源论。

三、天外胚种论和化学进化论的并存与论战

人类关于生命起源认识与探索的第三阶段以天外胚种论和化学进化论的形成、发展和大论战为重要标志,时间自 19 世纪 60 年代到 20 世纪 50、60 年代,历时约 100 年。这一时期是现代学说的创立和形成发展期,各门自然科学都取得了重大的进展和突破,人类的视野得到大大地开阔和延伸,并由地球转向更广阔的宇宙。这一时期,天外胚种论在人们心中占有很重要的位置。

第三阶段一开始,化学起源说和天外胚种论已先后被提出。先是天外胚种论占据优势,随后两者都得到不同程度的发展,但化学进化论发展得更快,积累的资料更多,拥护者更众。第三阶段的主要特点是以化学起源说和天外胚种论为主线的第二次科学大论战。实际上,这就是地球上的生命究竟是地表起源还是地外起源的观点之争,观点延伸便是化学进化论(生命进化论)与宇宙生命论(永恒生命论)之争。

随着科学技术的不断发展和实验研究的步步深入,新的科学发现和研究资料逐步积累,

特别是自 20 世纪 50 年代以来，米勒(1953)、福克斯(1960)等人的模拟实验研究使化学起源说日趋成熟，也日益深入人心，逐渐被大多数人所接受和赞同。另一方面，由于 20 世纪 30 年代后期发现了太阳紫外辐射和其他宇宙射线都具有强大的杀伤力和破坏性，可置太空生命孢子(如天外胚种论所说的能传播地球生命的"泛胚种")于死地，从而给天外胚种论以致命打击，以致其夭折。

第三阶段总体来看，一是化学进化论(地表化学起源说)战胜天外胚种论，取得了决定性胜利。二是化学进化论自身得以不断完善，逐渐成为一个具有比较完整科学体系的理论。其中最具代表性的是奥巴林学说的建立、发展，并逐渐为大多数人所认识和接受。在天外胚种论变得沉寂后，化学进化论得到充分发展，奥巴林团聚体学说(1936,1957)和福克斯微球体学说(1960)的建立标志着这一阶段的结束。

第三阶段结束后，从天外胚种论到宇宙生命论已不是学术界的主流观点，但仍有坚持者，其主要观点并未退出学术阵地。因为最近半个世纪以来，有关地球生命起源的各种观点被大量提出，形成观点林立、百花齐放的局面，人们已不再仅仅关注宇宙生命论与化学进化论之间的争论，而是把目光投向了更广阔的世界。

四、现代学说兴盛与蓬勃发展时期

人类关于生命起源认识、探索与研究的第四阶段的主要标志是宇宙胚种论死而复兴并有所发展，由阿列纽斯等人提出的天外胚种论或泛胚种论演变为霍伊尔的新宇宙生命论，也有人称为"宇宙胚种论"或"宇宙泛生命论"。此时的人们对生命胚种的理解已经完全不同，主要是讲挟带在彗星、小行星或陨石中的微生物孢子。化学进化论的进一步发展出现内部分化，以致形成各种学说并行、各自为阵甚至互相对峙的局面。

地质学、古生物学、生物化学、地球化学、宇宙化学等学科和有关方面的探索研究的成果为生命起源问题的各种解释提供了许多新的事实和证据材料，从而使各种观点(包括互相矛盾的观点或学说)似乎都有了自己的事实依据。这一阶段从 20 世纪 60 年代延续至今，历时半个多世纪，其主要特点是自 60 年代以来，由于射电天文学和宇宙化学的发展，宇宙有机分子的相继发现使宇宙生命论由破灭到复兴，迎来了大发展，形成了与化学起源说并立、对峙的新格局。

第四阶段另一个重要特点是原始地表化学进化起源说不但有了极大的进展，而且是多极化和分歧式的发展，不同的观点或理论相继被提出或建立，如泥土说、海底热泉说、硫化物说、火山说、超循环说和同源说(1988)等。这一时期国际上有关生命起源的研究非常活跃，不仅有生物学界和地学界，还有化学界、天文学界，甚至物理学界、哲学界、计算机及人工智能领域等都有许多学者参与进来。不仅有国家级和国际合作的项目，还有地区级、团体、单位，甚至个人独立的研究，并且各个不同的领域都取得了不同程度的进展。

尤为可喜的是各个学科、各个领域由早期各自封闭式的独立研究走向了联合、协作，开始了互相联系和对话，或者同一研究者能够从不同的角度兼容来自不同学科、不同领域的研究成果和材料，以建立或佐证统一学说，即走多学科综合研究的道路。同时，由于不同的研究得出了各自不同的观点或理论,以致形成了新的观点并行或对峙的新局面。这不仅是地表化学起源说与地外起源的宇宙生命论的对峙,而是众多观点、理论和假说并存,互有争议或各据一方。其中地表起源说占据主导地位,其中的任一分支学说(如奥巴林说、福克斯说、泥土说、海底热泉说等)都可以与宇宙生命论并行和对峙。

同源说正是在多学科综合研究的基础上,于20世纪80年代末建立,后不断得到新的科学成果的充实,自身得以不断丰富、完善和发展,已逐步形成了自己的完整理论体系。同源说若归入化学进化论,按理也没有什么不可,生命起源的早期过程都无外乎化学进化(天外胚种论也不能例外,因为"胚种"无论在天外还是在地上,最初也需要通过化学进化才能生成。只有特创论或永恒生命论才是反进化论),但总觉得这样归结不是太顺畅,容易将最早期的宇宙天文因素忽略掉,所以笔者更愿意称之为"天文-地质进化说"。笔者本意是要从宇宙、地球和生命活动的角度来综合以宇宙生命论为核心的天外起源说和以化学进化论为核心的地表起源说,从而建立一个"从天演到地演"的统一学说,即同源说。

如果归纳这一时期的学术论战,即第三次科学论战,其有两个显著的特点:一是非对抗性各抒己见,如研究者通过报纸杂志(特别是学术期刊)等媒体发表见解或学说,然后任世人评说,而不像之前的论战那样,双方各举出实验或论据材料,然后进行辩论或拉锯式的辩解和反驳。二是非双方对立,而是学说众多、观点林立。归结起来可谓三足鼎立:一是化学进化论,目前仍占据主流;二是宇宙生命论,再度兴起且有较大的影响;三是以同源说为代表的天文-地质进化论,目前尚处于发展之中,有待充实力量。

第二节　生命起源学说归类

关于地球上的生命起源,目前流行的学说和观点有很多,但如果从学说或理论方面来概括,所有这些学说或理论可以归结为两大类四大学说。两大类是指主张地外起源的宇宙生命论和主张地表起源的化学进化论(或化学起源说)。同源说是在这两大类学说发展之后建立的,不算在其中。目前主要是这两大类学说的对抗和争论,但各自又存在着内部分化。特别是化学起源说内部,更是观点林立、各自为阵。

一、四大学说,两个阵营

关于生命起源,历史的和现实的学说众多,但从学术方面概括,自亚里士多德那个时代开始出现科学探索的萌芽算起(仅限于科学认识,摈弃宗教、神创迷信),人类关于生命起源的各种学说或理论(除同源说外)从本质上都可归结到四大学说,即:

(1) 自然发生说(自生论);

(2) 生源说,或称生生论;

(3) 宇宙胚种论,包括早期的泛胚种说、天外胚种论和后来霍伊尔的宇宙生命论,以及走向极端形式的永恒生命论等；

（4）化学起源说，又称化学进化论。包括奥巴林学说、海底热泉说、泥土说等。

其中各自又有许多分支和观点，如化学起源说内就有原始海洋起源说、小池塘的原始汤说、泥土起源说、硫化物说、火山说、海底热泉说等。目前，最为活跃的仍然是化学起源说。

如果从本质上分析，可以将以上四大学说（包括现有关于生命起源的主要观点、理论或学说）归结为两大类：一类是进化生命论（或称前生命化学进化论），包括自生论和原始地表各种环境下的化学进化起源说；另一类是宇宙胚种论（或称宇宙生命论），包括生源论、天外胚种论、陨星说或彗星说等新宇宙生命论。也有人从认识论的角度将其称为"永恒生命论"，其实永恒生命论只是一个概念，应该称之为"无起源论"，其本意是强调生命是宇宙中的永恒存在，无始无终。宇宙胚种论认为生命是有起源的，至少对新宇宙生命论可以这样理解，只不过不是起源于地球而已。如霍伊尔认为生命来自彗星尾部尘埃中所携带的微生物孢子，再进一步，孢子在宇宙中也是有起源的。当然，宇宙起源论走得再极端一点，极可能会导致无起源论，所以两者存在一定的联系。具体到地球生命起源上，即前者为地球起源说（地表起源说）或称化学进化论（有机进化论），后者为地外起源说、或称宇宙起源论、宇宙生命论。

化学进化论目前比较流行的代表学说有奥巴林的团聚体说、福克斯的微球体说、泥土说（遗传结晶说）、火山说、深海热泉说、硫化物说以及认为生命起源于超级循环的超循环说等；历史上比较有影响的有自生论、微生物自然发生说及由此衍生的活力说、生机说等。宇宙生命论目前比较有影响的学说要数霍依尔学说（新宇宙生命论）、陨星说、彗星说等；历史上比较有影响的学说有天处胚种论、生源论及其派生出的机械论、永恒生命论等。

二、生命起源学说归类依据分析

将生命起源的主要学说和观点概括为四大学说，进而归结为主张地表起源的化学进化论与地外起源的宇宙生命论两大类（同源说除外），其理由如下：

1. 地表起源说与化学进化论

自生论和化学进化论都主张生命是由地表原始无机物变化而来，并认为生命有机物与无机物质之间是有着密切联系的。尽管两者对变化本质的认识以及对生命和非生命物质之间真正关系的看法相距甚远，具有本质的差别，但两者都承认了变化和两者之间的必然联系，并且自生论本身是在不断发展的。

早期的自生论认为自泥土、砂石等非生命物质中变生小生物，后来则认为可以自植物、他种动物或其某一器官或部分中变生某种动物，以及由低等动物变生高等动物和由死生物体中变生出活生物体等。再后来出现了微生物自然发生说，直至法国学者布丰的转变论。这也可以说明为什么像海克尔、布丰等人既是进化论的积极拥护者和倡导者，同时又是主张用自然发生的观点来解释生命起源的自生论的积极支持者和推动者，即他们既是进化论者，又是自生论者。原因在于两者同归一类。自生论如果不是"急功近利"地走向活力论，而是"耐心"地在微观世界一步步深入，直至探索到生命与非生命物质之间的界线，那它就会逐步逼近进化论，最终可能成为进化论的先导或两者合二为一。

　　然而，自生论与化学进化论又是有本质区别的。自生论说的是直接而迅速地完成（如一代之内）由非生命物到生命物的转化，无视或否认转化的进步性、时间性，与环境变化的相关性、适应性、促使转化的条件，以及生物与非生命物（或活物与死物）之间的本质区别（海克尔和布丰的后期研究除外）。可见，自生论对于生物和非生命物的本质认识是很肤浅的，基本还处于臆想阶段，这无疑是自生论最致命的弱点，以致后来被人不适当地加以主观发挥和歪曲，从而衍生出活力说和生机说等反科学学说。

　　化学进化论不仅强调由无机到有机、由简单有机物（如有机小分子）到复杂有机物（如蛋白质等生命大分子）乃至生命诞生的进步性和渐进性，而且十分注重转化的具体条件、途径和过程及其与环境变化的相关性与适应性。许多现代学说或观点的区别或争论也正在于此。所以，从自生论到化学进化论是一个质的飞跃，两者之间具有本质区别，即由朴素唯物论到辩证唯物论的质变。

　　后来，人们通过对自然现象的详细观察研究和某些实验研究（如腐肉生蛆的实验研究），以无可辩驳的事实证明了复杂生物不可能直接自非生命物质中自然发生，逐渐缩小了自非生命物质转化为生命物的实际范围，如仅限于微生物自然发生说。海克尔和布丰等生命进化论者的主要自生论观点正是微生物自然发生说。

2. 地外起源说与宇宙生命论

　　生源论与宇宙生命论从表面看似乎没有多大联系。事实上，生源论得出"一切生物皆来自同类生物"的结论，再前进一步就是主张生命非地球起源，而是来自宇宙生命胚种，或为永恒生命论或神创论。所以，生源论与宇宙生命论是有联系的，无论是有意或无意，生源论与早期天外胚种论最终都会走向永恒生命论。天外胚种论最初提出时，李比希（1868）正是以生命永恒论来解释的。这等于说地球生命无自己的起源，只是天外生命胚种在其传播过程中偶然占据了地球并获得发展而已，而天外（宇宙）生命则永远如此。

　　生源论否认生命可以由非生命物质进化发展而来，从而也就割断了生物与非生命物之间在发生和进化上的内在联系。实际上也就是否认了生物起源于非生命物质的可能性，即有机物起源于无机物的可能性。就其本身来说，生源论发展下去最终也只能导致宇宙胚种论或永恒生命论，因为"一切生物皆来自同类生物"。那么，对地球生命起源来说，最初如果不是神的创造，最好的解释就是天外飞来，即天外胚种的输入。天外胚种论正是在生源论与自生论的论战中取得绝对胜利，并且生源论被愈来愈多的实验所证实的情况下提出的。

　　历史的发展证实，早期天外胚种论无疑是永恒生命论的产物。而由生源论派生出的永恒生命论加上机械论，以及由此导致的形而上学等非科学思潮的盛行，则说明两者的渊源关系是十分密切的。后来霍伊尔等人倡导的新宇宙生命论则不同，他们只是主张宇宙生命胚种由彗星、小行星或陨石携带着降落于地球，进而发展成地球生物。而生命在地外宇宙中的其他天体上也是有自己的起源的，米勒在《地球上生命的起源》一书中提出，生命在地球以外的宇宙某处起源，那么这个地方的生存环境应该与地球上的类似，否则，那里的生命胚种来到地球就很难存活和发展。与其这样，还不如研究地球上生命如何起源。再者，假如有这样的生命胚种存在于宇宙某处，通过星际空间传输能活着到达地球的概率极小，几乎不可能。所以，地球上的生命最可能的还是地球本土起源。

综上所述,所有关于生命起源问题的学术争论主要是围绕主张地表起源的化学进化论与主张地外起源的宇宙生命论(或永恒生命论)而展开的,其次才是如何起源的问题。

第三节 科学论战及其启示

所有这些学说发展到今天,在其形成和发展过程中都与特创论进行过不懈的斗争,而且学说自身的发展也不是一帆风顺的,各种学说之间多有争论,甚至是很激烈的论战。经过一段时间的争论或论战之后,一些学说被否定、被淘汰,而另一些学说则被充实、被发展,从而变得更完善,还有一些学说被改进、被修正,同时得到充实和发展,从而获得新生。归结起来,在关于生命起源问题的认识发展的四个阶段中,共出现了三次大的科学论战。

一、三次科学论战

第一次科学论战是在自然发生论与生源论之间展开的,最终由于巴斯德一系列精确实验提供了确凿的论据,以生源论的彻底胜利而告结束。

第二次科学论战是在天外胚种论(宇宙生命论)与化学起源说之间展开,由于人类发现宇宙空间广泛存在的紫外线和宇宙射线具有强烈的杀伤作用,足以杀死任何直接暴露于宇宙空间的微生物或生命孢子,从而导致天外胚种论的破灭,致使这次科学论战以化学起源说的胜利而宣告结束。这一次论战历时较短,但由于当时各门学科正处于飞速发展期,所以论战显得尤为激烈和具有对抗性。

第三次科学大论战从 20 世纪 60 年代开始,起初以奥巴林学说为代表的原始地表化学起源说已基本成熟并迅速推广,但由于射电天文学和宇宙化学的飞速发展使宇宙中存在的大量有机物相继被发现,从而导致新宇宙生命论(霍伊尔,1978,1980)的兴起,由此引起化学进化论与宇宙生命论之间形成新的对峙和论战。争论的中心问题仍然是生命究竟是地球本土起源,还是来自地外宇宙的生命胚种。所不同的是,早期的天外胚种论讲的是地外宇宙空间到处充满着生命胚种,随意漂荡,当落到地球上时,因原始地表环境适宜生命生长才发展出生机盎然的生物世界来;而现代宇宙生命论是讲在地球之外的某处(可能是某个行星上)存在有生命(胚种),其迁移也不是随意飘荡,而是通过彗星、小行星或陨星等媒介星体迁移到地球上,并适应了地球的原始环境,发展进化出今天的生物世界。另一个突出之处是地表化学起源说内部也发生了分歧,形成许多各自独立的观点或学说。第三次论战至今仍未结束,而且愈来愈纷繁复杂和激烈。

二、争论仍在继续

两大学说(阵营)没有因论战胜负得到某种协调或统一,而是各自形成了一个松散的学术类群,各自内部都在发生着分化,派生出许多不同的学说或观点,论战也由原来的两军对垒变成许多学说或观点之间的争论或对抗。尤其是 20 世纪 80 年代以来,各种新观点、新学说以及新理论不断地被提出或被宣称已经得到某实验或观测发现的事实所证实,以致各种观点或学说的争论愈发精彩纷呈、引人入胜。并且地质学、生物学、生物化学、地球化学、宇宙化学、生态学、天文学、物理学、哲学、计算机科学等多学科、多领域的学者和科技工作者纷纷加入其中,建论立说,各据一方,时分时合,蔚为大观。

综合现有成果和有关资料,笔者初步做出以下一些概括:虽然目前起源学说甚多,研究上也有一些突破,但地球生命起源的问题并没有真正解决,生命起源的奥秘还远未揭开。各家学说并立、对抗或争论才刚刚开始,而多数学者和研究者大多只偏重于自己或某一方面的实验研究和观测资料,或仅仅根据某些(不是全部)事实材料就做结论,以致各自为阵、各持己见、论调各异。虽宣称其提出或推崇的假说已被证实或确有实证,但人们却依然难以确认究竟哪一家学说、理论或观点更接近于事实和真相。

例如,1987 年有报道称,科学家们研究证明,普通黏土表面结构中含有特殊能量能促使无机物生成有机物、进而合成生命基础物质氨基酸等表明了生命起源于普通泥土的泥土说已被证实。1988 年初,又有报道称火山说已被证实。再如,早年米勒(1953)、福克斯(1960)等人合成生命有机物的模拟实验曾被认为是原始地表化学起源说的确证;20 世纪 80、90 年代,大量星云有机分子和某些宇宙有机物质的发现都被认为是宇宙生命论的有力佐证;等等。

若把所有这些发现的"事实"及其所"证实"的学说放在一起加以比较分析和综合研究的话,它们最终说明了什么?它们能证明哪一家学说真正被"证实"了吗?显然不能!争论还得继续。希望这次论战的结束,能得出一个统一的意见。或有更有力的证据材料或有新的理论和学说来统一现有的材料与观点。

可以肯定的是,愈来愈多的科学发现和有关实验与观测研究中所揭示出来的事实,已使人们的认识在逐步深化,并愈来愈清楚地看到这一问题的复杂性和解决问题的迫切性与重要性。但要解决这一极为复杂的问题,揭开生命起源的千古之谜,单凭几项实验结果或某些事实就做出结论显然是不够的。就目前而言,综合研究全部已知科学事实和所有相关方面(包括揭示未知)并统一各家学说的合理成分才是解决生命起源问题的关键和必然途径。

随着新的证据材料不断丰富和现有众多学说的不断完善,学术争论或论战是不可避免的。只有通过学术争论,才有进步,使先进的学说更加完善,使落后的学说被淘汰,使人们的认识更加接近真理。未来的学术之争可能成为新的科学大论战,或者是已经开始的第三次科学论战的继续和高潮,或者是结束第三次论战开始另一次新的论战,新论战可能将更激烈、更持久、更复杂,其科学意义也将更重大。

未来的学术争论不仅会发生在宇宙生命论与化学进化论之间,而且化学进化论和宇宙生命论内部的各种观点或理论也在斗争,也需要争论。因为有分歧,所以有争论。最终会有什么样的结果,我们拭目以待。可以肯定地说无论结果如何,人类总会有所收获。人类在关于生命起源的认识与探索的道路上,肯定会向前迈进一大步,甚至会有突飞猛进的大发展。因为在每次科学大论战中和大论战后,人类总会不断地总结经验,有所发现、有所创造、有所进步,争论愈烈,进步愈大,而且取得的进步与收获并不仅仅局限于人类对生命起源的认识和理论建设上。

三、科学论战带来的启示

三次科学论战,第一次以巴斯德的完美实验彻底驳倒了自生论,第二次以太阳紫外线和宇宙射线的发现打败了天外胚种论,这两次论战的结束都是以"过硬的事实"证据使争论双方一方完胜另一方落败。第三次论战尚未结束,会像前两次那样出现新的"事实"材料来结束论战吗? 显然不可能!

因为前两次论战都是针锋相对,生源论对自生论,化学进化论对天外胚种论。现在的情况是众多学说并立,各自都有自己的理论和事实基础,以往的实证法或直证法不可能同时驳倒所有学说,也不可能有新的事实能作为一家独大的证据出现。唯一出路就是综合现有学说及其证据材料,形成和建立统一的新学说。从 2300 多年来人类认识与探索研究生命起源的历史,特别是其中的三次科学论战,再结合现代科学发展来看,只有进行多学科综合研究才有希望最终找到解决问题的方法。

最近二三十年来,整体形势上业已呈现出新的综合研究的趋势,国内一些学者和科学工作者所提倡的天地生综合研究就是一个方向,给生命起源问题的最终解答带来了一线希望。当然也可能将会出现其他新的综合研究方向,总之,走多学科综合研究之路才有希望,而且已经有人开始从这方面做工作,根据现有科学事实和各方实证材料来进行关于地球生命起源的多学科综合研究,并已取得重要的进展和突破,建立了新学说,如同源说。

在多年的探索研究中,笔者时常纠结的不是"地球生命起源"这个问题本身,而是被一系列相关问题所困扰,比如同样都是来自实验证据或观测事实材料,为什么会得出完全不同的结论? 因为结论不同所以才有不同的学说或观点。拿地表化学进化起源来说,为什么研究越深入,观测或实验材料越多,分歧越大?

原始地表因化学进化导致生命起源,那么在刚刚成形的原始地表,地球孕育生命行为是自主的还是被动的呢? 生命在地球上出现是自然而然的还是一系列的偶然巧合或有目的的运作? 谁来决定地球用什么塑造生命,以及如何为生命诞生后的生存与发展准备适宜的环境和必要条件? 化学进化为什么要强调在地球形成后某一时刻(如有海洋、有大气、有还原性环境)才开始,怎么就不能是随机进化,比如在地球形成过程中就开始化学合成有机物? 我们在思考生命起源及有关问题时,首先应该考虑什么?

一些正统的令人敬仰的生命起源研究者,如奥巴林、米勒、福克斯等,太专注于生命起源的"单纯过程"(笔者毫无冒犯之意,他们是令人敬仰的前辈)研究,试图用实验来证实或说明某种关于生命起源过程的设想,即由生命组成物质到生命活体的直接合成过程。事实上由什么物质混合再加上什么能量条件能合成什么,不是绝对的,条件稍有变化就会出现不同的结果。即便最后真能合成一个生命体出来,但是能说地球生命就是这样起源的吗? 有一种方法能合成,就会有第二种、第三种方法也能合成,到时又该如何解释? 类似许许多多的实验研究对揭示生命起源的奥秘应该是必要而且有帮助的,但仅仅依靠于此,显然不够。任何实验结果都会出现与之相反或截然不同的并行实证材料,应该如何解释和解决? 生命起源绝不是仅仅由某一化学实验所能揭示的微观过程,而应该是一系列宏观大事件。生命起源不仅仅只局限于生命的起源问题,而是包含着与之密切相关的相辅相成的一系列地球大演化(如原始海洋、大气圈乃至岩石圈和有机圈的起源与演化等)问题。

可以想象一下:在原始地球表面,有浩瀚无际的海洋,有广袤无限的陆地,海洋中及地球上所有的水都是纯净的,纯净到没有其他一丝养分和杂质。陆地也是光洁到寸草不生,没有一点污迹和有机物。这会是个什么样的光景? 在这样的光景里,某一刻突然就开始了化学进化,生命开始了从无到有的起源过程。说是进化其实就是化学合成,由于闪电、海浪冲击,太阳曝晒,紫外线或宇宙射线照射,地下岩浆或海底热泉的高温烘烤等,从某一刻开始无机物合成有机物,简单有机物又结合形成生命小分子,生命小分子又结合变成生命大分子,继而形成生命体,形成细胞等。

看到这样的描述,不禁让人感到这近乎就是"女娲造人"的神话,显然是算不得数的。那么,原始地球上从无到有的化学合成是不是也像女娲造人一样,完全是按照人们今天所见或所需要的"事实"来编造一个看似合理的实证? 以此来解释生命的来源,一切都会如我们所愿,想什么就会有什么。但事实果真如此吗,这像不像另一种超级智慧设计?

第四节　关键问题及其讨论

关于生命起源,过去有许许多多的问题在困扰着人类,今天这一系列相关问题依然存在,这些问题中有些本身就反映着生命起源问题,有些则是解决生命起源问题的关键环节,还有的只是与此有着密切联系的一些相关问题,有些可能还是前人从未想过的问题。

这样的一些新问题可以引导人们对有关更深层次的问题做进一步的探究。其实这些都是人们研究或认识生命起源进程中必然要遭遇到或者需要首先解决的问题,而过去人们真是太专注于"生命起源"了,以致大多数人对这些问题或置之不理或未能足够重视。也许只有那些并不执着"解决"生命起源问题且不急于追求直接解答的人才肯花时间来思考这类问题,但笔者相信如果能解答它们,也就能最终解答生命起源问题。或许,从这些问题入手,比从"生命起源"本身着手来合成生命物质,继而合成生命,更有可能找到解答"生命起源"这一千古之谜的方法或途径。至少,它能帮助人们开拓思路或启发新思想。笔者现将这些问题的主要方面归结成十大问题,并加以讨论。

一、关于地球生命的起源时间问题

第一问:生命起源于何时? 若是先于地球形成起源,这无疑是说生命起源于宇宙空间或其他行星;若是晚于地球起源,在地球形成后或地表渐趋平静后才开始生命的起源过程,即地表起源;若与地球形成同时起源,这就是同源说要论述的。第二问:生命在地球上起源共经历了多长时间，几十万年、几百万年、几千万年、几亿年或者几万年甚至更短时间？已知地球上出现最早的生物化石距今有 38 亿年，而地球形成于 46 亿年前，所以生命起源历时不会超过 8 亿年。

第一问是指地球生命起源的起点时间，即何时开始起源的问题。那么，从无机物演化到生命活体出现，以什么为标志算是生命起源的开始呢？如是以有机分子出现，还是以氨基酸（核苷酸）或蛋白质、核酸的出现为起点？笔者认为，以氨基酸（核苷酸）等生命物质的出现为生命起源的开始时间比较好，因为氨基酸（核苷酸）是构成生命体的最基本化学物质，也是无机物向复杂有机物进化的一个标志，米勒实验（1953）的重要意义也正在于此。氨基酸组成复杂有机物蛋白质，核苷酸是组成复杂有机物核酸的基本单位，它们的出现说明复杂有机物出现已经有了基础，或者说如果条件合适复杂有机物出现只是时间问题。氨基酸之前的有机小分子虽然在宇宙中广泛分布，如某些星际云和太阳系类木行星大气中，但那只能说是有机物的起源，而不是生命的起源。

这里还有相对时间与绝对时间的问题。生命起源的绝对时间，即距今多少亿年，刚好 46 亿年还是大于或小于 46 亿年。生命起源的相对时间，即生命起源与地球形成在时间上的相对先后。如生命早于地球形成（大于 46 亿年），即在地球形成前的宇宙起源，当地球形成后降落或传播到地球表面而发展起来（宇宙生命论）。晚于地球形成起源（小于 46 亿年）又分两种情况，一是与地球形成同步起源，这就是说生命起源与地球形成过程相同，但生命起源过程持续的时间比地球形成的时间长，生命出现在地球形成后的原始地表，如同源说。二是地球形成，地表相对平稳，在海洋等富水环境中开始化学进化，形成氨基酸、蛋白质等生命有机物，进而演化出生命。

第二问是指生命起源的持续时间，即从生命起源或化学进化开始时起，直到生命诞生（生命活体出现）一共经历了多长时间，这段时间就属于生命起源过程。相对于地球形成，生命起源的起点与终点分别与地球形成及早期演化的什么时期或阶段相对应？

生命起源与地球形成比较的相对时序，是一先一后，还是同时？生命先于地球形成起源，无疑是宇宙起源。生命晚于地球形成起源，表明地球生命可能是原始地表化学进化起源，也可能是地外起源。在地球形成并准备好原始岩石质地壳（或岩石圈）、大气圈、水圈和相对适宜的地表条件（固态表面、富水环境，光照、温度适宜，时有风雨雷电，有紫外线照射等）之后，生命起源开始在这样的环境中进行，或是直接接受宇宙生命胚种的输入。如是同时，就是地内起源即同源，是在地球形成过程中，随着地球的形成逐步由无机物到有机物、由简单有机物到复杂有机物、由弥漫于地球内部到集中于地球表层等一路演变而来。地球一形成，原始地表就有了充满着有机物的海洋，就是说有机进化与无机地球的形成是同步进行的。

讨论生命起源的时间问题可以帮助人们勾画出地球生命起源的历程与时间表。通过"地球生命起源的时间之窗"可以让人们越来越清晰地看到地球生命起源的起点和生命在地球上出现的遥远情景。根据已知的"事实"和材料，我们能列出地球上的"生命起源"或"原始有机圈及生命起源与早期演化"的历程和时间表吗？答案正在求索中。

二、生命起源的地球环境及其演变

地表起源说指出生命起源于什么样的地球环境;地外起源说指出地球准备了什么样的环境以接纳宇宙胚种的输入。

根据现有的起源学说描述大致可以列出如下一些生命起源时的原始地球环境状况:

(1) 地球形成后,地表有了温暖海洋,大气中充满着 CH_4、H_2、N_2、NH_3 等分子,生命就起源于温暖海洋或其附近的某个小池塘。如奥巴林、米勒、福克斯等人的学说。

(2) 原始地表充满着硫或硫化氢气体,海水也是炽热得几乎要沸腾,生命即起源于快要或已经沸腾的富硫热水中。如硫化物说。

(3) 原始地表到处都是泥土,泥土的有缺陷的结构有利于有机小分子聚合成氨基酸,进而组合成更为复杂的生命有机物,最后演化出生命来。如泥土说或遗传结晶说等。

(4) 原始地球的海洋如同现今这样,在黑暗的深海海底有着许许多多的热流喷泉,它们喷出大量黑色烟雾般的金属硫化物等富硫物质,生命就起源于这样的海底热泉喷口附近,今天海底的热泉依然存在,而且有着与接近阳光的地面完全不一样的生态系统。如海底热泉说。

(5) 原始地球到处都是火山喷发,地表也很炽热,火山喷发的热源为生命有机物质的合成提供了能量,生命就是在火山喷发及其热源烘烤中诞生。

(6) 地球形成初期,宇宙中存在大量陨星、流星或彗星,这些星体在不断撞击着原始地球,使原始地球不断增大,星体撞击为地球上生命有机物质的合成提供了能量,生命就是在这样的频繁撞击中进化产生的。

(7) 地球刚形成后完全不是现在这样的,比现在要小得多,也没有生气。但它还有一个"双胞胎孪生兄弟叫塞亚",正是它与地球相撞融合并崩出一个月球后,地球才变成现在这个样子,并有了生命产生,也因此才形成复杂的生态系统。如近些年西方很流行的一种观点,双星撞击整合说或稀有好运说(笔者命名)。

(8) 原始地球并无从无到有的生命起源,也无需有自己的生命起源,因为宇宙中到处都是生命胚种。地球只是为生命降临准备了条件,当地球准备好接纳生命种子的时候,宇宙胚种便凭空输送到地球,于是地球上便有了生命,如天外胚种论;或是由彗星从地球上空扫过,彗尾中挟带有微生物孢子等生命胚种,或是由包含有生命胚种的陨星或陨星碎片(如陨石)降落到地球,于是地球上便有了生命,如新宇宙生命论。

以上的各种图景,哪一种才是生命起源的真实图景呢? 或者一种都不是。

先来谈谈生命是否起源于原始地表炽热环境。如果地表到处都是岩浆喷发,如同有人描述的那样,地球就是一个熔化的火球。那么这样的地表不会有生命起源,任何生命或生命物质都耐不住足以熔化岩石的 1000 ℃ 以上的高温。原始地球表面有局部高温区是可能的,如火山喷发的火山口或岩浆流附近,但要说原始地表到处都是岩浆喷发或就是一个岩石熔化着的大火球,这个几乎不可能。人类在宇宙空间已发现几百甚至上千个类地行星或类似行星样星体,已见报道(2010)的太阳系外行星大约就有 424 个,但从未见有报道发现过完全熔化状的火球样行星，这应该能够证明。否则，现代宇宙观测，总能发现一两个这种火球状燃烧着的行星。

再看一下生命起源于不断碰撞的复杂环境。这要看是什么样的复杂环境，如陨星撞击坑内部炽热的岩浆海中就不可能有生命诞生。再者就是过度碰撞，即便碰撞能量有利于生命物质合成，也不利于生命产生。按常理分析，生命物质产生于碰撞环境有可能，但生命可能要等到碰撞结束或大大减缓后，地球变得相对平稳后才能诞生。这里就有个撞击产生的有机物能保存多长时间的问题。

还有就是近年来很盛行的一种说法，地球形成后有个"孪生兄弟塞亚"，两"兄弟"相撞后产生一个新的地球，这样才有了生命产生并形成复杂的生态系统。这两者看不出有任何因果关系，听起来比女娲造人或上帝创世还要神化，其中臆测成分远远多于推论，毫无道理可言。在生命起源于地表的诸多假说中，认为生命起源于原始地表相对宁静而平和的海洋或湖池等类似的富水环境应该还比较科学，认为生命起源于黑暗海底火山热泉喷口或高温（相对地面高温，不会到岩石熔化的温度）热水或富硫环境或潮湿的黏土环境等也还说得过去。这些都远比什么地球两兄弟相撞合而为一，蹦出月球且形成熔浆火球的说法要更接近实际些。

地球生命是在什么样的环境中起源的？不考虑地外宇宙起源，只讨论地球生命起源于地球的环境，就可能有几种情况：一是原始地表是炽热的火球环境，这显然不适宜生命起源与发展；二是动荡的原始地表环境，有来自宇宙陨星的不断碰撞，地下有火山不断喷出地表，但地表还是以固态为主体，岩浆只是局部地区，陨星撞击也是断断续续地撞击；三是原始地表已形成海洋和大气层，地表环境趋于稳定，只有少数地区有火山喷发，也许略多于今天的地球，天外陨星撞击地面比今天所见的要多些，但也还是小概率事件。

生命起源的环境是一回事，生命诞生后所处或面临什么样的环境又是另一回事，因为环境是会变化的，按现有观点，生命在一地起源后的迁移扩散会面临新的环境，如何适应变化的新环境才是决定新生生命是否能在地球上生存与发展的关键。那么，地球环境又是由什么营造的呢？也就是说，地球在其形成及形成后随之而来的演变中，是如何营造自身的有机环境，又是如何形成或建立原始生态系统的？

显然，如果没有原始生态系统（注意：一个系统，而不是一些个体），生命（个体）即使在地表出现，也会如履薄冰、艰难重重，甚至不可能长期存在。在刚刚成形的原始地表，"地球"在孕育生命的同时，又是如何为生命的生存和发展准备好了适宜的环境和必要的条件？如果没有原始地球营造的相对适宜的地表环境，那么生命在没有"温室"和"摇篮"的无机世界里诞生，其境况不可想象。

归根结底，生命起源于什么样的环境是由地球形成与早期演化来决定的，不是由生命起源或别的情况来决定。地球上的生命起源没有环境选择权，原始地球演化出什么样的环境，生命就只能在什么样的环境中起源与进化发展。只有当生命进化发展到一定程度，如形成原始有机圈或原始生态系统，才能反过来改造地球环境，也许生命起源本身也在改变着地球环境。

三、生命起源是连续渐进还是阶段起伏

地球上的生命起源是在一定适宜稳定的环境中连续进化的,从无到有渐进起源并一步成功,还是分阶段演进,中途或有停顿(间断),其间有着不同环境的转折、演变和有机物质的迁移?

这个问题可能从未有人提过,甚至从未有人想过。至少笔者从未看到过这样的文献资料,但这样的问题一直存在。试想:如果地球生命起源经历了几千万甚至几亿年,如是连续进化过程,你能相信地球早期曾有几亿年的化学进化过程,却没有任何地质或宇宙事件来打扰它,这可能吗? 多么可怕的马拉松,稍有偏差,便会陷入万劫不复之中。要地球保持数亿年的稳定环境,让化学进化有条不紊地进行几乎是不可能的。对于早期刚刚形成不久的地球,哪怕只是几千万年、几百万年或几万年的稳定环境,也是不容易的。地球上的生命起源只要几百年、几千年或几万年就能从无到有,这也是极其小概率的事件。早期的地球就像现代化的生产线一样,第一车间生产出的氨基酸、核苷酸等生命小分子,立即转移到第二车间生产出蛋白质、核酸等生命大分子,再转第三车间组合成多分子体系,再到第四车间生产出细胞,生命宣告诞生。这一过程历时几亿年,四大车间连续生产这么久是难以想象的。

如果改变一下思维方式,生命起源不是连续的过程,而是由几个分过程组合起来的。想象一下:有机进化(这里不说化学进化,因为生命起源过程要比单纯的化学上的化分、化合复杂得多)先是在某种适宜环境中形成许许多多的氨基酸、核苷酸等生命小分子和其他有机物(如烃类),再迁移到另一种适宜环境中组合成蛋白质、核酸、多糖、脂类等较复杂的有机化合物和生命大分子,再迁移到另一适宜环境中形成多分子体系或体系团,直至获得某种代谢和增殖功能,生命便出现了,接着便形成细胞结构的生命体。这一过程明显要简单些,关键是要认识从一种适宜环境转移到另一种适宜环境,是什么环境以及有机物是如何转移的。再者,地球生命起源是否需要几亿年的时间,关键取决于地球形成的过程与进度。随着地球的形成和早期演化,在一亿或几千万年甚至更短时间内完成从无到有的生命起源过程也不是没有可能的。

四、促成或制约生命起源的关键因素

地球生命起源中的关键因素是什么,即什么才是影响或决定生命起源的关键因素? 这类问题人们应该有些认识,只是没有拿出来认真地讨论。其实无外乎两个方面,一是物质因素,二是能量因素。适宜的物质组成加上适宜的能量作用便能合成或组成不同阶段的生命物质,直至生命活体。

物质因素是指具有构成生命活体并使其发展壮大的全部物质组成要素,开始主要是元素,已知构成生命体的全部元素地球从一开始就完全具备。能量因素是指能促使元素化合成化合物、无机物合成有机物,简单有机物合成生命小分子,由生命小分子合成复杂生命物质,进而促使生命物质进化成具有代谢和增殖功能的生命活体的适宜能量。能量因素是

关键。

物质因素组成系统链为：

元素→化合物→氨基酸(核苷酸)→蛋白质(核酸)→多分子体系团→具有基本代谢和增殖功能的多分子体系(原始生命体)→细胞

能量因素是多方面的,要复杂一些。如陨星撞击地表的碰撞动能,地下火山喷出地表或地下热泉喷出提供的地热能,太阳照射热能以及太阳其他辐射和宇宙射线造成的射线能,大气与地面雷电等放电现象带来的电能,地表流水动能,海洋潮汐能,日月引力能以及矿物结晶能等,它们对生命物质的合成与演变均有着不同的作用和影响。

再进一步说,地球上的生命起源究竟是由简单因素(如原始地表的化学进化或天外胚种)控制,还是天、地、生等众多因素的综合成因? 即生命在地球上的起源究竟是纯地表化学因素(或单纯的宇宙因素)所致,还是受天地生(有机进化)多因素综合作用的自然结果?

同源说提出地球生命起源或地球原始有机圈及生命起源与早期演化是在天地生(有机进化)多因素综合作用下自然而然出现的结果,而非地表或地外某些单纯因素所决定的设想,从而将一个重大科学难题(生命起源)与一系列相关科学问题集于一体放在受天地生众多因素综合作用的实际时空中,进行多学科综合研究,而不是仅仅把某个科学问题当做单一的问题,置于一个或几个因子影响下的简单环境或模拟环境中来考虑。

五、先有生命还是先有有机物圈

在原始地球上,究竟是先有生命体,还是先有有机物圈? 也就是说,在地球生命起源过程中,是先进化出生命来,由生命体产生大量有机物,再形成有机物圈,还是先形成大量有机物,继而形成有机物圈,再从有机物圈中进化出生命来? 这个本来应该不是问题,因为自从人类认真讨论生命起源问题时起,从未有人怀疑过,无论是化学进化还是天外胚种输入,都是先有生命,再由生命制造有机物形成有机物圈。为什么会是这样,而不是相反,是先有有机物圈,再由有机物圈演化出生命来? 不知为什么,人们似乎从来未曾这样思考过。

如果说这是前人在认识和分析地球生命起源问题上的盲点,肯定会有人反驳:当然只有生命体才能产生(通过光合作用)大量有机物,再由有机物形成有机物圈! 这是拿现代人的眼光,以地球上到处充满自养生物的常识来观察分析 40 多亿年前生命只是刚刚开始起源时的地球情况,这不是盲点又是什么? 当然盲点问题还不止这一个。

以生命在原始地表通过化学进化起源为例,地球那么大,近 71％ 的地方充满着海水(原始地球上的海洋面积可能会更大,不过会比现在的浅),陆地上还有许多地方是水域,如果包含潮湿地带(如草地、沼泽或盐沼那样的地方)还会更多。凭什么说只有某个特定的地方(甚至只是一个温暖的小池塘)合成有机物,再由简单有机物合成复杂有机物,再进化出生命,然后再由这个共同的祖先向外扩散? 同一个星球,凭什么说化学进化只能在一个地方发生,其他地方只有等待几亿年之后,再被出生于某个小池塘中的生物来征服? 为什么不能是地表各地都同时或先后开始化学进化,都在合成有机物,大量的有机物遍布地球表面,形成有机物圈,再在这样的有机物圈中进化出有机体,早期的简单生命在全球遍地开花式地出现? 在生命出现之前,原始地球上充满着有机物,并形成有机物圈,再在有机物圈中演化出生命来。

这就是关于生命起源与原始有机圈的起源与早期演化的关系问题,笔者在 20 世纪 90 年代初提出过地球生命与地球原始有机物圈共同起源与演化的大同源学说(1991,1993),并对这些问题做了具体阐述。将生命起源上升为原始有机圈及生命起源与早期演化。换句话说,引入原始有机圈的起源与早期演化这一概念,并将生命起源纳入其中,能解决或帮助解答人类面临的许多问题(如有机物合成与分解的平衡、环境的还原性、原始生命诞生后的异养食物来源问题等),即将地球原始有机圈及生命起源与早期演化作为一个大的研究领域,而不是单纯地讲生命起源,这更能说明:生命在地球上的起源并不是孤立的单一过程,更不是偶然出现的,而是地球有机演化的一部分。这个问题将在后面有关章节做进一步的阐述和讨论。

六、生命起源与原始地表水、海洋及水圈形成的相关性

对于地球生命起源与原始地球上海洋及水圈形成的关系问题,过去的提法是:地球上先有原始海洋,形成富水环境,再在富水环境中进行化学进化,形成原始生命。但如果将这一问题倒过来看或反过来提问,地球上生命起源对地球上水的生成乃至海洋和水圈的形成有什么影响呢? 这样的提问应该说更有意义些。已知在某些碳质球粒陨石中既含有氨基酸等生命小分子,也含有一定量的水。地球在形成过程中,大量吸积宇宙物质,肯定有大量碳质球粒陨石样物质的加入,它们会不会也是原始地球水圈的水源之一呢? 再有就是有机物分解也会产生水,试想一下,地球在 46 亿年前形成,一直到随后几亿年的早期演化,不可能只有有机物的合成而没有有机物的分解,大量有机物的分解同样会产生大量的水,这极可能是原始地球水圈重要的水源之一。

所以,早期的地球有机演化是造成地球水环境的重要原因和动力之一。这不是无稽之谈,这一问题的深入研究属于"同源效应"问题,在后面章节中将会进一步讨论。

七、生命起源与地球原始大气及大气圈形成的相关性

地球生命起源与地球原始大气及大气圈的形成的关系问题。这在过去不是问题,先有大气,大气放电合成氨基酸等生命小分子,再由此合成蛋白质等生命大分子,进而进化出生命来,几乎已成定律。但反过来,几乎没人想过是生命起源与早期演化导致地球大气及大气圈的形成。有没有这种可能呢? 请先不急于下结论,待读完本书后,再思考这种可能性。

原始地球上的水和大气不说全部,至少有相当一部分是来源于地球内部有机物的分解和转化。地球早期有机演化过程中,有机物的分解肯定会释放出一定量的大气成分,如氨基酸、蛋白质类生命有机物演化成较为稳定的烃类化合物会释放出 N_2,CH_4 分解和氧化会产生 H_2O 和 CO_2。地球早期的有机演化至少是丰富了地球原始水源和大气来源,促进水圈和大气圈的形成与发展壮大,直至形成今天的规模。

八、生命起源及早期演化对地球环境的影响

生命起源及早期演化对原始地球环境的影响和塑造作用。过去多讲原始地球环境对生命起源的影响,而不是反过来讲生命起源对原始地球环境的影响和塑造作用。前面所说的生命起源对地球上水圈和大气圈的影响实际上也涉及环境问题,如水圈和大气圈对生物的生存与发展的适宜问题,即宜居性问题。这里应该再加上岩石圈、土壤圈和生物圈及有机圈本身是不是环境友好的问题,传统认识是适宜的环境造成生命的起源和早期进化发展,本书要说的是生命与有机物圈的起源和早期演化造就了原始地表的生物宜居和良性发展的环境。这也同样涉及地球生命起源及早期演化并不是单纯的生命起源问题(生命起源不是孤立事件)。有关内容请见第十二章。

九、关于生命和有机物起源、演化与岩石圈运动的关系问题

板块运动是目前解释岩石圈运动最好的样板学说,地质学界乃至科学界多一致公认岩石圈分成若干板块,岩石圈运动实际上就是板块之间的相互运动。一般的运动模式是在扩张带(大多为大洋中脊)的岩石圈增生,向两侧扩张运移,在板块另一侧由于两个板块的碰撞,较重的板块(多为以硅镁层为主的海洋板块)会俯冲到较轻的板块(多为以硅铝层带有硅镁层双层结构的大陆板块)下面,逐渐消亡或淹没,故这一地带又称为"俯冲带""消亡带"或"淹没带"。

联系到生命起源与有机物圈的演化,需要强调的是有机物在地球内部演化(分解或转化)成易挥发组分,它们在新形成的地球岩石圈中运动势必会产生应力,推动或干扰岩石圈运动,这是否是影响岩石圈运动的动力之一,值得研究。地球内部丰富的有机物遇到高温和氧化剂就会氧化或气化膨胀,这更增加了岩浆的动能和地球内部的应力作用。高能气体流到处乱窜也会促使岩石圈的某些薄弱地带产生裂隙或裂痕,破坏岩石圈的完整性,直至引发地震等突发事件或地质灾害。氧化产生高温使局部岩石重熔形成岩浆,造成岩浆作用的多样性和频发性。这涉及火山、地震等内力地质作用和地质灾害成因问题。

岩石圈内部的有机物演化方向之一就是氨基酸、蛋白质等生命有机物脱氮形成烃类等比较稳定的化合物,并长期储存在岩石圈内部。如遇到较大的构造空间便可富集形成油气藏,这就是同源有机成油问题。关于某些火山、地震的有机成因和地下原生油气藏的同源成因问题将在后面章节中讨论。

十、生命起源后的早期进化问题

生命起源后的早期进化问题同样是个盲点问题。无论是地表起源说还是地外起源说,人们的认识都是:早期生命形式从原生质到有机体,从化学进化到生物进化,从异养到自养,再从自养发展到自养与异养并存,或者说生命的起源与进化都是直线上升式的演进,没有起

伏、停顿或阶段之说。这里出现的问题是：既然最初的生命都是异养生活的，而且早期产生的又只是少数有机体，那么，最初异养生活的生命体所需要的有机养分从何而来？是与生命起源同时形成，即在合成构成生命体的氨基酸、蛋白质或核酸等有机物的同时合成的相同或相似有机物；还是随着生命起源，在其进程中同地或异地陆续合成的有机物；又或者是同类相食、异类相食？

如果是与生命起源同时生成的有机物，那早期所形成的有机物一定很多，在它们之中为什么只有少数才能进化形成生命体，而绝大多数却仍然只是有机物，仅仅作为其他生命体的养分？是什么原因致使有些成为生命体，有些只能成为生命体的营养物质？如果是在生命起源和早期进化过程中随时异地或同地生成这些可以作为营养成分的有机物质，它们会不会也能进化出活的生命来呢？哪怕是在没有生命的异域之地，如黑暗的深海海底或某个角落。这似乎又回到本书一开始提出的"地球上的生命是不是共同起源"的问题。

先形成的少数生命体以什么为营养？无论是地表化学进化起源说还是地外宇宙胚种起源说都不曾提出和讨论过这类问题。因为无法讨论这样的问题，从无到有产生的少数个体异养生活只能吞食同类。由此推演，会出现下列三种情况之一：一下子产生出许许多多的个体，足够同类相食；化学进化不断地生产出新个体或有机物来补充食物来源；并非像有些人已经描绘的那样，生命起源实际上经历的是完全不同的途径。

以上十大问题只是生命起源有关问题的一部分。

第六章　生命地球同源说的创立与发展

地球上的生命起源于几十亿年前,今天已无法再现和重塑这一过程,如何才能揭示这远古的奥秘? 立足于现有科研成果与事实材料,进行跨领域的多学科综合研究应是科学的方法之一。对于生命起源这样的重大科学问题,存在多种学说和观点的争议或论战是很正常的。事实上这种争议或论战在近几个世纪以来一直都没有停止过。关键是人们要能从这些争议或论战中得到启迪并能找出解决问题的有效方法,而不是无休止地争论下去。

第一节　困惑与梦想

20 世纪 80、90 年代,美国《科学文摘》杂志载文谈"20 世纪尚待解决的 20 个重大课题"时,将生命起源问题列为第一。进入 21 世纪以来,有关研究虽已取得一些重要进展,但问题并没有真正解决,生命起源的奥秘还远未揭开,有许多世界重要媒体仍将其列为 21 世纪需要解决的重大课题之一。

笔者作为普通高校的一名地质学教师,本来与这一重大课题无太多的交集,但却坠入其中,30 余年,不能自拔。其间也有过多次转向,做过水土保持、农业地质、农用矿产开发、硒的自然分布与富硒功能食品开发、中国歙砚砚石研究与文化传承等课题和项目的研究,也有不少相关的论著发表和出版,但终究放不下对生命起源的同源说研究,总想在有生之年,为此划上个完美的句号。一路走来,自觉或不自觉,自愿或不自愿,人生有着太多的放弃,有时就连自己都有些不解,为什么偏偏对其如此执着? 求本溯源,这可能与我的经历有关。在此费些笔墨,略作记述,以助读者解惑同源说产生的根源。

一、儿时的困惑

我出生在一个医生家庭,小时候正是"文革"期间,学校上课不太正规。同学们多上街串联演节目,我好静,多数时间都在家闲着,无事就翻看父亲收藏的各种书籍。时常也读些小伙伴们不知从哪里搞来的各种书籍,然后再将书中讲述的故事和道理讲给他们听,有时也有一些讨论或争辩。父亲阅读和收藏的书很杂,多数是医书,尤以中医经典为多,如《黄帝内经》《伤寒杂病论》《本草纲目》《本草拾遗》,还有《道德经》《周易》等。既有很旧的古印本,也有印得稍好一些的线装本,还有一些现代书籍,如《人体解剖学》《解剖生理学》以及科学方面的书籍。现代书多数是大姑父早些年从外地带回给父亲的。大姑的女婿早年曾留学国外，是某市医院的著名胸外科医生，有些现代医学书籍是他寄给父亲的，想让父亲这个老郎中能学习一下现代医学，成为新中国的现代医生。这些书籍实际上却成了儿时伴我成长的课外读物，也成为我灵魂的居所。在我的知识结构形成中，在学校上课学习所得远没有我在家读书获得的知识和教益多。

大概是上小学的时候，我看了一本介绍"康德-拉普拉斯星云假说"的书（一本带有很多漂亮星云图片的小册子，谁写的已经记不清了）。从这本小册子中我知道了太阳系是如何形成的，原来太阳（恒星）、地球（行星）和月亮（卫星）等天体都是由微小的尘埃状星云物质聚集而成的。这本小册子对我儿时的影响是深远的，它引导着我阅读了更多关于地球、宇宙方面的书籍，以及后来上大学选读地质专业。从那以后，我时常给小伙伴们讲解太阳系的形成与组成，有时还异想天开地拿这些知识牵强附会地解释所遇到的"难解之谜"。例如，人身上为什么会长"垢积"（就是洗澡时可以从身上搓下来的尘垢）？原因就是人都是由宇宙中的尘埃组成的。现在看起来好可笑，但当时就像是发现了真理一样，讲得兴致勃勃。

可是，有次我讲到宇宙尘埃会自动聚集形成地球以及地球上的一切，包括我们人类（康德-拉普拉斯说只讲形成地球，后面是我当时为了说得更生动随性加的）时，有位老人家听着不高兴了，斥责道："胡说！人是由女娲造的，女娲不造人，尘埃怎么会自动变成人呢！"当时，聚在一起的小伙伴们都是接受现代科学教育的，知道女娲造人只是神话故事，并不是真实的事。但是，老人家的断喝仍然在我心中激起了波澜。宇宙尘埃聚集起来可以形成地球、月球，但如何形成人呢？还有小虫子、小蚂蚁、小草，甚至那些看不见的微生物，又是如何形成的？儿时不经意间产生的疑问和困惑已然影响了我的一生。

二、青少年时的梦想

可能是忙于工作，也可能是性格使然，父亲对我的管教是方向性的，具体的生活、学习和游玩多只是询问式的关注和指导。正是父亲这种粗放式的管教，使我在青少年时期能够信马由缰、自由发展。不说博览群书，但确实是无拘无束地学习了不少东西。有些看得懂，有些看不懂，有些似懂非懂。中医经典古籍多数似懂非懂或看不懂，父亲一来兴致就摇头晃脑地给我讲解，有时也会心血来潮地考我学得咋样。在 20 岁前的大多数时光里，我是与这些杂乱的书籍一起度过的。无论是医学书和生物书对人和动植物的描述，还是科学书籍中对生命和宇宙奥秘的探索，都让我深深地震撼，乃至痴迷。

人年少时，容易被书中的情境所惑。记得在看过那本小册子后，又找了一些有关书籍来读，对宇宙和太阳系的组成、结构与运行模式已有了些基本了解。夜里关灯躺在床上，望着窗外繁星闪烁的漆黑夜空，心想地球会不会脱离太阳而去，在苍茫而黑暗的宇宙中走失？或者，等我睡着了，会不会被地球甩出去，掉到茫茫宇宙中找不到家呢？总之，在那个年代里，是宇宙和生命的奥秘抓住了我年少而朦胧的心性，各种疑问与奇奇怪怪而又美妙无穷的想法时刻在我心中激荡，几乎完全占据了我的脑海。以致后来与玩伴们都变得若即若离，他们偶尔会来看我，听我讲解经过我演绎的一些自然知识和历史故事。年少无忧，虽然并不感到孤独,但时常却因无人能够交流,心中充满疑惑却求师无门而倍感苦闷。于是沉浸在书本中寻找心中期待的那些答案,自己为自己答疑解惑。

那位老人的呵斥一直在我脑海回响,人来自哪里?生命来自哪里?如果没有女娲之手,泥土如何变成人类?生命真是由泥土变来的吗?诸如此类的问题一直困扰着我,也一直鞭策和鼓励我读更多的书,查阅更多的资料,以求将来有一天我也能一探生命起源的奥秘,验证那些奇怪想法,或者也能写一本书去影响别人。以致在上初中时,别人都不太感兴趣的"社会发展史"课程,我却饶有兴趣地听老师讲解着如何从猿变成人,还一个劲地追着老师不放,不停地问一个又一个问题,直至问到最初的生命是从哪来的,惹得老师哭笑不得。

从小学到高中,我的成绩总是很好,同学们都以为是平时好看书的结果。其实,我平时极少会翻那些无趣的课本,看的都是一些别人不看的书。直至高中毕业,我也没有上大学深造的概念。高中毕业后上山下乡,当时的梦想就是:第一是能做一名有本事的好医生,像父亲那样,既能生活无忧,又能广结善缘。第二就是想把自己搞不懂的一些事情和问题搞清楚,如宇宙中的尘埃聚集形成地球,后来又是如何形成生物乃至人类的。第三就是想当鲁迅那样的作家。现在想起来未免幼稚,但当时却是隐藏于心的"理想"。

"文革"结束后,有幸考上大学,按照父亲的心愿,应该填报医科院校,最好是上国内最好的中医院校学习中医,以我全县前几名的高考成绩来说这是没问题的。但由于两件事,使我最终放弃了学医的想法。一件是在上高中时,有位老师办了个针灸学习班,我未征求父亲的意见就参加了,当时是想学个一两手回家好给父亲一个惊喜。一次自己在宿舍独自练习扎针,在给合谷穴上扎针时,由于肌肉紧张,扎进去的针怎么也拔不出来,越拔不出来越紧张,最后居然连针带肌肉都拔了出来,看着紧紧缠绕在细细银针周围细丝状鲜红的肌肉,心中不禁生出对针刺的恐惧。直至现在,我对扎针还是有种莫名的担心和恐惧。另一件是在我上山下乡时,大队(相当于现在的行政村)推荐我当赤脚医生(乡村医生)。对一个下乡知青来说,能进合作医疗室当一名医务工作者是很多人的梦想,我只是因为出身于医生家庭而被选中。可是,不久之后我才发现我能忍受中药的味道,却根本忍受不了医务室里那浓烈的消炎药水味,可能是对异味过敏的缘故,动不动就鼻子不通、呼吸不畅,每次进药房或外科室都像是经历战斗。这也是我放弃进入医学院校的主要原因。

三、路在何方

没报医科大学,父亲虽然没说什么,但从他的脸上我看到了失望。我们共同商量后决定选学地质学,他的说法是:"这跟自然打交道,接天地之气,对身体有好处。"因我好静不爱动,体质弱,搞地质要跋山涉水,这与我好静的性格刚好有个互补。我虽不能继承祖业,父亲仍盼我有个好身体!我能接受地质学,它与我的第二个理想比较接近些,也算是满足了自己的好奇心。另外,考察自然,还能游山玩水(想得美),多好!

探求宇宙和生命奥秘的渴望一直都在激励着我,所以在学地质学时,我对古生物学和地史学特别有兴趣,而且也学得特别较真。假期回家时,还从父亲所在医院的药房中找一些"龙骨"带到学校请古生物老师辨认是哪种动物的化石。大学毕业时,古生物老师还特地送我一本刚出版的巨厚的古生物学教材。当时国家刚恢复高考，开始正常招生，我们上课时，或用"文革"前的陈旧教材，或用任课老师临时编写的讲义。所以，这本现在看来很普通的《古生物学》，对当时的我来说弥足珍贵。

正式接触"生命起源"这一命题并开始一些有益的阅读和思考，是在大三学过古生物学和地史学以后，大约是 1980 年。在古生物学与地史学的基础上，我比较系统地阅读了有关达尔文进化论的著作（既有达尔文原著的翻译本，也有国内学者编著的进化论著作）、莱伊尔的《地质学原理》（我称其为"地质进化论"）以及其他的一些相关著作。如同达尔文被称为"科学进化论之父"一样，莱伊尔也被称为"现代地质学之父"。

年轻时，我对达尔文及其进化论的学术思想是非常推崇的，认为生物进化和物种起源的根本问题已经解决，余下的就是修修补补了。但生命起源问题还远未解决，有待深入探索研究。大学期间，我对地质进化（地球演化，地史学）和生物进化（古生物学）情有独钟，甚至因此回绝了一位很关心我、也备受我尊敬的教授要我大学毕业后继续在"火山岩石学和矿床学"方面深造的提议，我直言对地球演化和生物进化方面更有兴趣些，后来他还给我推荐了另一所高校的一位教授，可惜我后来一直没有能够完成他的心愿。也许正是从那个时候开始，内心总是有种力量在不停召唤，我开始自觉不自觉地阅读和收集生命起源和地质演化方面的资料，学习、学习、再学习，有时还会做点理论性的探索思考，但要就此有所作为很难，直到大学毕业，始终没能迈出第一步。

大学毕业后，我被分配到山东一所高校当老师，学校在两年前才由原来的专科学校升格为普通高校。刚到学校，便赶上初建的地质专业招生，我很快就有了教学任务，一开始教"普通地质学"，接着教"古生物学"和"地史学"，后来还教过"矿石学"等一些课程。除了教学以外，学校基本没有科研活动，更谈不上学术氛围。在办公室，年轻人要看看专业书也会受到干扰或限制，会被个别领导怀疑你是不是不安心工作，想考出去或跳槽。所以，我看书学习和写文章，只能偷偷地进行，多数是躲在宿舍里干。

少年时的梦想和上大学时的豪情仍在胸中激荡，但现实的工作、生活却很单调，空气也很沉闷。至今，我还清楚地记得临毕业离校，教古生物的陆老师送我《古生物学》时，很深情地对我说，"当老师的都很穷，没什么好送你的，这是刚领出来的古生物教材，我还没来得及看，送给你，你喜欢这个，有自己的想法，好好学！"

第二节　思考与探索

一、峰回路转

因为教授古生物学和地史学，正好山东境内有个"山旺古生物化石保护区"，我借着采集学生实验标本和寻找实习场地的机会，时常去那里考察化石产地和采集化石标本。时间久了，便成常态，只要一有空闲或假期便去那里常住。

在那里我可以完全放松心情，一边看书，一边考察化石保护区及周边的地质环境，也采集一些小型的化石标本。大的特别是珍稀生物化石标本，保护区有规定是不让采的。无论是看书后的沉思，还是在山旺那片旷野上漫步和行走，都在思考着生命与非生命的界限与关系问题。通过古生物学和地史学的系统学习，对生命体与非生命物质的本质区别已经有了一定的认识。便开始思考从古生物学的角度来寻找两者的区别与联系。因此，真正算得上专业性地思考地球生命起源是从山旺那片荒野中开始的，生命与地球形成同源的思想萌芽也正是在那时候萌生的。

年轻而狂热的心就在那片旷野与林莽中驰骋，最初大约是从 1983 年早春开始有了一些想法。虽然看过一些书籍和资料，但我对生命起源的认识仍是很朦胧，觉得奥巴林、福克斯、米勒和霍伊尔等人说得都有一定的道理。当时，可能是受那个时代的影响，我更倾向于奥巴林、米勒、福克斯等人所倡导的原始地表化学进化起源的观点（地表化学进化说），但对主张地外起源的霍伊尔的宇宙生命论也不排斥，觉得也有一定的道理，事实上也有些证据。如何才能将两者统一呢？这就是我当时的想法，历史的"真相"只有一个，既然都是来自科学事实，就应该能统一，统一指向这个唯一的历史"真相"。这在别人可能不敢想，也不会想。历史的经验告诉人们：对立的观点只会是一对一错，通过论战，正确的战胜错误的，获得完胜，如生源论战胜自生论、化学进化论战胜天外胚种论。要将奥巴林等人的地表起源说与霍伊尔的宇宙生命论统一起来，简直就是天方夜谭！

由于教授地质专业的古生物学与地史学课程，因教学需要，在学校的支持下，经常外出查阅和购买相关资料、书籍。当看的资料多了，才真正感觉到"生命起源"（后来加上早期进化）这个世界性难题的魅力所在，隐隐觉得这绝不是一下就能解决的问题，也许会终生无果。

最初，将地表化学进化起源说与宇宙起源说统一起来思考，只是想着既然都是科学实验或自然探索得出的科学事实就不应该为对立学说作证，而是应该共同为某个统一的科学学说作证：科学事实应为科学和真理作证。因此，生命起源也许并非如"大家"所说（当时还没有"海底热泉说"等学说和观点），可能是另有起因。当我只身躺在山旺的那片草地上，仰望蓝天白云，云卷云舒，儿时烙下的太阳系形成过程的印象挥之不去，宇宙尘埃云集形成地球的情景在脑海中反复播放，不自觉地就联想到生命会不会就起源于这尘埃云集的地球形成过程中呢？由此一想，豁然开朗。所有的有关证据与学说对立和矛盾的症结全部解开，什么宇宙有机物，什么化学合成生命有机物，统统可以用地球形成过程中物质与能量的转化来解释。我为自己的想法惊起，狂乱地奔走在旷野中，直到很晚才返回住地。如何才能将这一想法有理有据地表达出来呢？没想到过程并不顺利，为此苦熬五年，直到 1988 年才将"生命与地球同源说"公之于众。

真正着手进行理论的总结和提炼并决定将设想撰写成论文是从 1984 年开始，但具体要从哪个方面着手，如何将想法与材料结合，组织写成论文，当时很茫然。此前，只有想法，多是读后感，可以海阔天空，随心而动，偶尔异想天开也无妨。但撰写论文需要脚踏实地，做到立论正确新颖、不落俗套，且有理有据。当时的我，多么渴望能有一位好老师来给予指导！

二、机遇与激情

1984 年,我赴中国地质大学(当时称武汉地质学院)古生物地史教研室进修学习。当时我的指导老师是古生物学家杨家骕教授,他是我国著名古生物学家杨遵仪学部委员(院士)早年的研究生,同教研室的还有刚从国外归来的殷鸿福教授(1993 年当选为中国科学院院士),两位教授在学术上的引导,使我逐渐由地质学向古生物学的角度转换,并开始从宇宙化学、地质学、古生物学和生物学以及天文学等多学科、多角度综合分析出发,来思考和研究生命起源与进化等方面的问题,两位教授堪称我的学术引路人。

正是在中国地质大学,我逐渐将生命与地球同源的朦胧想法变得更清晰、更加完整,并着手搜集证据材料,将两者如何同源的具体细节进一步完善。如何列举和分析这些证据材料是一大难题,特别是一些相互对立学说的证据材料,究竟该如何统一? 正当我为这些问题困扰时,殷鸿福教授讲授生物进化的"间断平衡论"深深地吸引了我,既然生物进化可以是间断平衡的,那么生命起源呢,会不会也不是从无到有一次性连续完成的,而是分阶段"间断平衡"进行的呢? 如果是分阶段的,那又会是哪几个阶段呢? 会不会是在不同的环境中通过不同的阶段起源的呢? 正如地球由宇宙尘埃凝聚吸积形成原始球体那样,生命起源有不同的阶段与过程:地球在星云时期其中就有小分子存在,包括有机小分子;由尘埃云聚集形成微行星或行星时其内有机分子也随之聚合变成更大分子量的复杂有机物;到地球形成原始地表,各种有机物汇集于地表开始了生命的演化。这才是生命与地球同源! 在中国地质大学古生物与地史教研室进修学习的那一年半时间,我心无旁骛地全力进行着生命起源问题的研究。因为有杨家骕等老师的指导,我在学术上快速成长,最初的几篇论文原稿就是这时完成的。

在中国地质大学后面的那座小山上,我因为自己的这一想法而难抑内心的激动,在山脊上不停地走,不停地想,想找个人一吐为快。但当我把这些想法跟杨家骕教授谈起,他只是静静地听着,很平静,不置可否。等我一气讲完,他只是淡淡地说:"有想法就好,坚持下去,才会有收获。"我想他当时应该是不看好我的想法,认为这一想法太异想天开了,或许只是年轻人的一股热情冲动而已。幸亏当时年轻,没有想得太多,否则肯定会知难而退。

随后很长一段时间,我都在查阅资料,专心撰写论文,但那时自己也不成熟,都不知那样的论文该怎么写,期间求助过一些老师,但也多不置可否。杨老师对我的学习和生活照顾有加,面对我的大胆想法,给予了最多的鼓励和最大的支持,还给我安排了一间带空调的实验室,我可以在里面学习、写作和休息。在那个年代,空调是稀罕物,连很多年轻老师都羡慕不已。我知道,尽管他心里可能会不同意我的疯狂想法,但还是默默地支持着我。记得每当我情绪低落、沮丧时,他便叫我去他家中吃顿好吃的,并说些别的事情,以缓解我压抑的情绪。直到后来单位以教学急需为由召我回去,不得不放弃跟他攻读硕士学位时,他虽然很失望,但还是表示支持我回去工作,临别还有说不完的嘱咐与希望。每念及此,便心存感激,感激他那集师德与父爱于一体的宽厚和君子之风。我后来的坚持与他和陆老师的鼓励是分不开的。经过几年的努力,终于有文章出炉了。

　　1986 年 3 月，我结束了在武汉的学习生活，回到山东工作单位，1988 年初正式发表第一篇"同源说"论文，由此便一发不可收拾。从开始产生"同源论"想法，并着手撰写"生命起源"论文算起，至今已有 30 余年。期间因工作需要，研究重点在不断转移，所以对此我不敢说全力以赴，但绝对是百转心系、魂牵梦绕。几十年来心血倾注，我与之不离不弃。如今我已近退休，念念不忘做个总结，把这些年来的所得，结集成册，也算给自己的研究人生划个句号。曾不止一人问我，我也曾不止一次问过自己，在这市场经济的年代，凡事都讲究效益，为什么放着那些高层次、高规格、高经费的项目不去争取，不积极去做，却把大量精力倾注于这不易出成果，也几乎看不到什么效益的"生命起源"上？且写出来的文章多是推论和假想，很难上"高规格"的期刊。追根溯源，我为什么会研究生命起源，并穷我一生。细想之下，其动机和力量来源有儿时的困惑和对生命的感悟；有青少年时期的梦想；有大学时代对古生物学的偏好和老师的鼓励；有在"山旺化石保护区"天马行空的思考（那里保存几近完美的化石每每使我浮想联翩，自娱自乐地编演着远古生物在那里的生活图景）；有进修学习时杨老师等众位导师的指引与支持；还有我不断取得小成绩时的自励。

　　从 1986 年春我返回山东任教到 1995 年 9 月调离那里，期间我一直没有间断过对地球生命起源问题的思考与探索，不停地写文章，不停地向各种期刊投稿，几乎每年都有好几篇有关这方面的文章发表，也逐渐有了一点影响力。

三、学习心得与思考

　　"地球上的生命是如何起源的?"这是一个十分古老、也是现代的科学难题。关于生命起源目前国际上流行的学说（理论或假说）和观点甚多，归结起来，基本可以分为两大类：地表起源说与地外起源说。

　　当我开始深入研究现有起源学说，查阅不同研究者的研究文献时，一个问题环绕在我心头，挥之不去，钻研得越深，问题就越明显、越突出，这就是"现有各主要学说的矛盾冲突为什么不能避免，并且随着研究的深入和拓展反而越来越大"，既然都是来自科学观测或实验研究，且基于同一个主题的研究，为什么各家得出的"事实"所证明的学说或观点却大相径庭，甚至互相对立呢？ 例如，观察或检测到星际分子或陨石有机物就证明了宇宙生命论的正确性；通过化学途径合成有机物的实验成功就说明生命是在地表通过化学进化起源的；发现黏土矿物晶格能可促使氨基酸合成就说明生命起源于泥土；观测到海底热泉喷口处存在独特生态系统就说明生命可能是起源于海底热泉；等等。其他学科的研究，不同的人以不同的方式或从不同的角度，往往多能得出相同或相似的结论，指向同一原理，互相可以印证。唯有生命起源，为什么不同人的研究结果不是指向统一，而是越走越远？ 究竟是人们观测或实验得出的"科学事实"有问题，它们彼此是矛盾和对立的客体，还是引用这些"科学事实"的研究者们将其引入了歧途？ 比如各自都过分强调各自预先设置的模式，而忽略或轻视了"科学事实"本身的属性。如何解决这些矛盾和对立？ 如果我们仅仅以已经做过的模拟实验和研究成果为基础，进行比较和综合研究，能找出问题关键所在，并协调或消除矛盾，得出一个统一或能为大多数人所接受的结论吗？

纵观有关生命起源的各种学说或观点的争论,不难得出这样一个结论:单凭某一方面的若干个模拟实验或少数几项"有利"的事实依据就确认某一学说或观点已被证实,是不可取也是不可信的。令人遗憾的是这种情况至今依然存在。显然,关于生命起源,目前还没有一个能对所有有关"已知事实"和观测材料都能做出比较合理而圆满的解释,并能经受全部科学实践检验(而不是有取舍的附会)的学说。所以,现在就宣称某一学说已被证实还为时尚早。作为生命起源的探索研究,至今人们还只是依照"怎样能合成或生成有机物,特别是氨基酸,就能怎样产生生命"的预想来拟定"生命产生的条件",然后再根据人们自己拟定的条件去模拟所谓的"生命起源"。

从人类过去所有模拟生命起源(其实只是合成有机物)的实验中不难得出:即使在实验室的模拟条件下,合成某一有机物的实验途径或方式也并不是唯一的,何况当时正处于巨变之中的地球表层,在那动荡不定、复杂多变的环境中究竟能产生出什么? 这绝不是一两个模拟实验所能说明的。那么,谁才能说明"生命是怎样起源的"呢?

地球上的生命起源发生于几十亿年前,应该是在广袤空间的多因素综合作用下发生的宏观大事件,而不仅仅是存在于局部地方的微观小事件。今天人们已无法再现或重塑生命起源过程,而只能根据各方面已经掌握(已知)和可能掌握(可知)的材料来进行反推和论证。所以,这基本就是一个追溯或演绎的过程,必须依据尽可能多的材料和科学事实来确立观点或建立学说,同时还要求所建立的学说或提出的观点能够比较合理地解释已知和可知的全部或绝大部分事实材料,能经得起所有已知事实或有关研究成果的检验,并能被未来新发现的事实所验证,且与所有相关材料都能相通互融,否则就要放弃或修正观点或学说。因为事实才是建立一切理论的出发点和基石,也是检验真伪的唯一标准。即使这样也还要注意许许多多的相关性问题,这就要求我们必须以尽可能多的科研成果和事实材料为基础进行跨领域的多学科综合研究。笔者将这一方法称为"综合研究法",以区别于前面的实证法和直证法。

虽然有关地球生命起源的问题还远未解决,人类也许只是刚刚开始涉及问题的核心部分,但可以肯定的是,愈来愈多的科学发现和有关实验与观测研究中揭示出来的事实,已使人们的认识在逐步深化,并愈来愈清楚地显示出这一问题的复杂性和解决问题的迫切性与重要性。或许我们已经看到了奥秘所在,并已经找到了一条通达彼岸的征途。至少我们已经认识到:要解决这一极为复杂的科学问题,揭开生命起源这个千古之谜,单凭若干项实验结果或某些事实就做结论显然是不够的,综合研究全部已知科学事实和所有相关方面(包括揭示未知),并统一各家学说的合理成分,才是解决生命起源问题的关键,即实证法和直证法有其片面性,只有综合研究法才是解决问题的科学方法。

第三节　基于现有科学事实的综合推论

化学起源说和宇宙生命论都提出过自己的科学依据,现以这两大学说及其各种观点所引用的证据材料为基础,进行综合分析与推论。

一、已被证实的基本科学事实

(1)星际有机分子的发现。有报道称,到 21 世纪初,已在宇宙尘云等星际空间中发现星际分子 130 余种,其中 80% 是有机分子,并约有一半为含氮化合物,说明在宇宙空间星际分子是大量存在的,而且多数是有机分子和含氮分子。

(2)在太阳系的木星、土星、天王星、海王星四大行星的大气中发现大量 CH_4、NH_3、H_2 等成分,某些彗星的彗尾成分中也发现有简单有机分子存在。

(3)坠落地表的陨石成分中发现有氨基酸和多种烃类等较复杂的有机化合物,有些氨基酸正是组成蛋白质的基础物质,有些烃的分子量也很大。

(4)生命基本物质的合成实验说明几乎所有基础生命有机物都能通过化学合成获得,如米勒、福克斯等人的实验。

(5)黏土矿物的晶格能促使氨基酸等生命基础物质合成并引导其进一步聚合。

(6)在火山热水或地下热液(温泉)汇成的富硫化物池塘中发现嗜热、嗜酸、耐硫化物嗜极细菌等生命体及其生态系统。

(7)深海底热泉区及其特异生态系统的发现,说明脱离太阳光照,生物可以依靠其他维生系统繁衍生息。

(8)距今 38 亿年前古生物化石资料的发现,说明地球上生命的起源时间比原先想象的要早得多,很可能是地球一形成便有了生命或开始了生命的起源过程。

(9)石油勘探中非生物成因和可能非生物成因油气藏的发现,如:

① 现已发现的产油区域远远超出生物成油的可能区域和沉积岩系。

② 现已探明的石油储藏量比据生物成油推算出的储量要大好几百倍,根据生物成油所判定的无油区内也找到了大油田。

③ 我国及世界上一些大油田或油气区都沿深大断裂带分布,提示了油气藏与地下深处可能存在着某种联系。

二、分析与推论

根据前述基本科学事实以及其他一些事实,就地球原始有机物和生命起源与最初演化做出综合分析与推论:

(1)宇宙星云中大量有机分子的发现表明星云内部存在生成有机物并使之处于稳定状态的条件,包括物质条件和能量条件。而地球形成前期也是类似于星云的宇宙尘云团。

推论 1:形成地球的原始尘云内部也具有合成并保存有机化合物的物质条件和能量条件,即地球上的 C、N、H、O、S、P 等元素是在地球形成时就具有并可能以简单有机分子或其他化合物的形式存在。

(2)实验室内,以 CH_4、NH_3、H_2O、H_2、H_2S、HCN、HCHO、HC_3N、KCN 等物质中的几

种成分为混合原料,加热至 80~100 ℃,或辅以紫外线、β 射线、γ 射线照射或火花放电或地热、火山喷发、海底热泉、光照、沼泽泥土能释放等能量作用下,可合成氨基酸、核糖、脱氧核糖、嘌呤、嘧啶等生物小分子。再以氨基酸为原料,干性加热至 160~200 ℃脱水缩合成多肽(类蛋白)等。实验或观测事实都表明在适当的物质和能量条件下无机物可以转化(合成)为有机物,简单有机物可以转化(合成)为复杂有机物乃至生命高分子。

除 KCN 以外作为原料的简单有机化合物和无机物在宇宙星云中均已发现,而地球上是最富钾的。在原始地球形成过程中,因尘云物质聚集、凝结、收缩致其密度增大、内能升高(主要表现为温度升高和物质之间的碰撞加剧),并伴有一系列的复杂变化与运动过程。所以,地球在早期形成过程中,其内部具备了合成所有生命基础物质的物质条件和能量条件。

推论 2:在地球形成过程中,当地球内部尘埃物质紧密接触且温度增到 80~100 ℃时,其中简单有机化合物和某些无机分子会化合生成氨基酸等生物小分子。这在形成中的地球内部可能是大量、普遍的反应过程,这一变化会使原始地球因收缩而释放出的收缩能转化为有机能从而有利于维系形成中的地球内部能量平衡。

推论 3:当球内物质因收缩而接触更加紧密,温度增到 160~200 ℃时,在凝结区或半凝结区,氨基酸会脱水缩合生成多肽。在一定的限度(≤200 ℃)内,多肽分子量会随温度升高而增大,福克斯的实验已经证明了这一点。这一过程在当时的地球内部可能带有区域性。

(3) 原始地球物质在聚集、凝结、收缩过程中,无疑伴有物质的分异作用,重物质向地心集中,轻物质尤其是气、液态物质向地表运移,这样在球内的不同区域就造成了不同的物质条件和能量条件。因此,球内合成的生命物质会因处于不同的环境而发生不同的运动和变化。适于有机物合成及保存的区域会自地球内部向地球表层转移。

非生物成因油气藏的存在表明在原始地球内部有过大规模形成石油物质(主要是烃类)的过程。

推论 4:球内生成的氨基酸、多肽等生命物质在适宜的温度、压力条件下,可暂时保存或随分异作用向地表运移。

推论 5:生命物质经去氮作用(可能与温度、压力有关)生成烃类等化学性质较稳定的化合物,这与早期生成的碳氢化合物等都是重要的球内成油物源,并随分异作用上行在近地表适当的构造及温度、压力条件下被保存、储积,即可形成大型油气藏。

推论 6:在特高温区(如地核和地幔深处以及上地幔和地壳等的岩浆区或岩浆流附近),生命物质或烃类等有机物质可能会被降解(聚合的可能性小)或分解以及氧化(如果有氧化剂),释放出能量,并生成 H_2O、CO_2、NO、N_2 以及 CH_4、NH_3、H_2S 等气液分子,多余的碳会形成单质碳结晶(金刚石)。这些挥发性组分加入岩浆中无疑会大大增加岩浆的动能和爆发性。

(4) 地球形成中的物质分异形成了原始地球的圈层结构,出现了原始岩石圈、原始海洋、原始大气层。当时三圈之间的物质交流频繁,球内含有机质,有机质分解、氧化生成的 H_2O、CO_2、NO 等,及其他成因的气、液体不断逸出地表成为原始海洋和大气层的重要成分。

推论 7:由于有机物的氧化消耗了原始地球因各种演变产生的氧化剂,使原始地表环境

（海洋和大气）从一开始就是一个富含生命有机物质并呈还原性的复杂环境。

推论 8：氨基酸、核苷酸、多肽、蛋白质、核酸、糖类、脂类等生命有机物质随分异作用，源源不断地逸出地表，在原始海洋中聚集。原始海洋的开放性提供了球内所没有的自由空间，球内能量释放可能会造成地表的相对高能环境，从而促使各种蛋白质、核酸等生命高分子重组和有序化，以及多种蛋白质及其他生命分子（如核酸）聚合形成多分子体系团。多分子体系团在进化中获得基本代谢功能和自主增殖功能，于是产生了最初的生命活体。原始海洋中丰富的有机物不仅是最早的生命体形成的基础，而且为最初的生命活体异养生活提供了条件，环境的还原性则是一种庇护（防氧化），但还原性本身是由有机分解和氧化消耗了地表的氧化剂而造成的。

（5）陨石成分中含有多种烃类及氨基酸，表明宇宙尘埃在凝结过程中合成有机化合物是存在的。

推论 9：形成陨石的尘云环境与早期地球不同，可能是形成的陨星体积太小，没有地球内部那样的温压条件，因而氨基酸未能缩合成多肽及进一步发展，或后期因去氮而转化为烃类，尤其是较稳定的烷烃。因此，生命起源的进程便中止，仅在其中保留了氨基酸阶段的产物。而地球上有机物的演化却随着地球的演化而发展，大量有机物自地球内部逸出，在地表汇集于海洋，逐步演化直至产生了生命乃至人类。

（6）类木行星大气层中含有 CH_4、NH_3 等物质的丰度表明，这些成分极可能是来自该行星本身，而非从宇宙中捕获。

推论 10：太阳系类木行星的内部正在进行着合成和分异生命有机物质的过程，CH_4、NH_3 等成分是早期行星内部含有有机化合物或其转化的结果。这只相当于行星有机物演化中还不太成熟的早期阶段。

由以上 10 条推论可知：地球上的生命起源与地球形成同源。

三、要点总结

（1）地球上生命的起源开始于地球尘云凝聚收缩期，而不是在地球形成几亿年之后。形成地球的原始太阳系尘云团也像今天见到的宇宙星云一样，含有大量的（可能更丰富）有机分子和无机化合物。

（2）主要生命物质是在地球形成过程中的球内物质中形成，而不是地球形成后在原始地表海洋中化学合成。形成的物质基础是球内的简单有机化合物和某些无机物，而不是海洋中的无机物。地球形成过程中的物质聚集、收缩使内能增高，为生命物质的合成提供了能量条件。

（3）地球形成中的物质分异作用使地球内部生成的有机物随着气液等轻物质向地表运移，从而使地球形成过程中生成的有机物随着地球形成向地球表层或表层附近富集。

（4）原始地表环境的还原性是球内合成生命有机物及其转化、分解的结果，而不是先有还原环境而后才生成有机物，不过还原性大气和海洋环境对最初生命体的形成和保护具有重要意义。

（5）地表原始海洋从开始形成就是一个富含生命物质和烃类等有机化合物的复杂环境，而不是海洋形成后，经数亿年通过无机物到有机物的合成才形成这样的复杂环境，只有从蛋白质（核酸）多分子体系到生命活体的演化阶段才是在地表原始海洋中完成的。

（6）从简单小分子到复杂生命有机物，再到多分子体系团，直至生命活体出现的有机演化过程，也就是地球物质从松散的宇宙尘埃云凝聚形成微行星，再聚集收缩形成团球状物质体系，直至形成原始地球的地球形成过程。生命与地球同源同演。

第四节　创建同源说

20 世纪 80 年代是同源说的创建时期，我从开始对"地球生命起源"问题的思考、探索，研究前人学说与研究成果，到收集相关资料撰写论文，直至论文发表，同源说从朦朦胧胧的设想到成为有理有据的学说走过了一段极为艰难的时期。

一、第一篇同源说论文

从 1984 年夏到 1986 年春，我在中国地质大学学习期间，先后写过几篇论文，投过几次稿。但直至 1987 年，仍然没有这方面的文章发表，我开始对同源说及相关论文进行重新审查和修改。利用到北京和济南等地出差的机会，拜访了一些杂志社，请教他们杂志录用稿件的标准和要求。对于我的稿件，多数杂志的编辑认为：文章说得很有道理，观点新颖，但以前没有这种说法，现在也没有哪位权威专家给予肯定，他们吃不准，不好贸然发表这样的文章，等等。不过，还是有些编辑表示支持，说以后会考虑发表我的观点，有的甚至说如果能有权威专家推荐一下就好了。那个年代杂志种类少，审稿很严格。

虽然编辑们没有明说，但我开始怀疑是不是我的水平还不够，写出的文章没有说服力。于是我努力提高论文写作水平，同时拜访一些专家，其中有几位专家给予的鼓励和支持令我至今难忘。其中一位是著名古生物学家、中国地质大学（北京）教授杨遵仪院士。老人家很平易近人，我在他办公室见过他两次，跟他谈了我的想法和已经开始的工作以及写过的一些文章，他便给中国地质报等报刊写推荐信，让他们考虑发表我的文章。后来，我又去他家看望过老人家几次，他曾让我考虑到北京工作和学习，这样可以更好地将自己的想法进行系统总结，更重要的是能有个好的平台，能接触更多的信息和研究人员，无论是对个人知识提升还是学术研究来说都无疑有极大的帮助。他认为我在武汉已经学了硕士研究生的一些课程，而且也写了不少论文，可以直接跟他攻读博士，并给了我一些材料。可惜，当时单位以工作需要离不开为由，无论如何也不肯放我出来继续深造，我就这样丧失了这个极好的机会，以致抱憾终生。

后来，我还专程拜访过北京师范大学彭亦欣教授，他是当时国内少数几位研究生命起源很有成绩的教授之一。他翻译出版了米勒的著作《生命的起源》，自己也出版过一本名为《生命的起源》的书。那时,他已退休在家,我跟他谈了我的想法与主要观点,他没有对我大谈化学起源说,而是与我讨论了同源说,并表示支持我的想法,鼓励我一定要坚持下去。我还拜访过其他多位学者、教授,包括到中国科学院与一位副院长面谈过,还给欧阳自远院士写过信,等等。从这些前辈处得到过很多鼓励、支持、温暖和营养。

1988年,终于迎来了曙光,前两年投出去的稿件基本都有了收获,并得到了一些前辈的帮助和支持。首先要提的是一位我一直心存感激却从未表达过感激之情的长者——时任山东省地质矿产局总工程师的艾宪森教授,他正是从审阅我1987年投给《山东地质》(现《山东国土资源》)的一篇稿件开始知道我的。那篇论文的题目为《地球生命起源的新探索》,他不仅极力推荐发表我的生命起源学说,还以他的影响力在山东地质界宣传我的学说。他以一个长辈对年轻学生的欣赏和提携,不摆架子、不辞辛劳,而此前我们素不相识。这不是我投出去的第一篇有关生命起源的文章,但按发表时间来看,却是我发表的第一篇生命起源方面的论文,文中第一次正式提出"生命地球同源"的观点。在艾总的大力推荐下,我参加了山东省有关地质方面的一些学术活动,从中结识了一些同行中的长者和青年才俊,并多次获奖。正是在他的极力支持下,加上我一系列论文的发表,1993年我被破格晋升为副教授,同时获校"先进科技工作者"称号。1994年我获得山东省青年科技奖和学校所在市的青年科技奖。如果说,我的生命中有贵人相助的话,艾总就是我的知遇之人,还有我的导师杨家骒教授和杨遵仪院士。

第二位要说的是中国科学院古脊椎动物与古人类研究所(北古所)的尤玉柱教授,他那时刚从国外回来在北古所任职,兼《化石》杂志主编,他也是通过我投去的稿件知道我,然后认识我的。那时我在山东工作,从济南到北京也就一夜火车的距离。有时,我一个月就要去北京两三次,时常就住在北古所那个由地下室改装的招待所中,价格便宜,离他还近,方便请教。他长我约20岁,可谓忘年交,但亦友亦师,更多的是师长,他给我提供了很多资料,让我大开眼界。当时《化石》是季刊,一年只有四期,有时我投的稿件较多,一期一篇发不了,有时会一期两到三篇,一篇用本名,另外的就由编辑们任取笔名,如博才、国骏、遊人、博愚等。为了尤先生的知遇之恩,我写文章特别认真卖力,不然既对不起他,也让编辑们为难。

20世纪80年代末,经过几年的探索和写作练习,我对生命起源同源说的认识已经深入到各个方面,如主要观点、相关论据及其分析、生命起源途径和阶段性过程、同源说与其他学说的比较认识等。1988年是个开局好年,除了《山东地质》上发表的《地球生命起源的新探索》外,在《化石》杂志发表了《生命与地球同源》,在《地球》杂志上发表了《地球上的生命来自何方》。此外,还在《山东地质报》上对同源说做了长文介绍。同时,在学校的首届科学论文报告会上,我以"论地球生命起源"为题在会上做了交流,且被评为一等奖。至此,我做地球生命起源的研究,已经不再被看做是不务正业、异想天开了。我在完成本职工作之外,所做的探索研究已逐渐被学校和周边的大多数人认可,并得到一定的支持。

二、最难写的一篇论文

1989年,我继续着1988年的好运,又有几篇同源说的文章发表。令人欣喜的是此前在山东召开的"郯庐断裂构造地质学术研讨会"上,我与在合肥工业大学上学时的老师徐嘉炜教授不期而遇。师生在异地相见当然高兴,我同他谈起了我正在做的生命起源方面的工作和论文写作与发表情况。他听后很是欣喜,便向我推荐了他的一位熟人,在北京中国地质科学院任职的专家。说他们正在组织筹备全国性天地生综合研究学术研讨会,让我带着论文到会上交流应该会有收获。对当时的我来说,这当然是天大的喜讯。便高兴地答应一定要把论文写好,不给老师丢脸。在我上大学时,徐老师就已经是知名教授,在研究郯庐断裂构造方面很有影响。在校时,我与徐老师交往比较少,只是在上大地构造学课和巢湖野外地质实习中他去指导时有过几次交谈,平时直接对面请教问题的次数很有限。与徐老师这是毕业六年后的第一次相见。我们谈了很多,当然最多的还是同源说。他是知名教授,讲话当然不像我那般随便,对同源说他说得很客气,至今我也不太清楚他当时是赞同还是不赞同,但他给我推荐专家是真诚的。我很快便去北京拜访那位专家,他在家中接待了我。徐老师已经写信给他说了我的情况,而且还对我过去在校的学习情况和现在的工作与研究情况很一番表扬,当然主要还是为了推荐我去参加他们正在筹备的会议。不过,那位专家却对我说,他马上要出国进修,接徐老师信后已把我推荐给筹备会议的另一位专家。我只好对他表示感谢并请多加关照,其实很有些听天由命的感觉。当然,他也介绍了这次会议的一些情况,如会议规模和层次等,主要目的就是让一些新思想、新观点展现出来,并说钱学森先生也要到会。

他的一番话,更激起了我对参加"天地生综合研究学术研讨会"的期待,当然更主要地还是想就"生命地球同源论"进行大会交流。因为怕被淘汰,所以我的会议论文写得特别认真,可以说是精心准备。从同源说立论、主要观点、理论和事实(引证材料)依据及其辨析,一直到同源说的主要特点及其与其他学说的比较认识,同源说对传统起源学说的冲击及其对相关领域的可能影响等,几乎面面俱到,当时所能想到的都被写了下来,生怕漏掉什么。大约是1988年底,我将论文邮寄到大会筹备组。

大约两三个月后,我收到会议筹备组来信,说是论文太长,要压缩一半,只讲要点就行,不需面面俱到。于是我赶紧修改,论文压缩到大约7000字,以主要观点和实证材料分析为主。再次寄去后又过了两个月,没有动静。我有些着急了,就利用北京出差的机会去询问。正巧,北古所有位徐研究员也是这次大会筹备组核心成员之一,因我常去尤玉柱老师的办公室,在那里我们有过数面之缘。

他对我说,会务组觉得我的论文还需要修改,因参加会议的论文太多,编入文集的篇幅不能太长,需要进一步压缩。后又经过几次反复修改,文章总算没有被淘汰,但也被压缩成不足千字,仅保留了主要观点。在研讨会上,论文只做了小组交流,但我依然倍感欣慰。想想,达尔文1831年参加环球科学考察,发现生物进化的奥秘,直至28年后的1859年才在英国皇家学会上发表他的进化论观点,随后出版了进化论的代表著作《物种起源》。魏格纳提出"大陆漂移说",直到他死后30年,人们才开始承认并重视他的观点。而我自20世纪80年代开始钻研"生命起源"这一课题,到提出"生命地球同源论",用了不到10年时间。不仅公开发表了"同源说"观点,还参加了跨学科、跨领域涉及天地生的全国性大型学术会议交流,论文虽然短,但也编入了公开出版的会议文集,是个不小的成绩。

这篇短文得来如此不易,现全文摘录如下:

生命、地球同源论

地球上的生命起源问题是当代科学的重大课题之一。根据天地生的相互联系对现有学说和有关事实(包括实验结果)做了综合研究,认为地球生命并非像目前所认为的那样起源于原始地表的化学进化或来自宇宙生命胚种,而是起源于地球形成过程中(从天文期到地质期),与地球同源,从而提出生命地球同源假说。笔者认为,地球生命的起源大体经历了与地球形成相适应的三个重要阶段:

(一)地球形成前形成地球的原始尘云物质中大量简单有机分子的产生和保存

说地球原始尘云中含有大量简单有机物是可以从现代射电天文学和宇宙化学对宇宙星云的研究发现中找到根据的。原始地球尘云中有机分子的存在是进一步合成生命有机物的物质基础。

(二)地球形成(从弥漫态到凝聚态)过程中其内各种生命有机物的合成与运移

随着地球形成,原始地球物质经聚集、收缩、凝结,密度加大,内能增高,内部质点碰撞加剧,以致原有的简单有机分子和某些无机物会在适宜的能量作用下,相互结合形成复杂的生命有机物。生成的各种有机物又随着地球形成中的物质分异,与气液体等轻物质一道上行运移,直至源源逸出地表,进入原始海洋成为其中的重要组分。

(三)原始地表海洋中多种生命有机分子到生命活体的演化

原始地表海洋从一开始就是一个富含多种有机物的复杂环境。正是在这种复杂的高能环境中,各种生命有机分子相互聚合形成了多分子体系团。多分子体系团再进一步演化形成具有初步代谢和增殖功能的生命活体。生命便在地球上诞生了。

同源说的立论依据主要来自古生物学、宇宙化学、陨石学、生物化学、有机地球化学,尤其是本世纪以来有关生命起源的实验研究和观测等方面的最新成果和科学事实。

同源说与现有起源学说的主要区别在于:

1)提出地球生命起源于地球形成中(同源),其源头在地球形成前的弥漫态原始尘云中,而不是开始于地球形成后的原始地表或来自地外胚种。

2)认为生命有机物形成的关键是物质基础和能量条件,而非"模拟中"的途径或过程。物质和能量条件在原始地球及其形成中均已具备,故合成生命有机物已成必然(发生在球内),无需仰赖外因(非地表或地外成因)。

3)从合成生命有机物前到生命的诞生,其演化发展既有阶段性又有连续性,空间(地球)和环境条件均随时间变化(自球内向地表转移),并非自始至终在某一特定环境中(如原始地表)连续演化而成。

(资料来源:中国科学技术协会学会工作部.天地生综合研究进展:第三届全国天地生相互关系学术讨论会论文集[M].北京:中国科学技术出版社,1989(483).)

虽然短短不足千字,但基本说出了同源说当时的主要观点。当然,后来随着认识加深和知识面拓展,同源说也在不断发展和进步。

三、迎接阳光

那几年我对同源说的钻研几近疯狂,对论文写作也近乎痴迷,执着地已停不下脚步。我把所能想到的几乎所有细节都写成文章,投向不同的期刊。

1989年,我将第一次要求压缩内容时删除的那部分内容仍以"生命地球同源论"为题投到《科技信息》杂志,不想很快就发表了,而且主编还加了编者按语,摘录如下:

编者按:周俊同志1982年毕业于合肥工业大学地质专业,自1984年起致力于生命起源和天地生相关性等问题的研究工作。在前人的基础上,他从现有的科学事实出发,对地球上生命的起源,这一众说纷纭的千古之谜进行了新的探索。生命与地球同源是他多年研究得出的结果。这一结论的正确性还有待于进一步的验证和认可,也许这个过程是旷日持久的。但是他得出了不同于前人的结论而独树一帜,因而我们有理由认为,在众多的假说之中,必将有它重要的一席之地。

此外,我还在《化石》上发表了《地球上的生命是如何起源的》一文;《山东地质报》也发表了《同源说的证认》。最令我欣喜的是杨遵仪院士将我的文章推荐到中国地质报社,并写了推荐信。因整篇论文较长,后经编辑部商议,决定以"关于地球生命起源的新认识"为题先发表一个摘要,并加上杨老推荐信的部分内容,以做宣传,其他内容整理后在专业杂志发表。这篇摘要在1989年初见报,比在《天地生综合研究进展》上收录的论文要早些,而且篇幅也要长些。全文摘录如下:

关于地球生命起源的新认识

编者话:我国著名古生物学家、学部委员杨遵仪教授在向本报推荐这篇文章的来信中说:"作者试图通过已知的天文、生化知识,探索地球生命的起源,见解独特(提出新假说:生命与地球同源),论述深入、全面,言之有据,发人深思,读之津津有味,实是极有价值的一篇论文。建议贵刊考虑予以发表,引起争鸣。"

生命起源问题是当代科学面临的重大课题之一。近些年来,笔者根据有关科学发现、成果以及星云和天体演化、地球形成与生命起源之间的相互联系,就这一课题进行了新的探索,对有关科学事实(依据)做了重新解释。

1. 根据距今35亿年和38亿年的生物化石的发现和生物演化速率来推算,地球上生命的最初出现至少在42亿到44亿年前,这表明地球几乎在一形成,其地表就有了生命。这用目前备受推崇的化学演化(或合成)说是无论如何也解释不了的。它只能说明生命伴随着地球的形成而诞生。

2. 60年代以来,在宇宙星云和彗星中发现有大量的简单有机分子存在,据此可以类推地球形成前的原始尘云物质中也含有大量的简单有机化合物,并成为以后合成复杂的生命有机物的物质基础。

3. 多少年来,由米勒、福克斯等人用模拟实验合成生命有机物质(如氨基酸、核苷酸、多肽等)的事实并不能像通常所认为的那样,说明生命起源于实验中所模拟的那种条件和途径,如原始海洋、火山喷发或泥土中的化学合成。而只是揭示了这样一个基本事实:在一定的物质和能量条件下,无机物可以转化为有机物,简单有机物可以合成为复杂的生命有机物,而地球形成前的尘云有机分子和形成中的凝聚、收缩,正好提供了这样的物质和能量条件。

4. 来自宇宙的某些陨石(碳质球粒陨石)中已发现含有氨基酸等生命有机物质,这表明某些陨星在形成过程中其内部有过生命有机物的合成过程,这些合成的有机物质随着陨星的凝结形成而保存下来。地球在形成过程中正是这样在其内部合成生命有机物的,并随着地球形成中的物质分异作用而向地表运移,直到逸出她表。

5. 近些年来的石油地质勘探资料表明,世界上许多大型油气藏用传统的"生物成油"已不能完美地解释,油气储量和分布都表明与地下深处有着密切联系。如超越了生物成油的时间和空间,多沿深大断裂带分布等等。这也说明在地球形成的早期,地下深处有过大规模的有机物的合成事件发生。

根据以上事实推理,笔者认为,地球上生命的诞生与地球的形成具有同源性。也就是说,地球上生命的出现并不像现有起源学说所认为的那样起源于地表的化学进化或合成;也不像有些学者所提出的在地球形成后,来自宇宙空间,而是起源于地球形成过程中。即在地球形成过程中,原始地球尘云物质中所含的简单有机物和某些无机物,因地球物质的凝聚、收缩导致内部能量和物化条件的改变而合成复杂的生命有机物(地球内部合成,而非地表)。球内合成的生命有机物随着地球形成中的物质分异而运移到地表。最后在原始地表条件下,多种生命有机分子(包括高分子)通过相互联系形成多分子体系团,多分子体系团进一步演化到具有基本代谢功能的生命活体,地球上最初的生命宣告诞生。

(资料来源:中国地质报,1989-1-20)

应该说,这篇摘要将我当时关于地球生命起源的观点与主要理论依据及其简要辨析都点到了。加上前面所说的几篇文章,我的那篇一删再删的会议论文中关于地球生命起源的观点和认识,到年底也都发表了,只是多了一些周折。通过此前的多年努力,到20世纪80年代末,结果虽然不是特别理想,但还是可喜的。有那么多学者和前辈的关照,如杨遵仪院士、杨家骦教授、艾宪森教授、徐嘉炜教授、彭亦欣教授、尤玉柱教授,还有山东大学的印永嘉教授和施光辉教授等,生命地球同源说开始慢慢地走到世人面前。正是他们的支持、鼓励和鞭策,使我在这艰难的探索道路上不觉孤寂,且有信心继续走下去,直至今日。

第五节　同源说的发展

20世纪90年代是同源说不断完善和发展的时代。从1990年开始,随着研究程度的加深和研究领域的拓展,我选择发文的杂志不仅有面的拓宽,也更加注重期刊的影响力。开始向一些更加具有影响力的期刊投稿。先后在《自然杂志》《地质科学进展》《自然灾害学报》《潜科学》《地层学杂志》《中国地质》《化石》《地球》《世界科学》《中国科学报》《科技日报》《中国地质报》《中国教育报》《大众日报》《山东地质矿产报》等杂志报纸上发文介绍同源学说。

文章内容也不再像过去那样仅阐明同源观点及其论据,而是在提升总论水平的全面性与科学性的同时,更多地深入到各个侧面和分支中,如将生命与地球同源提升到生命与原始有机圈形成及早期演化与地球同源。分支研究有:原始有机圈形成及早期演化与非生物成因油气藏的形成关系;岩石圈有机演化与地震等地质灾害的成因关系;原始地球水圈、大气的成因与有机演化的关系;有机圈的早期演化与生物进化等。

一、从同源说到大同源说

20世纪80年代末(1988,1989)发表的《同源说》,是基于地球生命起源及有关课题的多学科(以天地生为主)综合研究得出的"生命地球同源说",主要观点是提出地球上的生命并不是发生于地球形成数亿年后原始地表某种简单因素的作用(如原始海洋中的化学进化起源),也不是来自宇宙生命胚种的巧然输入,而是起源于地球形成(从弥漫态原始星云到凝聚态太阳系行星)的过程中,是地球形成中的天(如形成地球的原始太阳系尘云物质)、地(形成中的地球内部到地表)、生(当时仅为能区别于无机物的简单或复杂的有机混合物)各种因素综合作用的结果,即地球上生命起源与地球形成同源。

20世纪90年代初,我开始深入探讨有关非生命有机物的起源与演化问题,特别是非生命有机物与生命有机物的相互关系和转化问题。即将地球生命起源深入到地球原始有机物(圈)的起源与演化方面并与其结合起来进行多学科综合研究。地球生命起源不可能只是孤立的单一过程,而是与非生命有机物的起源与演化有着密切的联系,即与包括生命有机物和非生命有机物的地球原始有机物圈的起源与演化都密切联系在一起,这实际上也是一个与地球形成"同源"的问题,即原始地球有机演化与无机演化同源。故称"大同源说"。

将"地球生命起源"这一传统科学命题上升到包括生命起源在内的"地球原始有机圈的起源与演化"这样一个更广义的科学问题上,进而提出了地球原始有机圈及生命起源与地球形成同源的"大同源说"[1]。大同源说要点有三个:

(1)将地球上生命的起源与原始有机圈的起源联系起来进行研讨,即以"地球原始有机物(圈)与生命的起源"这一命题来代替传统提法"地球生命的起源"。

(2)提出地球生命起源并不是单一的孤立事件,而是与地球形成及早期演化中的一系列事件有关,即地球形成过程中,有机物与无机物是同源同演和相关发展的,并与地表各圈层的形成及环境演变都有着密切关系。

(3)将以上两点结合提出广义大同源说,认为以地球生命为标志的地球原始有机物圈起源于地球形成过程中,即原始地球由弥漫态宇宙尘埃到凝聚态星球体的形成及演化历史,也就是地球有机物从简单到复杂的演化史,亦即有机物与无机物共同起源、相关演变和进化史[2],从而发展了早期提出的"地球生命起源与地球形成同源"的观点。

地球原始有机圈和生命起源与地球形成同源,其发展阶段与地球形成及早期进化同演。

---

① 周俊. 地球原始有机圈与生命起源同源说[J]. 世界科学,1993(2).
② 周俊. 从"同源说"到"广义同源说"[J]. 化石,1994(1).

不过在今天看来,当时所说的"地球原始有机圈和生命起源与地球形成同源说"还有些不太全面,其中提出的相关问题及其与同源说的相关性论述和有些提法也还存有需要改进和充实的地方,所谓"地球原始有机圈和生命起源与地球形成同源同演"当时并未做深入明晰的阐述等,这些都需要更进一步的深入研究。

二、同源演化及其效应问题

在将地球生命起源拓展到原始有机物圈起源的同时,也开展了对相关问题的深入探讨,即将过去的仅局限于生命及有机物起源拓展到一些相关问题的认识与探讨,如生命起源的环境问题,起源后的有机物质演化问题等[1~3]。最主要的是提出同源演化及其效应问题,按照同源说的描述,地球一形成,地表即富集了大量有机物质。随着生命起源,大量有机物质的演化将会对地表环境产生重大影响。自20世纪90年代以来,笔者一直在思考这些问题,并致力于探求对有关问题的解答。大同源说(1993,1994,1997)要比早期提出的同源说具有更广泛的内容和含意,其观点涉及有机世界的起源与演化及其相关的一系列问题,形成"地球原始有机圈和生命起源与地球形成同源"的基本思想,并在此基础上建立其理论体系。把生命起源这一科学命题上升为包括"生命起源"在内的"地球原始有机物(圈)的起源与演化"(简称"有机演化")问题来进行多学科综合研究和讨论,特别是其中的非生命有机物的起源与演化及其与生命有机物的相互关系与转化问题更是提出了一系列研究新领域。

1. 非生物成因油气藏的成因

非生物成因油气藏问题是多少年来一直争论不休的一个问题。其中成油气物质来源始终是一大难题,中国石油天然气集团公司西北地质研究所张景廉先生曾著书进行了探讨,书中大量引用笔者文章以说明其成油气物质来源[4]。笔者在20世纪90年代曾专门发文进行阐述,经分析认为:

(1)原始有机物圈形成时的有机物中含有大量非生命有机物,如同源成因的烃类物质。

(2)生命有机物(如氨基酸、蛋白质等)在演化中有部分会分解或脱氨生成烃类物质,即油气物质。氨变成气体释放到大气层中成为大气的一部分,如现在大气中的含氮量很高与此多不无关系[5~10]。

① 周俊. 地球生命起源的新认识[J]. 潜科学,1990(1).
② 周俊. 生命起源:应该如何认识与研究[J]. 世界科学,1997(8).
③ 周俊. 关于生命起源研究的新问题[J]. 化石,1997(3).
④ 张景廉. 论石油的无机成因[M]. 北京:石油工业出版社,2001.
⑤ 周俊. 生物成油论的危机[N]. 山东地质矿产报,1990-3-11.
⑥ 周俊. 石油成因与"同源说"[N]. 科技日报,1990-5-22.
⑦ 周俊. 无机成油与同源学说[J]. 山东建材学院学报,1991(3).
⑧ 周俊. 石油:来自何方?[J]. 化石,1995(3).
⑨ 周俊. "化石燃料"是化石形成的吗?[J]. 化石,1997(1).
⑩ 周俊. 同源说与石油成因[J]. 化石,1997(4).

2. 地震成因有机论

同源说延伸到有机演化效应之一就是地震等地质灾害的成因问题。众所周知,地震成因问题是至今仍未解决的世界性难题。从地球内部应力作用方面的研究是其重点,但另辟蹊径,也许会柳暗花明。

根据对同源说的深入研究,至少有一部分地震的成因与地球内部的有机演化有关[1][2],并进一步上升到地质灾害层面建议开展灾害学方面的研究[3]~[7]。

3. 地球表层是一个整体

由于有机演化使地球表层(各圈层)成为共同演化的有机整体,其演化中物质的运移、分异、富集等都带有整体性特征。岩石圈运移是整体性的,如板块运动。岩石圈内部有机演化(部分有机物会分解生成气液体),地球内部气液体量的增加会加速岩石圈运动及内部的变化。同时,随着岩石圈内气液体的流动,岩石中的矿物质也会被析出、随气液物质的运移而迁移,并在适宜地构造中重新富集,形成可供工业开采的有用矿产。有机演化使地球表层各圈层的联系变得更加紧密,加深了有机圈与无机圈以及岩石圈、水圈、大气圈、有机圈等各圈层之间的物质和能量交流,从而也更增强了整体性。

在地球表层,有机演化也会对地表生态系统产生一定的影响[8][9]。进而对地球表层与地球表层学的有关问题做了一些深入讨论与界定[10]~[13]。地球表层曾经是天地生研讨会上发表论文较多、讨论比较热门的话题和领域之一,如今笔者将其纳入有机演化范畴完全改变了与会专家们原先的预想和讨论方向,而把地壳运动和板块运动与成矿作用也算作地球表层作用完全超出了最初人们引用(不是提出)"地球表层"概念时的思想高度,当初人们引用"地球表层"概念只是想将其作为讨论地表环境变化的平台(只涉及地表上下几千米的空间范围)。

三、关于地外生命问题

关于外星生命问题一直是个热门话题,在国内似乎只有老百姓才热衷于此。其实,在欧美很多大学教授、研究机构的专家对此热情有加,并且做了许多具体的工作,人类今天许多关于外太空和外星的信息多来自他们的不懈努力与辛勤工作。同源说特别是大同源说的最

---

① 周俊. 地震测报与成因探讨[J]. 山东建材学院学报,1992(3).
② 周俊. 地震是一种自然现象[J]. 化石,1996(1).
③ 周俊. 地质灾害与地质灾害学[J]. 山东建材学院学报,1991(1).
④ 周俊. 建议建立地质灾害学(摘要)[J]. 中国地质,1991(5).
⑤ 周俊. 地质灾害:分类、特点、防治与研究[J]. 自然杂志,1992(4).
⑥ 周俊. 灾害地质学与地质灾害学[J]. 地球科学进展,1992(2).
⑦ 周俊. 农业地质灾害及其防治对策[J]. 自然灾害学报,2000(2).
⑧ 周俊. 地球表层物质运动的生态效应[J]. 自然杂志,2000(4).
⑨ 周俊. 岩石圈[J]. 化石,1995(2).
⑩ 周俊. 地球表层与地球表层学[J]. 山东地质情报,1991(3).
⑪ 周俊. 关于地球表层的讨论[J]. 地球科学进展,1993(2).
⑫ 周俊. 关于地球表层与地球表层学[J]. 自然杂志,1999(4).
⑬ 周俊. "地球表层"再讨论[J]. 自然灾害学报,2004(6).

终结果必然会牵出宇宙生命问题。例如,生命起源与地球形成同源,那么其他行星的形成呢? 特别是类地行星的形成过程是否也有有机物质的合成与进化呢? 回答是肯定的。那么宇宙应该到处都充满着生命才对,可为什么宇宙生命是如此难寻,人类至今也没有找到第二个像地球一样,充满着生命的行星呢?

合成生命有机物只是第一步,有机物复杂化并富集于地表是第二步,进化出生命是关键的第三步。这就要求有很长一段时间持续稳定的地表(行星表面)环境。在宇宙中,形成行星或陨星过程中合成氨基酸等生命小分子的行星肯定有,甚至不在少数,碳质球粒陨石可能就是这一类陨星撞击解体后残留在宇宙中的碎片①,但要有地球这样符合生命形成全部条件的行星并不多,可能极为罕见。由简单有机物和无机物到复杂有机物(包括生命有机物),由有机物再到生命活体,再进化出高等生命体,完成这样一个从简单到复杂的起源与进化过程所需要的条件绝不是一个简单的温暖的富水和还原性环境所能解决的,而是一系列的协同进化。关于生命之花为什么能在地球上绽放,而且长盛不衰,这是有其必然性的,这不只是适宜生命起源或者是适宜生命生存的单纯适宜性问题,而是一系列的适宜性和协同进化的结果②。

地外宇宙或某些行星上是否存在生命呢? 这完全有可能,只是同样也要有一系列的适宜性进化才行,其条件适宜到什么程度就可能会有什么程度的生命体和生命有机物质存在。总体来说,宇宙中含有生命有机物的星球应该不在少数,含有低等生命(如原核生物或单细胞原生生物)的星球也许会有一些,但含有高等生命甚至人类这样的智慧生命的星球虽不能说独一无二,但绝不会多。如碳质球粒陨石中只存在氨基酸等生命小分子,说明其形成陨星时只具备生成氨基酸这样生命小分子的条件和适宜性③~⑤。

四、同源说对生命进化的启示

从同源说到大同源说,讲的是从地球生命起源到原始有机物(圈)起源与地球形成同源的问题。那么,生命起源以后呢? 这就是生命进化问题,同源说对生命进化又有什么作用和影响呢? 这个问题我思考的时间最长,也最深,最近十几年来每静下来思考生命起源,这个问题都会在脑海中萦绕。这就是同源说对生命进化的作用,后来我称其为"融合作用",即生命起源与早期进化中的融合作用,与同源说联系起来就是"同源-融合学说"。

应该说,同源说演绎发展下去,必然会遇到这个问题。因为,既然地球一开始就有大量有机物质产生,地球一形成地表就充满着各种有机物质,那么凭什么说只在一个地方产生出少数生命个体,然后再由这个少数个体生命来开枝散叶呢? 为什么不是全世界各地有机大分子都来聚合形成多分子体系团(如团聚体或微球体),进而又都演化出众多小的具有代谢

---

① 周俊.陨石有机物的启示[J].自然杂志,1991(3).
② 周俊.生命生于地球,长于地球[J].化石,1993(3).
③ 周俊.地球上的生命是来自宇宙吗? [J].化石,1993(1).
④ 周俊.地外文明:现代神话与科学探索[J].化石,1993(2).
⑤ 周俊.外空生物学:关于地外生命的科学探索[J].化石,1996(4).

功能的微小活体,来次"生命大爆发"。然后,这些微小活体互相融合,形成大的活体,再融合(或吞并、蚕食)形成更大的活体,直至达到相对平衡发展,可能会继发多次或无数次的融合或吞并作用,最终形成统一的相对平衡发展的生态体系。而且这一过程在地球形成早期的很长时间内都应该一直在进行着。所以,地球生命的起源与早期进化是一个由多到少,由低级或低等到高级或高等,由分散到集中,由微小、单功能到相对强大、多功能综合的方向发展。而不是由少到多,由统一源头向世界各地发展。这种想法形成十多年来,我一直没有写成论文发表。一是觉得不太成熟,二是觉得这对我崇敬的达尔文进化论是个挑战。因为这样一来,地球上的生命就不是像达尔文进化论所说的由少到多的发展;也不是传统意义上的所有生命都有着同一个祖先;也不再是自然选择,适者生存。而是由不同的个体不断地融合,形成新的个体或改变已有的个体。由于不断加入的新生命在改变着生命体系,改变着原始生命进化系统的形态,全体生命或某些种系的基因库会不断丰富和改变。

达尔文的进化理论及其思想方法是当今人类关于生命等方面进行理性思维的基石,我只是不愿因为我的理论而动摇这一本来就不断受到挑战的基石。同源-融合学说与进化理论并不是势不两立的,达尔文所确立的生物进化大方向是正确的、科学的,两者只是在进化方式与进化途径上有所不同。但某些人并不这样认为,只要有人提出与达尔文进化理论稍有不同的学说,他们马上就会出来说,达尔文进化论已经不再是事实,已经被否定,等等。在我的一些论文发表后,便有人寄来否定达尔文进化论的文稿。就是现在,认为生命来自神创或智慧创造说的人仍比比皆是,甚至不乏一些著名学者,这也是我不发表这方面论文的一个重要原因。

五、同源说的相关演绎

近年来,由同源说演绎到其他的一些相关方面,也有一些思考,如对生命起源研究史的总结[1],对人工智能及技术生命的分析[2][3],以及意识技术、人类起源等。

2000 年以后,我已很少发表生命起源方面的文章了,只在十多年前,发表了两篇关于同源说的、有些总结味道的文章[4][5]。这两篇文章基本概括了后期的同源观点。虽然忙于其他一些项目的研究,发表的论文多不属于生命起源领域,但我对于生命起源的思考一直都没有停止,在有机演化和生命早期进化方面,特别是在同源演化方面有些新的想法,由同源说向同源-融合学说方向发展,以及有机演化效应方面的总结。

① 周俊. 生命起源的学说之争与研究发展史[J]. 世界科学,1997(10).
② 周俊. "电脑生命"是"生命"吗? [J]. 化石,1998(1).
③ 周俊. "电脑生命"究竟是什么? [J]. 科学新闻周刊,2000(7).
④ 周俊. 关于地球生命起源"同源说"[J]. 自然杂志,2004(5).
⑤ 周俊. 生命起源的地球同源说[J]. 生物学教学,2006(1).

第七章　同源说立论依据与相关分析

　　地球上生命起源的真正过程已无法再现，只能根据已知的事实来进行推测和猜想，于是在分析和归纳资料时就不可避免地会受到各种学说或观点的影响，其实每一种学说或观点对生命起源的过程都有不同的说法。有多少种学说和理论，或者仅仅是观点不同，就能给地球生命起源描绘出多少种不同的图景。那么，如何科学地推导出接近于客观事实的起源过程呢？当然只有通过事实论证，但不能只是个别事例的直证或单一实验的实证，而是需要全部已知科学事实的综合论证。

第一节　同源说的主要观点

　　同源说提出：地球上的生命起源并非像现有大多数学说或观点所认为的那样，起源于地球形成后的原始地表环境中，从无机到有机、从简单有机物到复杂有机物的化学渐进演化（化学进化论）；亦非如宇宙生命论所主张的那样，地球生命是来自地外宇宙生命胚种（如霍伊尔认为彗星上存在微生物孢子，1978，1980）的输入，地球只是提供其发展条件而已；而是起源于地球形成过程中，与地球形成（从弥漫态尘埃云到凝聚态具有圈层结构的行星）及早期演化同源。如表 7.1 所示。

　　比较活跃的生命起源学说基本可归为两大类：一类是原始地表化学进化起源说，即化学进化论，包括传统的奥巴林学说和现代的泥土说、火山说、硫化物假说、海底热泉说等。尽管这些学说对生命起源的方式和途径说法各有不同，但都主张生命起源于原始地表条件下从无机物到有机物的化学渐进演化。另一类是宇宙生命论，以英国著名天文学家霍伊尔为主要代表，认为生命是在地球形成后，由来自地外宇宙的微生物胚种发展而来，彗星、小行星等可能是传播生命的"天使"。

表 7.1　同源说与其他主要起源学说的观点比较

学　说	观　点	起源环境	起源时间	依　据	代表人物
生命地球同源说	地球生命起源与地球形成同源	与地球同源同演	与地球同时	以下证据除自生论与生源论外均是,分析见:第六章推论	周俊
自生论	生物直接来自非生命物质转化	地球先形成,并在地表准备好或生命接受形成条件,然后才有生命的起源与早期演化	生命起源晚于地球形成,一般多认为在地球形成后,并有了大气圈和水圈以后才开始生命的起源过程	亚里士多德等自然观察:如雨后干涸的池塘里出现小鱼苗	亚里士多德
生源论	生物来自同类生物			巴斯德等实验	巴斯德
天外胚种论/泛胚种论	地球生物来自天外广泛存在的胚种			猜想:生命胚种在宇宙中广泛存在,靠太阳光压送到地球	李比希、阿列纽斯等
彗星说/新宇宙生命论	彗星携带胚种孢子扫过地球播种生命			霍伊尔对彗星的观测,星际分子、陨石有机物、彗星物等	霍伊尔等
地表化学进化起源说	地表通过化学进化实现从无到有			奥巴林、米勒、福克斯等人的实验与推论	奥巴林、米勒、福克斯
海底热泉说	生命起源于海底热泉系统,后扩散之			海底热泉区及其特异生态系统的发现与推论	人数众多

　　同源说与这两大类学说有着本质区别,但又存在着一定的关系,同源说的主要观点是与这两大类学说比较而言的。通过比较分析,总结彼此的不同之处,提炼出主要观点,具体如下:

　　(1) 生命地球同源说强调地球上生命的起源与地球形成的同源性。生命的源头可以追溯到地球形成前的地球天文期,地球上生命的起源始于地球形成前的尘云聚集期,由宇宙微尘组成的原始地球尘云物质,就像人们今天在宇宙星云和彗星中所看到的那样(原始地球尘云物质更加稠密),含有大量的简单有机物和无机物(元素和化合物),这就是合成生命基本物质(如氨基酸、含氮碱等)的物质基础。生命的孕育直至诞生的过程也就是地球形成的过程,而不是待地球形成若干亿年后才于地表开始从无机到有机的化学进化或来自宇宙生命胚种,生命的实际开始时间要比现有其他学说提出的时间早得多。

　　(2) 生命起源的关键是生命有机物,它是生命发生的基础和构成生命体的原材料,特别是复杂生命有机物(如多肽、蛋白质、核酸等)的起源与演化。同源说提出:主要生命有机物(包括氨基酸等基本物质和蛋白质等复杂有机物)是在形成中的地球内部形成的,而非地表进化或来自宇宙。生命物质的形成、演化和分解是地球内部许多化学和物理化学变化的一部分,而且是最重要的部分,对地球的形成和演化,尤其是能量和球内物态的转化起着重要作用。合成的原料(物质条件)是地球天文时期原始太阳系尘云中的简单有机分子和某些无机物,前期形成的氨基酸等生命小分子又是后期形成蛋白质等复杂生命有机物的物质基础。促使合成的能量来自地球形成中的物质收缩能或因凝聚收缩而导致的化学物理变化以及各种辐射能、热能等。它们都是地球物质自身的运动能量或促使其运动的能量,或者说是行星演化能。而不是像化学起源说所认为的那样,在原始地表的海洋、泥土、火山喷发物或大气层中,物质在地外施加的能量或其他特殊形式能量的作用才有了从无机到有机的演化。如简单有机小分子合成氨基酸、氨基酸再脱水缩合成多肽等,并非由原始地表"化学汤"在紫外辐射、光照、放电、火山喷发、泥土释放能等外部能量作用下,从无机到有机的缓慢演化。

(3) 地球形成中的物质分异使地球一形成便有了圈层构造,造成固、液、气三态物质分离,形成不同的地表圈层,即地球形成之初便有了原始海洋和大气层。同时也使球内合成的各种生命有机物随轻物质(尤其是气体、液体)一道向地表运移,直至逸出固态地表,成为原始地表及海洋中的重要组分。所以,原始地表海洋一开始就是一个富含大量有机物的复杂环境,正是在这样复杂的环境中,才完成了生命起源的最后历程:从多种生命分子到生命活体的演化。而不是像地表化学起源说认为的那样,是在地表(干净海洋)条件下,经过长期(几亿年)的化学渐进演化才产生出原始有机物的;也不像宇宙胚种论所说的是在地球形成并有了适宜条件之后,各种有机物忽然自天而降。原始地表丰富的有机物来自地球内部,从复杂生命有机物到生命活体的演化才是在地表原始海洋中完成的。尽管海洋中随时随地都在进行着化学作用,但就生命起源中的有机演化而言,这已不属于化学进化,而是有机进化。生命起源中真正生成生命有机物的化学进化过程是在地球形成过程中于地球内部完成的。

(4) 原始地表环境的还原性对最初生命活体的产生与繁衍具有极为重要的庇护作用。但环境的还原性并不是产生生命有机物乃至生命的原因和条件,更不是因为环境具有还原性才导致生命有机物的合成,而是由于地球内部源源不断地逸出大量有机物,其中一部分在地表分解和氧化,消耗了原始地表因各种变化而产生的氧化剂(包括氧),才使环境生成并保持为还原性。即并非先有还原性,而后才有生命物质的合成;而是球内和地表先有有机质的分解和氧化,消耗了地球演变中可能产生的氧化剂,而后才出现还原条件。

(5) 原始地表丰富的有机物并非在地表由化学进化生成,也非由生物产生并逐渐积累起来,而是源源不断地来自地下。它一方面不断被分解使地表环境保持还原性,另一方面为最初出现的生命活体提供了足够的同化"食物",以便其大量增殖。也就是说,生自地球内部的大量有机物不仅为地球上生命的诞生,而且为最初生命的生存和发展创造了极为有利的条件。地球上最原始的生态系统是以丰富的原始有机物为基础的。

试想,原始海洋中如果没有极丰富的有机成分,蛋白质等生命分子连碰在一起的机会都没有,怎么可能产生生命活体? 即使有幸产生(比如地外宇宙生命胚种自天而降),那在缺乏丰富有机物(无法异养生活)的环境里,也不可能生存和发展下去。可以肯定,当生命在地球上诞生并获得最初发展(异养增殖)时,地表的有机物一定是足够丰富的,并足以维持相当长的时间,以致最初的生命活体能在异养生活中演化到较高的水平,以适应环境的改变由异养演化出自养生物(获得自养生活的基本功能)。因此,只有球内源源不断地供应有机物,生命才有可能在地表诞生并演化发展下去。当地表有机物的消耗(如生命活体的异养同化以及自然分解等)大于自球内逸出补充的有机物后,原始海洋中大部分多余的有机物才会逐渐被耗除,地表环境才开始由还原性向氧化性过渡。

(6) 同源说强调地球生命的起源过程既有连续性,又有明显的阶段性。在不同的发展阶段,其环境条件也是不同的,其变化(环境迁移)大体为:弥漫态宇宙尘云→收缩、聚集、凝结中的地球物质内部→开放动荡的原始地表。在整个生命起源过程中,受到宇宙因素、地球内部因素和地表因素的综合作用和影响。而不是像现有观点所认为的那样,始终在某一特定的环境(如原始地表或海洋)中,由单纯的地表因素或地外(如胚种)因素连续作用或影响下逐步渐进演化而成。即认为生命是原始尘云(基础)、球内(合成)、地表(组合)综合成因,而非单纯的地表成因或地外成因。

(7) 同源说是以天文学、宇宙化学、有机地球化学、生物化学、古生物学、地质学等学科的最新研究成果、探索发现和公认的基本事实为立论基础(包括宇宙有机物的发现、米勒等人关于生命物质化学合成的模拟实验等),而这些基本事实又多被不同甚至对立的起源学说引以为证。因此,从某种意义上说,同源说吸收、综合和统一了现有起源学说中的合理成分,并在结合现代科学的新发展和新发现的基础上发展而来,或者说是现代化学起源说与宇宙生命论的综合与统一,也是化学起源说在现代科学基础上的发展。当然,同源说也吸收了许多现代起源学说还没有采纳或未曾考虑到的事实和材料。

第二节　同源说论据来源

同源说根据简单有机物、生命有机物和生命活体起源的层次性,以及地球生命与地球形成同源同演性,将整个生命起源的过程划分为与地球形成相适应的三个重要阶段,即:

(1) "地球"天文期:星云到微行星有机物阶段。

(2) 天文地质过渡期:地球形成及其内部有机物复杂化和相对富集阶段。

(3) 地球地质期:原始地表生命活体诞生及最初演化阶段。

天文地质过渡期的有机物演化主要发生在形成中的地球内部,包括生命有机物合成,从简单到复杂的聚合或化合作用,随地球内部物质分异向地表运移,直至在原始地表富集形成富有机物海洋。所以,同源说早期也曾称为"星云-球内-地表三极起源说"。

现代生命起源学说提出的实证依据以及最重要的研究进展主要在三大方面:一是通过化学途径合成一系列生命基础有机物的实验研究,氨基酸、类蛋白质等生命有机物质的合成实验一直被认为是地表化学起源学说的有力证据。二是通过相关自然现象的考察与观测材料,如地表富硫化物热水湖或池塘中耐高温、耐酸碱的嗜极细菌的发现,深海底热泉喷口及其附近特异生态系统的发现等,这些都被认为是生命起源于不同于现代地表的特异环境的一些学说的主要依据。三是通过宇宙空间、类木行星大气、彗星尾部尘埃中的有机分子和陨石有机物的发现,被宇宙生命论的倡导者和信奉者们拿来作为有力的证据。

以上各类学说引用的证据材料以及在相关科学研究和探索中的科学新发现等都是同源说的证据材料,且同源说的证据材料来源更广,几乎囊括宇宙化学、有机地球化学、生物化学、古生物学等现代学科的科学成就和公认的事实材料。不同阶段对应不同的证据材料,从目前看,所有证据材料主要集中在第一、二两个阶段,第三个阶段推测的成分比较多。

在宇宙化学方面,大量星云有机分子的发现说明地球形成前原始地球尘云物质中也含有大量的有机分子和形成生命有机物所需的无机物(元素和化合物),陨石中氨基酸的发现则为行星(地球或陨星)形成过程中(早期)内部合成生命有机物提供了佐证。

在有机地球化学方面,大量用生物成因无法解释的地下油气藏的发现为地球形成过程中其内部曾有过大规模合成有机物质(包括生命有机物)提供了证据。

在生物化学方面,近几十年来进展很大,最著名的是米勒、福克斯等人工合成了有机物质,完成了由简单有机小分子合成为复杂生命有机物的实验。利用泥土合成氨基酸的实验也属于这一类。这些实验说明在一定的物质条件和能量条件下,无机物合成为有机物、简单有机物合成为复杂有机物乃至生命有机物是完全可能的。地球形成中的内能递增,即在原始星云的物质基础上施加了适宜的能量条件,这为地球内部合成生命有机物提供了理论上的依据。

在古生物学方面,距今38亿年的原始生命体残余部分化石的发现说明在地球早期地表就有生命活动,这在事实上说明了地球上生命起源时间在提前,指向与地球形成同源。

同源说就是在这些基本事实的基础上建立起来的,但还有一个极为重要的前提必须提及,这就是地球的形成。既然说地球上的生命与地球形成同源,那么地球又是如何形成的呢?这是个关键问题,也是人类所面临的与生命起源问题同样复杂和迷人的重大课题。这里就目前多数人的观点,并结合一些基本事实加以综合性的陈述,也代表着笔者的一些看法。多数人认为地球是由太阳系中成分复杂的原始尘云物质经聚集、收缩、凝结而形成,这可以从地球化学和宇宙化学方面得到证实。经化学分析和光谱分析证明:一些陨落到地球表面的含氨基酸等有机物的碳质球粒陨石的物质组成与地球的物质组成以及太阳大气的物质成分基本一致,在这些陨石中没有发现地球上不存在的元素。质谱分析还显示,上述陨石中的氘和氢的含量比与地球类同,地球和陨石的主要元素丰度与太阳大气中元素丰度十分接近。

换句话说,形成地球的原始尘云物质和含氨基酸等有机物的碳质球粒陨石的物质组成是一致的,都代表着太阳系的原始物质组成(如同太阳大气)。地球由这样的原始尘云物质经聚积、收缩、凝结而形成,形成时间大约是46亿年前。

形成地球的原始尘云物质从一开始就具备了合成生命有机物的物质条件,只要存在适宜的能量条件,如行星(地球、微行星或陨星)形成过程中,物质从弥漫态到凝聚态的变化,凝聚收缩导致内能递增所具备的能量条件就足以促使其中的简单有机分子和无机物化合生成较复杂的生命有机物。而地球的形成正好经历了这样的过程,为生命有机物的合成提供了合适的能量条件。所以,在原始尘云物质吸积、凝聚过程中其内产生了大量的种类繁多的生命有机物,以致地球一形成其表层便有了丰富的生命有机物,进而演化出生命。这一推论还可以从地球、某些陨石和太阳系已知天体形成的大致同时性(距今大约46亿年)上得到佐证。

第三节　星际分子的同源辨析

自 20 世纪 60 年代以来,随着射电天文学和宇宙化学的飞速发展,在地球以外的星际空间,尤其是大的星云内部和彗星尾部尘埃中,发现了大量的星际分子,到 21 世纪初,在宇宙空间已报道发现的星际分子超过 130 种,其中 80％以上为有机分子,如 CH_4、NH_3、H_2CO、HCN 等。星云及彗星中简单有机分子的大量发现曾被作为宇宙胚种论(如新宇宙生命论)的确切证据,令其重新被世人认识和追捧。但仅仅根据星云及彗星中的简单有机分子或某些宇宙生命有机物存在就推测宇宙空间存在着生命,甚至智慧生命,并认为地球生命来自宇宙空间的说法是很牵强的。简单有机分子与生命体毕竟不是一回事,其间还存在着遥远的距离和许许多多的空白。

一、星际分子发现的意义

可以肯定,星际空间(包括大星云内部)的环境条件无论是对生命还是对有机分子而言,其生成与保存都是极为困难的。虽然不是绝对真空,但大多数区域的物质密度都是极其稀薄的,平均密度只有 1×10^{-25} g/cm³,即每立方厘米的质量相当于一个氢原子。在整个星际空间,物质并非呈平均分布。有些区域物质会相对集中,形成星际云,其密度要比平均宇宙物质密度高出十到几千倍,一般可达 1.6×10^{-23} g/cm³。当然,这仍然是很稀薄的。相应的有些地方则更为稀薄,其密度远低于平均值。星际云如果是气体云,大约每立方厘米只有 8 个原子。星际云的性质不同,其密度也有差别。在暗星云中,粒子密度可增到 $1 \times 10^{-21} \sim 5 \times 10^{-25}$ g/cm³;弥漫亮星云密度大约为 6×10^{-23} g/cm³。按照传统观点,在这样稀薄的物质密度中,物质质点(原子或离子)之间就连碰撞的机会也没有,即使有幸相遇,也没有足够的能量使之结合形成分子。再退一步说,即使有幸结成了分子,也会在紫外辐射和宇宙射线的离解作用下分解,而不会存在很久。低密度加上强烈破坏作用,一般多认为在星际空间不可能存在分子,更不用说有机分子了。但是,它们确实存在,如何解释它们的成因与形成机制又给宇宙化学增添了新的研究课题。

简单有机分子距离生命体还十分遥远,它甚至连生命物质都算不上,生命物质至少也要达到氨基酸那样的级别。在星际空间中,直接产生复杂的生命物质几乎没有可能,即使在稠密星云和彗星内部要直接产生复杂的生命也是不可能的。

如果在别的星球上存在生命,那么要等有了确证后才能做出结论,遗憾的是至今也没有这方面的任何证据。即使别的星球上真有生命存在,也不能表明这与地球生命起源有任何必然的联系。如果真有联系,为什么不是地球生命传到别的星球,而一定是别的星球将生命的种子传播于地球?所以,将地球上生命的起源问题交给地外宇宙来解决是没有道理的。地外星球可能存在生命,但它要到达地球存在重重困难。首先,那里的生命要逃离它们所在的星球,如同地球生命要离开地球一样困难;其次是要穿越条件极为严酷的星际空间;再次是要在有限的时间里准确地"找到"地球,并有效地穿过地球大气层平安降落到地面上,且极其快捷地适应原始地表环境(可能与外星生命生活的那个星球的表面条件完全不同)。要做到这一切是多么的不易,其真正能成功的概率几乎等于零。

根据星云及彗星中简单有机分子的大量存在,完全有理由做出这样的推测:在星云和彗星这样微尘结构的物质中,肯定存在着形成和保存简单有机物的条件(包括物质条件和能量条件)。作为实验室合成生命有机物的物质原料的所有简单有机分子和无机分子几乎在宇宙星云中都有发现,如 CH_4、NH_3、H_2O、H_2CO、CO、HCN、H_2、H_2S 等。所以,可以说在这些星云物质中存在着进一步合成复杂生命有机物的物质基础。如果就此通过比较行星学研究可做进一步推论,形成地球甚至形成太阳系的原始尘云物质中也可能同样存在着这样的物质基础,即形成地球的尘云物质中也具备了形成和保存简单有机分子的条件,含有大量的合成生命有机物所必需的简单有机物和无机物。这样,当富含星际分子的星云物质进一步演化(如吸积)成行星时,其内就有可能(如果条件适宜)由这些简单分子合成为复杂有机物,包括生命基础物质。

在星际空间,强紫外辐射和宇宙射线具有巨大的杀伤作用和解离作用,在没有任何遮挡的条件下,不仅生命会被杀死,就连普通的碳氢化合物在紫外线的长时间照射下,也会因解离作用失去氢、氧而形成碳粒。这正是几十年前人们普遍认为宇宙空间不可能存在星际分子的主要依据。但在星际空间,特别是在物质密度稀薄的大的星云和彗星这样的物质条件中,为什么能形成分子乃至简单有机分子呢? 显然,在星云这样的微尘结构的宇宙物质中存在着分子乃至有机分子生成和保存的条件。这是一些什么样的条件,星际分子又是如何形成的呢?

二、宇宙"月老"——星际尘埃

物质条件是指组成有机分子的基本物质成分——元素,即形成分子的原料,星际空间本来就具有这些基本元素。关键是能量条件,什么样的能量作用促使极为稀薄的物质小质点互相结合形成分子,同时又能阻挡或避免紫外线、宇宙射线和其他宇宙高能带电粒子流的杀伤和破坏作用呢?

1937 年,赫尔斯特和克列别尔共同提出了星际分子的"离子-分子反应假说",认为星际物质(原子)是在外能作用下先电离成离子,然后再相互结合形成分子的。目前研究较多的是"低温等离子体-分子反应"。离子-分子反应首先必须有电离源,即在星云环境中,要使这类反应发生,必须要有足够的能量作用,以促使参加反应的星际物质电离,然后再使它们在运动中相互碰撞并结合。

如果说这其中利用的星光辐射及其他宇宙射线能,那么,在星际云中又是如何利用这些富有破坏性的能源并且阻止了它们的破坏作用的? 谁是这些能量的接受和转化者?人们目前还不得而知,至少是缺少一个确切或能说得通的解释。

但不管怎么说,宇宙星云中确实存在着生成分子包括简单有机分子的物质条件和能量条件,有大量星际分子存在就是证明。至于具体的形成过程还有待于进一步探索和深入研究,笔者认为这与宇宙尘的存在及其作用存在密切的联系。在星际空间的宇宙物质中,看来能担此重任的只有星际尘埃,它既能对星光紫外辐射起屏蔽作用,保护已形成的星际分子,使之不至于被很快离解,同时又能让某些宇宙射线透过或将其吸收,然后再释放出来以促使与之接触的星际物质产生电离或其他变化而互相化合。同时,星际尘埃对宇宙中漂荡的物质粒子可能还有着吸附作用。

然而,只要有足够的星际尘埃,固体表面反应的发生似乎就不可避免。而这一类反应对星际分子的生成可能比任何星际反应都更具有实际意义。既然泥土表面能可促使物质结合形成分子进而形成氨基酸,那么星际尘埃的表面是否也具有这样的结构能?或者能将宇宙辐射能进行转化。如果真是这样,星际分子形成和保存的问题便能迎刃而解。当然,这还只是笔者的一个假想,目前还没有实验证据。

如前所述,星际物质的密度如此之低,以致微小物质质点之间连碰撞也难得有机会,还能发生什么反应呢?而星际尘埃有吸附作用,它可以通过吸附来携带质点(分子或原子)在星际空间运动,然后再吸附另一些质点,同时尘埃颗粒的结构(类似于地球上的泥土)又能将宇宙辐射能吸收贮存并转化释放出来,以促使吸附的物质小质点互相接触碰撞,最终化合形成分子。这比两个孤立的质点之间的盲目运动再凑巧碰在一起而结合生成分子要来得容易和稳定得多。这就像月老牵线使多情而难得相遇的男女们结成良缘一样,星际尘埃就是宇宙中的月老。虽然这个比喻不太科学,但应该比较形象。

其实,微粒结构的宇宙尘埃不仅可以吸附质点(原子或分子),还可以贮聚能量再释放出来,正如地球上的普通泥土的结构可以贮聚能量再释放出来一样。对于地球上的普通泥土已有实验证明其能够使单原子(或分子)结合为较复杂的有机分子,使无机物转化为有机物,直至形成构成生命体的基本单位——氨基酸。星际尘埃如果可以与之类比的话,只要星际尘埃足够大且丰富,那么将来的某一天,人类也许能够在星际云中找到氨基酸。但要是星际尘埃只是具有近似泥土的部分作用,其性质与真正的泥土还相差甚远,如密度和颗粒大小之别,可能还有结构的差别,那就只有等到星际尘埃演化(或聚集)到"泥土"状才有可能在其中形成氨基酸分子,事实也许正是这样。人们已经做了许多努力,但还没有找到确切的证据来证明星际云中有比简单有机分子更复杂的有机物存在。关于星际尘埃的催化作用,已有这方面的实验报道。1974 年,安德斯(Ander. F)和斯图提尔(Stadier)做过实验,他们以铁陨石和硅藻土为"尘埃",以 CO 和 NH_3 或 H 的同位素 D 的化合物(如 D_3 和 ND_3)为原料,加热到 250~300 ℃,反应 49~214 h,结果获得许多类似的"星际分子"。当然,也许只是硅藻土在起作用。

三、星际"保姆"——高能辐射

既然星际物质中有那么多星际分子存在,那么在星际云等环境中就不仅有产生这些分子的条件,而且存在着保存这些星际分子的条件。除了星际尘埃可以阻挡紫外辐射和宇宙射线的破坏作用以外,我们还能推知一些什么呢?通过考察星际分子的某些特点或许能得到一些启示。

(1) 发现的星际分子仅限于 C、N、O、H、S、Si 等 6 种元素组成的化合物,其中又以前 4 种元素为主,有机分子几乎全由它们组成(仅少数含 S)。含碳分子约占全部星际分子数的 80%,在含碳分子内,以含烷基的分子最多,其次是含有醛基的星际分子,再次是含有羟基的醇类。且至今未发现有金属元素形成星际分子的例子,而某些金属元素(如 Mg)在星际物质中的丰度却是相当高的。

由此可以推测:星际分子的生成以及形成分子的类别多少并不取决于元素在宇宙中或星际物质中的丰度,而是取决于元素本身(特性或性能)以及所处的宇宙环境(主要是能量条件)。如硅的宇宙丰度比硫大,但其形成的星际分子种类却比含硫的分子种类少得多。

(2) 自由基(如烷基、羟基、醛基)、分子离子(如甲酰离子、甲川离子)较多,并且分子离子 HCO^+、N_2H^+ 的丰度较高,含不饱和键的分子占 80% 以上,有含单个三键直至 5 个三键的分子。此外,还有一些如硫化硅(SiS)等不稳定的分子存在,而比较稳定的分子,如 CO、H_2O 等却较少。

由此可以推测:在星际物质中,星际分子始终是处于某种高能状态下,其存在是靠某些能量支撑下的动态平衡,而不是处于某种稳定的环境或是在稳定状态下被保护起来,即星际分子是处于某种动态下的"稳定"平衡。星际尘埃只是挡住(也可能是吸收)或转化了像紫外辐射这样的具有杀伤力的宇宙射线的破坏,而放进了或将其转化为某些可作为能源的宇宙射线。或者是星际尘埃吸收了宇宙射线,并将其转化成其他形式的能量,促使可能分解了的分子或原子又结合成新的分子。星际尘埃还是宇宙射线能的转换器,能将破坏的能量转换成合成星际分子的能量。

(3) 具有多种形态的异构现象,如地球上乙醇分子主要是纯型,在星际空间发现的却是反型。

这种现象的存在表明:星际空间的分子形成和存在与地球上的情况和条件不尽相同,形成方向多样化,具有特殊性和特别的意义。

综上所述,星际分子的保存主要得益于宇宙中的高能辐射条件,星际尘埃将辐射能吸收转化,使星际分子不断得到能量支持而保持某种"动态"平衡。

四、从星际分子看地球的过去

我们再来思考一下星际分子的演化问题,星际云的演化结果是扩散后化为乌有,还是进一步聚集形成星体? 这直接决定了其中星际分子的命运。可以想象当星云扩散,必然要导致分子分解或者演变成为人们在远离大星云的极为稀薄的星际间(稀疏区)也能看到的分子。另一种情况是当星云聚集、凝结、收缩,密度越来越大,最终可能导致形成星体的过程。随着星云物质的聚集,密度增大后带来的星云内部变化和星际分子的进一步演化又将是怎样的呢? 根据前述的固体表面反应原理和地球上普通泥土的实验研究结果,有理由做出这样的推测:星际分子会进一步复杂化,结合成原子数愈来愈多、分子量愈来愈大的更为复杂的分子,即小分子化合成大分子,直至形成复杂的生命有机物。因为随着星云物质的凝聚,其内部原有的无机物在逐渐增高的能量条件下,分子热运动会加剧,相互碰撞增强,加上聚集得愈来愈稠密的固态尘埃(相当于混沌的泥土)表面的特殊催化作用,致使形成复杂的生命有机物质,这也正是地球的形成过程。所以说,在这一类过程演变中,星际分子可能是宇宙间更为复杂的分子(包括生命有机物)合成的前物质。

总之,宇宙星云和彗星物质中大量简单有机物的发现并不能证明宇宙空间存在生命胚种,更不能说明地球上的生命就是来源于这种假设存在的生命胚种。它只能说明在星云和彗星这样的微尘结构的物质中可以产生和保存简单有机分子,即具有相应的物质基础和能量条件。当然,这些简单有机分子也正是进一步合成复杂生命有机物的物质基础,但与生命或生命胚种之间却有着本质区别。除了陨石以外,人类在宇宙(包括星云、彗星或地球以外的其他任何星球)的物质系统中尚未发现像氨基酸这样的生命基础物质。

星云中或其他星体或彗星中为什么不能形成氨基酸这样的生命分子,看来是在某个环节上缺少了某种能量条件。而陨石则不同,其物质聚集、凝结,内部正好提供了这样的适宜条件,以致简单有机分子合成了生命有机物,就像米勒、福克斯等人的模拟实验能合成生命有机物一样,陨石在其形成过程中以与米勒实验完全不同的另一种方式合成了氨基酸等生命基础物质。至于星际分子产生的能量条件目前还没有一个统一的认识,但毫无疑问,太阳及其他恒星的星光辐射和宇宙射线既是破坏和解离因素,同时也是重要的能源。物质质点本身在各种外力和内力作用下的运动也应是能量来源之一。

总而言之,以同源说来解释,星际分子的存在揭示了这样一个事实:在星云及彗星这样的微尘结构的物质中,存在着形成和保存简单有机分子的条件。而且作为实验室合成生命有机物质原料的所有简单有机分子和无机分子在宇宙星云中几乎都有发现。所以,在这些星云物质中存在着进一步合成复杂的生命有机分子的物质基础。地球形成前的尘云物质中正是如此,且要稠密得多,也会含有更多的简单有机物和无机分子。

第四节　陨石有机物的同源辨析

陨石有机物是指陨石中所含有并确证为非地球物质污染所至的有机物质,包括氨基酸、烃类化合物及其他有机分子。陨石有机物无疑给人类带来了许多不曾知晓的宇宙信息,尽管有些信息目前人类还未能解译出来,但它们的发现和确认对研究宇宙演化,尤其是有机物的起源和演化乃至生命的起源都有重要意义。

一、陨石有机物发现的重要意义

坠落地表的某些陨石(主要是碳质球粒陨石)中含有多种氨基酸和烃类等有机化合物现已被证实。有些有机物的分子量很大,比在星云及彗星中发现的有机分子要复杂得多,并且包藏在陨石物质的内部,故在坠落地表的过程中没有烧失。这也曾被宇宙生命论者引以为证。事实可能并不那么简单,因为单块陨石不可能直接形成于星际空间,它一定是来自某个母体陨星。这就是说,氨基酸等有机分子并不是在星际尘埃中直接形成的,而是在某些陨星形成时,在陨星内部形成。如果含有生命分子等有机物的陨石不是沉积岩块或者说陨石来自的那个母体星球上不曾发生过沉积作用的话(没有任何证据证明发现过沉积作用),那么事实就只能这样解释:陨石中的生命有机分子是在陨星形成过程中,在其内部由陨星物质相互作用形成,并随着陨星的形成,陨星物质凝结并包含其中。

由此推知,形成生命有机物的物质条件就是形成陨星的原始尘云物质中所含有的简单有机分子和无机物,其能量就是来自陨星形成时物质凝聚收缩的"收缩能"(行星演化能)。根据默奇森陨石、阿伦德陨石、中国吉林陨石等大多数碳质球粒陨石含有氨基酸等生命小分子和烃类有机化合物的普遍性,完全有理由认为,当微尘结构的物质由弥漫态凝聚收缩形成凝聚态行星或陨星过程中,内部由于微尘结构的质点相对碰撞挤压,从而具备了合成生命有机物的能量条件。只要其内有一定的物质基础(如简单有机分子),合成生命有机物的过程就必然会发生。

如合成生命有机物质实验所揭示的那样,合成氨基酸这样的生命小分子的条件(主要是能量条件)要求较低且可以多样化。伴随着陨星母体的形成,其内部合成是比较常见的,这已为大多数碳质球粒陨石所证实。而合成蛋白质、核酸这样的生命高分子要复杂得多,有更高的环境要求,在一般陨星形成过程中,内部合成的可能性很小,人类至今在陨石中未发现有蛋白质或核酸,就是一个证明。那么,地球形成的最初过程是否可以与之类比呢? 换句话说,人类可以从中得到某些启示吗?

答案是肯定的。某些陨石(碳质球粒陨石)含有氨基酸等有机物,表明在其形成过程中,随着物质的聚集凝结,其内部有过合成生命有机物的过程。地球形成早期,原始尘云物质吸积、凝集形成微行星,直至形成原始地球的过程可以与之类比,早期生成的主要是氨基酸等生命小分子,但这是进一步演化生成复杂生命有机物的基础。

二、陨石有机物的辩证分析

陨石有机物的证实说明了什么呢? 现存比较流行的看法是:陨石来自地外宇宙,因而陨石有机物也是宇宙有机物质,或者说是宇宙中存在有氨基酸等较复杂的有机分子(生命有机物),从而可以作为宇宙生命论的证据。如果只从表面来看,这似乎是顺理成章的,但事实上这是一种不完全的推论。这一推论的前提是将地球与宇宙对立或并列。其实地球只不过是茫茫宇宙中的一个微小天体(一个很普通的行星),是宇宙的一部分。若照此推论,地球上有丰富的生命能说明在宇宙空间也广泛存在着生命吗? 显然说不通,分析如下:

(1) 有一个基本的事实是不可忽视的,那就是陨石有机物并非来自地球有机物,事实上也不可能是星际空间物质(如像简单星际分子那样漂荡在星际空间的星际物质),或称"宇宙物质的污染"。即不可能是陨石形成后,在星际空间运行中,偶然吸附携带或被污染上的其他宇宙物质,它必定属于陨石组成的一部分。陨石经过与地球大气层的摩擦燃烧,且在实验室分析前又被剥除了外层等,这些足以说明有机物包含在陨石内部。因此,就像地球上存在丰富多样的生命,但不能据此推测其他宇宙星体上也存在有生命一样,陨石有机物只能说明陨石及产生陨石的某个陨星母体的有关情况,并不具有"泛宇宙"意义。确切地说,陨石有机物的存在只能说明该陨石来自的那个陨星母体曾经产生过氨基酸等生命小分子和烃类等有机化合物,并被保存下来,或者是其他有机物的变化产物。

(2) 从陨石有机物的结构组成及有机物中某些元素的同位素组成(如 ^{13}C)相对含量较高等情况来看,人类可以了解一些生命出现前有机物的起源与演化及生命起源的信息。

(3) 从氨基酸等有机物包含于陨石内部以及含有机物的碳质球粒陨石的结构与某些特点可以推测,陨石有机物与陨石本身几乎同时和同一过程产生,即陨石有机物可能是在陨星(不是单块陨石)的凝聚收缩过程中,随其内物质能量条件的改变而形成,是伴随陨石的形成而产生,是陨石形成的结果又是同一过程,即同源。根据有:

① 有机物包含于碳质球粒陨石内部,而陨石本身并没有次生或改造迹象,所以陨石有机物不可能像地球表层那样由剥蚀、搬运和再沉积作用而将有机物保存其中。

② 从含有机物的碳质球粒陨石的结构特点也可以明显看出,含有机物的陨石是由弥漫状态松散物质聚集凝结而成的原生体,未经过改造或再生作用,所以其中有机物只能是与原始陨星同步同过程形成的。

③ 含有机物陨石的球粒(无论其成因如何)结构表明,陨石形成以后没有遭受过大的破坏或改造作用,如其中气泡仍保存完好,就是明证。所以其中有机物不可能是后生的,只能是原生的,随着陨星凝聚收缩而在其内部生成并保存下来。

(4) 从含有机物的碳粒陨石的结构松散易破碎等特点,而不像地球沉积岩、变质岩或岩浆岩那样结构致密、有很好的交结及其他构造特点,可以推测,含有机物碳质球粒陨石是直接由原始宇宙微尘物质聚集、凝结而成,陨石和陨石有机物都是原生物。如果含有机物陨石是来自某个陨星的话,那也是在这个陨星尚保持其原始状态时就碎裂形成的小块陨石。

(5) 单块陨石不可能直接形成于星际空间。它一定是来自某个母体。这就是说,氨基酸等有机分子并不是在星际中直接形成的,而是在某些陨星形成过程中,在陨星内部生成,并随着陨星的形成,陨石物质凝结而包含其中。由此可推断,形成生命有机物的物质条件就是形成陨星的原始尘云物质中所含有的简单有机分子和无机物,其能量则来自陨星形成时物质凝结收缩的"收缩能"(行星演化能)。

从发现氨基酸和烃类等有机物的陨石(碳质球粒陨石)特点分析,有以下几点值得注意:

① 构成这些陨石的元素就是构成地球的元素,化学分析和光谱分析都未曾发现过地球上不存在的元素。

② 陨石中主要元素的丰度与太阳大气中元素的丰度基本一致,这是否代表了太阳系原始物质的组成?

③ 陨石中易挥发性元素含量较低,这是否证明在陨石形成过程中有气体成分的逃逸?

④ 球粒陨石中含有氨基酸等生命小分子和烃类有机化合物较普遍,但至今尚未发现有蛋白质或核酸这样的生命高分子。

以上几点可以说明,陨石中的氨基酸等有机物是在陨星形成过程中于其内部自生的,而且合成氨基酸这样生命小分子的条件(主要是能量条件)要求较低,伴随着陨星母体的形成其内部合成是比较普遍的,而合成蛋白质、核酸这样的生命高分子却要复杂得多,有更高的环境要求,在一般陨星形成过程中内部合成的可能性很小。

三、从陨石有机物推论地球有机物的起源

陨石中含有氨基酸等生命有机物的确认以及其存在状态,无疑给人们带来了十分重要的信息。这些信息并不具有泛宇宙意义,只表示陨石或产生陨石的那个陨星母体情况。也就是说,我们并不能简单地据此认为,陨石有机物提供了宇宙中存在有氨基酸等生命小分子的证据或仅作为这一推测的依据。地外宇宙生命即使真的存在也不一定与陨石有机物有任何直接关系。

关键问题是氨基酸等生命有机物是怎样在陨石内部产生的? 它不是地球物质的"污染",也不可能是宇宙物质的"污染"。而所有这样的陨石经过放射性同位素测定,其年龄又都是那样的古老,多在距今 46 亿年左右。根据前面分析,陨石内生命分子只能是在陨石(陨星)形成过程中由内部物质产生,但常见陨落到地表的单块陨石在宇宙中是不可能独立形成并产生有机物的,它必定是来自某个陨星母体。由此推演陨石有机物的起源过程:随着陨星的形成,原始弥漫态物质开始聚集,愈聚愈密,由松散到凝结的过程中,其内部能量条件也相应地发生变化,如温度增高,物质碰撞加剧,进而促使内部物质重新组织或聚合,在原始松散状态下离散的由 N、O、C、H 等构成的简单有机分子和无机物化合形成较复杂的有机化合物,直至形成氨基酸等生命物质。原始松散的陨星物质收缩凝聚形成陨星的过程也就是原始陨星物质形成复杂有机物的过程。实际上这一过程中的能量变化相当于在原有物质基础上又提供了适宜的能量条件,在这两方面的条件都具备的情况下,生命有机物产生便自然而然。

接下来要讨论的问题是:陨石有机物如何演化? 随着陨星的凝聚收缩(从弥漫态到凝集态),其内产生了有机物,这些有机物将如何存在或发展下去呢? 简单地说,有可能发生以下几种情况:

(1) 如果陨石母体——陨星足够大,像地球这样,其内物质可能进一步聚合反应便能形成更复杂的有机物。如在形成过程中内部发生物质分异,那么有机物就会随轻物质一道向表层运移,集积在表层,甚至有可能逸出固态表面。这样可以演化成一颗富含有机物的行星。

(2) 如果陨星进一步收缩,且体积超大,像木星那样,甚至更大,内能极大地增高,其内有机物将会发生聚合或分解、脱氢、脱氮或氧化(假若有足够的氧化剂的话),被完全或部分燃烧掉,同时释放出能量,使星体的内能进一步增高。如果星体太大,内能高到足以熔化或燃烧星球,直至导致核聚变反应。那么星体有机物的燃烧便点亮了星体本身,使之成为恒星。

(3) 如果陨星不是足够大,甚至比月球还要小很多,收缩到一定程度并停止收缩,凝结成较稳定的星体,或因与其他天体碰撞发生爆炸,碎裂成一块块大小不一的陨石,有机物便呈一定的状态和结构保存于其中,停止进一步演化,可能有过分异作用而使有机物在其内部

各区域分布不均。如果条件合适(如过冷、干燥或真空),有机物便会在陨星或陨石中长期保存,长达几十亿年甚至更长。今天在许多碳质球粒陨石中发现的有机物可能就属于这种情况。

那么,地球有机物的起源与演化又是什么情况呢?由此类推:原始地球在形成中也有与陨星前期演化类似的过程发生。所不同的是地球有机物在地球形成中进一步发展,生成了复杂有机物,最终产生了生命。而陨星有机物演化则在某一阶段(如氨基酸阶段)终止,只保留了该阶段的产物。分析其原因可能是原始陨星的体积有限或过早地瓦解,爆裂成小陨星或陨石等碎片。在原始地球物质由弥漫态到凝聚态的凝聚收缩过程中,有机物形成的早期可与陨石有机物的形成进行类比,但地球有机物的进一步演化与陨石有机物完全不同。随着原始地球物质的进一步聚集收缩,其内有机物(包括生命有机物)也随之复杂化,形成更为复杂的生命有机物。同时,地球有机物还会随地球形成中的物质分异作用而上行远移,一部分逸出原始地表,进入原始海洋,成为原始地表的重要组分。今天的五彩缤纷、千姿百态的生物世界就是这些有机物在原始地表进化而来。一部分没有运移到地表的有机物在地球内部高温影响下会分解或氧化放出能量,促使地下岩浆形成和喷发,另一部分有机物则运移到近地表适宜的构造和地质环境中被保存下来,经演变形成丰富的地下油气藏。

做出以上推论的根据是:发现有机物的碳质球粒陨石中主要元素的丰度与地球的原始物质组成基本一致(代表着太阳系原始物质组成),尤其是构成这些陨石的元素也就是构成地球的元素,说明两者具有相同的物质条件,甚至有可能是同源产物。在物质条件基本一致的情况下,同样收缩凝聚的变化过程产生同样的能量条件,以致产生同样的有机物是最自然而然的事。地球及其有机物的早期演化类似于前述三种演化中的第一种情况。

但陨星除了氨基酸以外为什么没有更高级的生命有机物呢?这仍然可以从陨石本身找到答案。已知陨石中易挥发性元素含量较低,如果补足这些挥发成分也正是地球的物质组成。这说明这些陨星在形成过程中有过气体逃逸,气体分子逃逸表明陨石质量和表面重力较小,不足以吸引活跃的气体分子(包括水分子)。所以陨星收缩时的内部压力不可能很高,能量状态较低,无足够能量促使氨基酸进一步化合,生成更为复杂的有机物(如蛋白质和核酸)。因此,其中的有机物进一步演化属于前述的第三种情况,即陨星停止收缩,继而碎裂成陨石碎块。有机物以一定状态(如氨基酸)被保存其中。

这就是碳质球粒陨石中较普遍地含有氨基酸等生命小分子和烃类有机化合物,至今尚未发现有蛋白质或核酸等生命高分子的原因。这表明陨星和地球的条件还有很大差别,合成氨基酸条件在行星(陨星)形成过程中,可能比较普遍,而合成蛋白质、核酸等生命高分子则要求更高的条件,一般行星在形成过程中未必具备。所以地球有它的特殊性,以致最终产生了伟大的人类,而陨石仅仅在其内部保存了氨基酸,也可能会有更复杂的有机物,但目前还没有找到。

第五节 生命物质化学合成的同源意义

生命有机物的化学合成研究，揭示了生命有机物的形成原理，但并未揭开生命起源之谜。生命起源是地球形成早期发生的重大自然事件，化学模拟实验只能预演其某一微观过程出现的可能性，要认识生命起源这一重大自然事件的来龙去脉，需要从宏观角度综合所有已知和可能得到的事实材料进行综合研究，直至建立学说。

一、米勒、福克斯等实验说明了什么

米勒(1953，1972)在实验室用 CH_4、H_2、NH_3、H_2O、N_2 等简单分子为原料，通过加热和放电合成了氨基酸等生命有机物。随后，有人用 H_2S、HCN 等混合物为原料也合成了氨基酸。福克斯(1960)以氨基酸等简单生命小分子为原料，通过加热脱水合成多肽(类蛋白)等较复杂的生命分子。在此前后，还有许多学者以不同的物质组合为原料，施以不同的能量条件，先后合成了核糖、脱氧核糖、嘌呤、嘧啶、核苷、核苷酸、脂肪酸等几乎所有的生命小分子和某些生物高分子等生命基础物质，以及由醋酸和甘氨酸组合形成卟啉环(为核酸的合成提供了基础)，由氨基酸脱水、缩合反应形成类蛋白质等。

所有这些成功合成氨基酸、类蛋白质等生命物质的实验都被认为是生命起源于原始地表化学进化的有力证据。甚至有人坚信这些实验模拟了原始地球海洋及其附近富水还原环境，生命物质的成功合成"证实"了奥巴林早年提出的原始地表化学起源说。

后来，不同研究者又分别研究证实了通过泥土中或火山喷发时的能量作用(黏土矿物晶格能和火山热能)，能够合成氨基酸等生命有机物质。这些实验研究结果无疑对生命起源，更确切地说是对生命物质起源的解释具有极重要的启示作用。但是，由这些事实却分别得出了不同的结论，即分别成为不同起源学说的实验依据，于是有了原始地表(海洋)的化学进化说、泥土说、火山说，等等。

然而，生命物质的合成实验又能说明什么呢？不同的实验分别证实了不同的学说，它们之间具有共性吗？就其共性而言，所有这些合成生命有机物质的实验研究或自然观测结果都有力地证明了两点：

1. 复杂生命物质可以通过化学途径逐步合成

在合适的物质条件和能量条件下，复杂的生命有机物可以通过化学途径由简单到复杂逐步合成。适合的物质条件：简单有机分子和某些无机物的混合物。适合的能量条件：地热、火山或人工加热，人工放电或天然放电，人工光照或日照，宇宙射线和紫外线照射，泥土矿物晶格中贮积的能量释放，等等。由简单到复杂逐步合成是指需要经过一定的作用时间，如米勒实验用时一周，沃森实验用时 25 天，自然状态下自行演化需要千万年，等等。

结论：一定的物质条件，加上一定的能量条件，经过一定的时间作用，就有可能合成各种生命物质(从生命小分子到生命高分子)。

2. 合成生命物质途径的多样性

合成任何一种生命物质的物质条件与能量条件都不是唯一的,而是多到人类至今也不知道到底有多少种可能途径能够合成生命有机物。

生命物质种类太多,按种类讲述其形成或起源过程太过繁杂,因而可以归结成不同的类别或级别。如氨基酸、核苷酸级的基础生命物质以氨基酸代替,蛋白质、核酸级复杂生命物质以蛋白质代名,更高级别如"多分子体系团"(笔者另命名为"生命分子集合体"),以及各大级别之间的过渡级别等。合成途径多样性是指各级生命物质合成的具体途径和方法远不是唯一的,已知的有泥土合成、加热合成、放电合成、辐射合成、热泉合成以及几十年来实验模拟的各种各样条件下的合成,等等,未知的合成途径还有多少人们尚不清楚。可以说,有多少种物质条件和能量条件的组合形式就可能有多少种合成生命有机物的有效途径。

在不同的物质条件和能量条件下,合成的生命有机物或其他有机化合物(比如究竟是氨基酸还是核苷酸或者烃类)及其复杂性(如分子量的大小等)可能是不一样的,但也可能是完全一样的。所以,仅仅根据合成生命有机物的具体途径,或者只是产生某些有机物质的不同物质条件或能量来源(包括两者以不同方式的组合),或者只是各自独立的不同的模拟实验研究或观测结果就来下结论,来解释生命如何起源,或断言某一假说已被"证实",或声称已有"确证"等是远远不够的。

结论:通过化学途径合成生命物质的方法是多种多样的,地球上最初的氨基酸、蛋白质等生命物质究竟是如何形成的尚无定论,切不可以某一实验所得出的结果就下结论或断定生命物质如何形成,甚至宣称生命起源问题已得到"解决"。

二、同源意义分析

生命物质化学合成的成功证明了无机物与有机物之间转化的可能性,但在原始地球形成过程中,什么时期、什么条件最适合于它们的转化? 根据迄今所知的有关模拟实验结果,为什么会得出不同的结论? 不同人的实验为什么会成为不同起源学说的证据? 实验越多,观点分歧越大,如此实验对解决生命起源问题又有何益? 下面举例说明:

(1) 米勒(1953)用 CH_4、H_2、NH_3、H_2O 等混合物为原料,经加热(呈气态循环)、放电,历时一周,合成了多种氨基酸。直证结论:氨基酸是由 CH_4、H_2、NH_3、H_2O 四种物质成气态混合后通过加热和放电,历时一周后形成。

(2) 米勒(1972)以 CH_4、N_2 为主,加以少量 NH_3 和 H_2O 的混合气体,进行实验,同样取得成功,且获得更多氨基酸。直证结论:氨基酸是由 CH_4、N_2 以及少量 NH_3、H_2O 成气态混合后通过加热和放电形成。

(3) G·沃森(1971)用 NH_3、$HCHO$、CH_3OH 在气态下混合经紫外线照射 25 天后产生多种氨基酸。直证结论:氨基酸是由 NH_3、$HCHO$、CH_3OH 成气态混合后经紫外线照射,历时 25 天形成。

(4) 有人用 H_2S、HCN 等代替 H_2O、CH_4,且改变了能量形式,如用高温、β-射线、强光照射等,也合成了多种氨基酸。直证结论:氨基酸是由 H_2S、HCN 与 H_2、NH_3 混合后经高温、β-射线、强光照射形成。

以上实验所得氨基酸中的多数都是蛋白质的组成成分,所以都有可能是生命起源的起步曲。假如各自都"据理力争",如氨基酸的合成原料(不同的有机小分子和无机物)不同,或作用能量形式(高温、放电、紫外线、β-射线、强光照射等)不同,以及形成时间不同等都可以成为争论的焦点。所有的直证结论都是以实验为依据,都已被实验所证实。但这样的争论有意义吗? 显然无利于解决问题。这就是直证法的局限性。太过拘泥于微观上的具体实验所得出的途径和过程(或结果)。如果将其层次提升一点,就是现在许多起源学说之间的争论。若站在更高的层面,即从宏观上来观察和分析问题,现在的有些学说之争也同样显得毫无意义。

其实,所有这些合成生命有机物质的模拟实验研究或自然观测的结果都说明了这样一个基本事实:在一定的物质和能量条件下,无机物转化为有机物,简单有机物合成为复杂的生命物质是完全可能的。

先来看看一定的物质条件,迄今为止,所有化学合成生命有机物的模拟实验,无论选择何种简单有机小分子和无机物混合为原料,都无例外地是由 C、N、H、O 及 S、P 等 6 种(特别是前 4 种)化学元素组成的简单物质。所以,所谓一定的物质条件就是 C、N、H、O 及 S、P 等基本元素。如果这时有人站出来强调 CH_4、NH_3 与 $HCHO$、CH_3OH 的化学键能不同而会影响生命物质的形成,那他只能归入钻牛角尖的角色当中。在地球形成过程中的复合能量作用下,任何化学键能都会变得微不足道。

再来看看一定的能量条件,生命起源于原始地球,促成生命有机物形成的能量来自于当时的地球环境。根据前述可知,生命有机物的形成环境可以是原始地表,也可以是形成中的地球内部(如同陨石有机物),还可以是黑暗的深海底部(如海底热泉区);既可以是还原环境也可以是非还原环境。其实人类至今也未曾确切地知道到底形成于什么环境,一切都是推测,且常因学说不同而提出不同的生命起源环境。

因化学合成生命有机物的模拟实验并未解决各级生命物质形成的环境问题,只是提出了一些可能性,而且提供的能量条件又是多样化的,如热、光、电、各种射线等。其实,地球有机物形成可以与陨石有机物的形成进行比对。促成各级生命物质形成的能量来自地球形成过程中的内部物质碰撞、挤压和逐渐增高的热能,以及其他可能产生的能量。

地球上现有组成生命体的物质成分,应该是地球一开始就具备的,可能在相对比例上会略有不同。地球形成中的物质凝聚、收缩,内能增加,正是在原有物质条件上加上了适宜的能量条件,其内部简单有机物合成为复杂的生命物质也就自然而然。

同源说认为,自地球形成到地表演化,一直都有生命有机物的形成作用,合成与分解一定是个动态平衡过程,或者说是一个双向变化甚至往复循环过程,而不是单向过程。地球形成的早期无疑是合成大于分解。正是因为有了有机物的分解和氧化,才使地表能够较长时期保持还原性。还原性环境对于生命形成及形成后的早期进化是非常必要的。只有当原始生态系统形成以后,原始地表才会逐渐富氧,变成氧化性。

在没有一个稳定的生态系统起着平衡作用之前,充满有机物的地球(从地表到地下)如果是氧化环境,那无疑是十分危险的。就像在一个有严重煤气泄漏的空间,地表乃至地下都遍布可燃有机物,只要有一点火星,结果将不可想象,那就成了真正的燃烧的地球。所以,还原性环境是早期地球的安全保障。早期的地球必然是还原性的,氧被有机物和丰富的碳、氮、氢等紧紧地束缚着,只有当地表早期的生态系统形成后,生物体将大量的碳以生物有机物形式固着并不断返回到地球岩石圈,氧才逐渐被释放出来,形成地表的富氧环境,而地下仍然是还原性的。这样像钻石等一些同源原始有机物转化产物才不至于被氧化或燃烧掉。

第六节　地质及相关学科的研究成果分析

一、化石发现

化石的不断发现使生命在地球上出现的年代逐步推前,今后也许会有更惊人的发现。已知发现(1980)于澳大利亚夏克湾地区的藻、菌类生物化石距今已有 35 亿年,并且其结构已相当复杂。1984 年,一些科学家也发现了一种属于 35 亿年前的三角形细菌。世界权威杂志《自然》(2010)曾发表由法国等多国科学家组成的研究小组的研究成果:2008 年他们在加蓬的弗朗斯维尔发现了大批保存完好的生物化石。根据对其围岩的测算结果,表明这批化石已有 21 亿年历史。这些罕见的古老生物化石长度在 10～12 cm 之间,堪称"大化石"。经研究鉴定为多细胞真核生物化石。也就是说,多细胞真核生物化石已出现于 21 亿年前,那么其在地球上的诞生年代只会更早。

多细胞真核生物之前是单细胞真核生物,单细胞真核生物之前是原核生物。人类发现最早的菌藻类化石距今 37 亿～38 亿年,有确切记录的最古老的生物化石,如在格陵兰岛伊苏阿地区发现的生命遗迹——生物有机体的残余物质(碳膜,含碳[13] 和碳[14]),据测定其存在年龄已有 38 亿年。因此,根据生命演化速率可以大致推测出地球上最早的生命(最早的原生体)可能出现在距今 42 亿～44 亿年前,甚至更早,而已公认的地球年龄只有 46 亿年,这与一些陨石的年龄是一致的。这按生命地表化学起源说来解释是不可想象的。来自宇宙生命胚种的可能性也很小,因为刚刚形成的地球表层环境与宇宙环境必有千差万别,宇宙生命胚种除非有计划、有目的、有方向地进行"播种",否则要很快找到天各一方的地球并在其上播种,且胚种要迅速地适应新生的地表环境并很快发展起来绝非易事。化石证据表明地球上的生命是随着地球的形成同步起源的。根据同源说推测原生体极可能出现在距今 45 亿年前。

二、关于油、气调查中的新发现

对大多数学者来说,石油、天然气的成因问题似乎已成定论,成岩后生物有机生油说一直备受推崇。人们几乎普遍认为,石油是由生物形成的,即先有生物,然后由生物产生有机质再埋入地下经降解而形成油和气。但在近几十年来的油气调查中,却有许多与此相悖的发现。

（1）已查明的油气分布区域远比已知生物成油的可能区域要广泛,已经远远超出了沉积岩的范围,已公认的生油沉积岩又常常是很致密的岩层,如泥页岩（油气运移困难）,而含油岩层却相反,甚至在一些远离沉积岩层的古老变质岩系中也找到了石油。油气如何自生油岩层运出,不远万里"奔袭"含油岩层,为什么不就近贮存?

（2）现已查明的油气储藏量要比根据生物成油论得出的最大估计值大好几百倍,在据生物成油说推断根本不可能成油的地区也找到了大油田（区）,多余的油气从何而来?

（3）尽管大多数的油气生成年龄可能在2亿年以内,但已知有些油气藏的年龄却在6亿年以上,甚至达15亿年,如澳大利亚资源能源部矿物资源局就曾公布,在它的北部马里亚塞盆地,找到了生成于15亿年前的油田。按照现有观点,地球生物是在大约5.4亿年前开始的寒武纪后,经历生物大爆发时代才在地球上兴盛起来的。这些成油生物来自何处?

（4）世界上几乎所有大型含油气区或油气藏,如我国东部的一系列大油田（胜利油田、大港油田、辽河油田）、渤海油区、东海油区、南海油区,以及北非、波斯湾、墨西哥湾油区等,都分布在与地球深部有着密切联系的深大构造带附近,而且多数用传统生物成油理论已无法解释其分布、规模和成因。这说明了什么? 根据相关分析,可以推测:这些油气藏来自地下深处,即球内曾有过有机物的大规模生成。成油物质在地下深处生成后,沿深大构造带上行运移至近地表,于适当的地质构造和温压条件下储积起来,再经转化成油气藏。

（5）在有些火山喷发中（如巴基斯坦沿海火山）有油气显示,这些油气物质极可能来自地下深处,且与火山喷发的成因有关。如油气物质在岩浆内分解可增加火山爆发力。

所有这些调查资料都在某种程度上表明,地下油气藏不仅仅与地表生物死后的埋藏有关,而且与更古老更深部的地质活动与地质历史有关,甚至有大部分油气物质并不一定与生物有直接的关系,它们极可能是来自地下深处。它们是在古老年代里,甚至在地球形成之初就已经生成的有机物的转化物,依赖深大构造带作为通道上行运移至近地表。

因此,有理由相信:在原始地球形成过程中,其内部曾有过大规模的形成有机物和有机物的转化与运移过程。而生成油气的碳、氮、氢等物质又极可能是地球形成早期就具有的组成成分,即那些以含氮化合物或碳氢化合物形式存在的简单有机分子和复杂有机物。随着地球内部物质的分异作用,生油过程可能有自地心向地表转移的趋势。

三、其他研究新成果和新发现

地表富硫化物高温热水湖泊或池塘中嗜极细菌等生物及其生态系统的发现,使人类对生命有了新的认识,从而对生命的起源也有了新思考。如硫化物说就提出生命起源于高温硫化物池塘或沸腾海洋。这些嗜极细菌多数都能耐酸碱、耐高温,如我国云南腾冲某些温泉池和美国黄石公园的热水湖中都发现有耐高温细菌存在。由此,有人在进行硫化物生命系统的推演。

深海底(黑烟囱)热泉区及其生态系统的发现,同样带来生命起源于黑暗深海底热泉喷口及其附近的研究热潮。海底热泉说便因此而诞生,不仅引为力证,而且不少人还据此宣称海底热泉说已被"证实",可以说这是 21 世纪以来关于生命起源的诸多学说中最受追捧的热门学说。

无论是热泉湖还是海底热泉区,热水都来自地热温泉或火山热液,富含硫化物,多数高酸度(pH≤3),也有高碱(pH≥10)。这些特异地区及其特异生态系统的发现确实开阔了人们的眼界,某些生物能以硫为中心进行代谢生存,打破了人们关于生物生存与生态关系的传统认识。这些特异的生物类型与生态系统确实有别于人们通常所认识的正常环境中的生物种类和生态系统。但要说它就是地球生命的起源类型或祖先类型并没有证据支撑。海底热泉或地表热水湖应该在地球形成后至少若干亿年才会出现,极可能在岩石圈形成稳定板块构造之后,现代正在喷烟吐雾(黑烟囱)的海底热泉多形成于盘古大陆解体之后,而地球上的生命起源要早得多。再者,地球形成时期内部物质聚集、收缩碰撞足以造成高能环境,合成复杂生命物质,开启生命起源进程。何必等到十几亿甚至几十亿年后,热泉喷出地表才开始生命起源呢?

海底热泉或地表热水池塘环境极有可能会导致生命起源,但那时地球上早已有了生命,而且发展得非常之好,只需要有生命的种子迁移或播撒到地表热水湖或海底热泉区,经过特化适应,发展成特异的生物种群,形成特异的生态系统。

生命起源的基础是原始有机物的形成,如前所述,宇宙有机物的存在和化学合成有机物的成功等现代起源学说所引以为证的证据材料,都能为生命有机物起源于地球形成过程中提供佐证,这就是同源说的立论基础。根据同源说,在地球形成中有机物就在地球内部合成,合成的物质条件来自原始太阳系(形成地球的那部分)尘云,而促使有机物合成的能量来自原始地球物质的收缩形成的能量及其转化形式(能)。有机物的合成和普遍复杂化正是地球形成早期能量的储积与转化方式之一。

第八章　同源说演绎地球生命起源过程

众所周知,因为未知的因素太多,现有的生命起源学说都还存在争议,要想确切地描绘出地球上生命起源的"真实"过程,是非常困难的,甚至是不可能的。无论多么科学或客观的描述,都会不可避免地带来争议。

同源说认为:地球上的生命并不是传统和现有观点宣称的那样,起源于地球形成后原始地表从无机到有机、从简单到复杂的化学渐进演化;也不是霍伊尔等人主张的来自于地外宇宙的生命胚种(彗星带来微生物胚种)。生命起源于地球形成的过程(从弥漫态原始太阳系尘云到凝聚态具基本圈层结构的地球)中,即地球上的生命起源与地球形成同源。

第一节　地球生命起源的阶段性

根据同源说,地球生命起源的物质来源应追溯到地球形成前的地球天文期,在尚未形成地球的原始太阳系内,将形成地球的原始尘云物质中存在着形成生命有机物的原始简单有机分子和无机物(单质、化合物),它们就是生成生命有机物(如氨基酸、核苷酸等)的物质基础。就像人类今天在宇宙星云和彗星中看到的那样,在宇宙微尘物质中,大量物质是以分子状态存在的(简单有机物、无机化合物)。随着地球形成,原始尘云物质因凝聚收缩而使内部密度、温度、压力增加和质点间相互作用增强,内能逐渐提升。一定的能量条件促成了原始尘云物质中的简单有机分子和某些无机物逐步化合生成复杂的生命有机物,合成的有机物质随着地球形成中的物质分异向地表迁移,直至逸出地表,成为原始地表的重要组分。因此,地表的原始海洋从一开始就富含多种生命有机物,在这样的复杂环境中,完成了生命起源的最后历程:从多种生命分子到生命活体的演化。

一、同源说提出生命有机物的起源与地球形成同源

生命物质由简单到复杂是随着地球物质"弥漫状星云态→吸积、凝聚形成微行星→聚集、凝结形成凝聚态→气液固三态物质分异→具有基本圈层结构的星球"同源演化的。这是一个连续的、不断进化的演变过程,其中存在着几个大转折的阶段,在不同的阶段生命有机物所处的演变和发展环境天差地别,不可类比。总体来说,生命物质从形成到复杂化经历了与地球形成相适应的三个不同阶段(时期),每个阶段的地球物态、能量条件和环境等均

不同。

地球形成的三个阶段,分别以三个时期命名(前已简述,在此细化)。

第一阶段("地球"天文期):从弥漫态星云到多中心分散聚集形成微行星;

第二阶段(天文地质过渡期):从分散态微行星到集中聚集形成凝聚态行星地球;

第三阶段("地球"地质期):地球形成,内部物质收缩、聚积形成圈层结构—固气液三态物质分异,形成地表圈层;地球内部物质分异形成内部圈层。

地球生命起源的过程也存在与地球形成相对应的三个阶段,这可以从生命物质的层次性方面来划分:

(1) 生命基础物质,如氨基酸等生命小分子;

(2) 复杂生命物质,如蛋白质、核酸等复杂生命有机物;

(3) 生命分子集合体,相当于多种复杂生命分子体系团。它们的前身是简单有机物(有机小分子),它们进一步演化结果就是产生原生体(生命活体)。

生命起源的不同阶段对应于地球形成的不同时期,关于有机演化的不同发展阶段及各阶段的演化环境、主导因素和有机物层次及相关性如表 8.1 所示。

表 8.1　有机演化与地球形成的阶段性及不同阶段的相关演化

演化阶段	时期	无　　机　　演　　化		有　　机　　演　　化		
		物　态	物质运动与作用	有机物层次	环　境	主导因素
第一阶段	天文期	弥漫态(星云—微行星)	质点漫游、碰撞,相互聚合或解离,以微行星大量出现而结束	有机小分子或前生命有机物	尘云环境(局部微行星环境)	天文及宇宙因素
第二阶段	天文地质过渡期	凝聚态(微行星—行星地球)	物质聚积、凝结、扰动,密度和内能递增,物质分异、物态变化,后期形成圈层结构,表生地质作用开始	各种生命有机物大量生成并向表层迁移,后期相对富集,形成有机圈	球内环境(形成中的地球内部环境)	球内因素(激变中的地球内部因素)
第三阶段	地质期	混合态(气态、液态、固态+有机态)	物态分异,气、液、固及有机态物质相对聚积,形成相对分异又互相渗透的各圈层;有机演化向地球表层转移	原生体出现,生态系统形成,有机圈复杂化,有机演化多极发展	地表环境(开放、富含各种有机物的复杂环境)	天、地、生综合因素(地表联系着天、地、生)

二、同源说强调地球生命起源与地球形成同源

根据地球生命与地球形成同源演化的阶段性,将生命起源的过程划分为与地球形成及早期演化相对应的三个重要阶段:

(1) 地球形成前的天文期:星云与微行星、陨星有机物阶段;

(2) 地球形成中的天文地质过渡期:或称物理化学活跃期,形成中的地球内部生命有机物生成与复杂化,球内物质分异、运移和生命物质相对富集阶段;

(3) 地球形成后的地质期:原始地表生命分子集合体形成、演化到原生体(生命活体)诞生及最初演化阶段。

事实上更应该将生命在地球上的起源理解为地球形成和早期演化中内部物质变化的一种状态和自然过程,既有连续性又有阶段性。地球生命起源的主要动因来自地球演化,并与太阳系的原始物质组成、行星形成中的能量转化以及形成中的地球内部各种因素和宇宙中的其他因素的相互作用有关。表 8.1 表述了有机演化与无机演化在三个阶段的对应关系,如果将其再次精简提炼,可形成直接反映生命起源与地球形成的三阶段对应关系(见表 8.2)。

表 8.2　生命起源与地球形成的对应关系

演化阶段	地球时期	地球形成三阶段	生命起源三阶段
1	"地球"天文期	弥漫星云——分散凝结形成微行星	氨基酸、核苷酸等生命基础物质出现
2	天文地质过渡期	微行星聚集——形成凝聚态行星地球	蛋白质、核酸等复杂生命物质形成
3	"地球"地质期	气液固三态分异——圈层结构形成	生命分子集合体——原生体(生命诞生)出现及早期演化

三大阶段的划分也是三种环境的大更替:弥漫态尘云——物质聚集而剧烈挤压撞击,局部甚至已成熔融态的地球内部——温暖大地与碧海蓝天交相辉映的原始地表。但是,各阶段之间不是决然分开的,环境是渐变过渡的,其内部有机物的演化是有连续性的,是世代传承的(故称为"进化")。因此,各阶段的界限不是绝对的,前后阶段是有重叠的。即前一阶段的结束是后一阶段的开始,也许后一阶段的开始先于前一阶段的结束。例如,在第一阶段后期微行星的形成中,在较大的微行星形成时,其内部就有可能合成氨基酸,甚至有少量多肽等较为复杂的生命有机物生成;大量的氨基酸合成是在第二阶段的前期,蛋白质等复杂生命有机物的大量生成在第二阶段中后期,如果将氨基酸等生命基础物质的生成当作第二阶段开始,实际上这时候第一阶段还没有结束;在第二阶段临结束前的后期也是一样,在富水环境中可能会有部分生命分子聚合形成多种生命分子体系团或生命分子集合体,这种情况在原始地球表层或封闭或开放的泥浆海中可能会很普遍,一些生命分子集合体的先行者们可能早就出现,但生命分子集合体的大量出现是在第三阶段开始后。

另外,可以根据具体情况将大阶段(重要阶段)进一步划分为若干小的阶段。例如,第一大阶段可以分为早中期的"星际分子阶段"和后期的"氨基酸等生命小分子出现阶段";第二大阶段可以分为早期的"氨基酸等生命小分子大量生成阶段"、中期的"蛋白质、核酸等复杂生命有机物生成与发展阶段"和后期的"复杂生命分子进一步复杂化和分异阶段";第三大阶段可以分为早期的"生命分子集合体形成与演化阶段"、中期的"原生体生成与进一步演化阶段"和后期的"原始生态系统形成阶段"。

三、同源说强调生命有机物(不同层次)的生成与地球的形成(不同时期)具有同源同演阶段性(三个大阶段)

生命有机物的进化发展(从生命基础物质到原生体)是在地球形成的不同时期、不同环境下完成的。这一主张既有继承性,又有发展性,且不同于传统观点认为生命是在某一特定环境(如原始地表或海洋)中通过化学进化渐进演化而成的。影响生命起源的关键因素主要来自地球(如太阳系的原始物质组成、地球形成中的能量变化等),地外的天文因素等也有重要作用,但绝不是地球接纳了地外生命胚种。今天的生命是地球的生命,它不是天外来客,也不是人们想象中在充满"化学汤"的温暖"小池塘"中孕育而生,而是与地球的诞生一样,经历了三个充满着艰难险阻的曲折过程,两者同源而生。

以下将根据三个大阶段来展现生命在地球上起源的波澜壮阔的伟大历程。

第二节 地球天文期的有机物演变

生命的孕育直至诞生的过程就是地球形成的过程,地球生命起源开始于地球形成前的尘云时期。形成地球的原始尘云物质就像人类今天在宇宙星云中发现的物质一样,含有大量简单有机分子和合成生命物质所必需的某些无机物,它们的存在为进一步合成复杂生命有机物提供了物质基础。如此推测的理由为:

(1)形成地球的原始尘云完全可以与人类今天在宇宙中观察到的星云进行类此,而且原始尘云要比目前已知的星云稠密得多,其内的有机分子更多、更复杂。

(2)构成生命有机物的基本元素地球上都具备,原始地球的物质组成与现在的地球物质组成不会存在太大的差别。

(3)由前两条可知:代表太阳系原始物质的原始地球尘云具备了有机物生成的物质条件,而生成有机物的能量条件是在地球形成中,因物质吸积、碰撞、挤压等产生的"行星演化能"。

一、地球天文期

地球天文期是指从太阳系星云形成到开始积聚形成地球前物质——微行星这一段时间,大致相当于太阳系形成后到地球开始形成(尘云物质以各自为中心开始吸积)这一时间段。太阳系形成以太阳形成为标志,太阳形成以前的太阳系物质演变应该属于恒星(太阳)演化。地球的演化时期应该是在太阳形成以后,太阳周边的冷暗物质相互吸积、聚集形成行星的阶段。因此,地球天文期演化应该是在太阳形成后,太阳系(太阳外围)的冷暗物质开始以无数个质点为中心相对聚积,直至在原有空间形成无数个呈离散态分布的微行星,它们就是下一步形成行星的基础。当微行星在万有引力作用下以一个或少数几个凝结点为中心再次形成聚集时,地球形成便进入了下一阶段,即天文地质过渡期。

地球天文期的结束是以形成地球的星云物质与形成其他行星的物质开始分化,形成类似于团球状或圆盘状的"星云物质团"为标志。这一时期结束时,形成地球的物质或星云物质团与形成太阳系其他行星的物质之间存有明显的空白分界或空间间隔,其自成一体,有自己的运动方式(如自转和绕太阳公转)。其公转轨道上可能还存在其他物质团球或小天体,它们在后期演化时可能会加入到地球物质团中,成为地球的物质组分,也可能会逃出地球轨道,成为漂荡在地球轨道之外的陨星或彗星。

星云尘埃聚集形成微行星、微行星聚集形成地球的原理与过程前面章节已有分析。

二、地球物质的演化

地球物质是指形成地球的星云物质,也可泛指环绕太阳运行的太阳系冷暗物质,即太阳系云状尘埃。太阳系云状尘埃是形成太阳系行星的物质主体,在太阳系行星形成以前,它们是环绕太阳旋转的"盘状尘埃云—气液固体(气液体也可能冷凝成固体)"星云以及由它们凝聚而成的微行星、陨石碎屑等。地球等太阳系行星、小行星、卫星以及彗星、陨星等就是由这些物质经聚集、凝结和吸积而形成,或形成后又经撞击碎裂成小行星或陨石碎片。

由现有天文学、宇宙化学和陨石学等学科的研究成果推知:形成地球的原始太阳系星云物质如同现代星云和星际尘埃状物质,含有简单的有机分子、无机物(单质和化合物,如原子、离子、离子团、分子等),稍后形成的微行星、陨星或彗星(核部)中可能含有氨基酸、核苷酸、烃类等基础生命有机物和较为复杂些的有机化合物。它们由星云中的简单有机小分子和无机物聚合而成,是进一步合成更复杂的生命有机物和非生命有机物的物质基础。

从有机物形成和进化角度来看,在由宇宙或太阳系尘埃聚积形成微行星或陨星的过程中,简单小分子可以聚合生成氨基酸、核苷酸等生命有机物和烃类等较为复杂的化合物。这一时期就是从简单宇宙分子到较复杂行星有机物的演变时期,故称为"地球天文期——星云到微行星有机物阶段"。在这一阶段后期(形成微行星时期)局部可能会生成氨基酸、核苷酸等生命基础物质,故也称为"氨基酸—核苷酸出现阶段"。从地球演化的角度来看,这一时期就是"前地球原始尘云—简单有机物演化阶段"。因此,地球生命的源头在地球形成前将要形成地球的原始尘云物质中,即早在地球形成的天文期,形成生命物质的基本物质(如简单有机分子与无机物)就蕴藏其中并开始有机演化。

三、有机物演变

大约46亿年前,原始太阳系星云物质因聚积、凝结,形成了太阳系原始行星的雏形,地球就是这些环绕太阳的原始行星雏形中的一个,按离太阳由近及远的次序,地球排位第三。

在地球形成前,呈弥漫态的巨量原始尘云物质的成分复杂,没有分异,含有大量的C、H、

N、O、S、P 等元素,这些元素是构成生命有机物的基础物质(单质或简单化合物)。根据近年来有关星际分子和宇宙有机物的发现推测:如同人类今天在不同的宇宙星云中所观测到的那样,46 亿年前形成地球的尘云物质中含有丰富的 C、H、N、O、S、P 等元素,在当时的尘云条件下,因各种原因(包括宇宙星光辐射和紫外线的照射)互相化合,多以简单有机小分子和无机化合物的形式存在。在已发现的星际分子中,几乎都由 C、H、N、O 以及少量的 S、Si 等元素组成,地球的情况应该有所不同。一是原始地球尘云物质更加稠密;二是地球的物质组成更加全面,具有组成生命有机体的全部元素;三是在地球形成初始,尘云物质已开始凝聚,元素的原子由于碰撞、挤压以及其他条件的激化,易形成分子或化合物。所以在原始地球的尘云物质中,形成的小分子有机物更为丰富,以 C、H、N、O 及少量的 S、P 或 Se 等元素为主组成。总之,在地球形成前的原始尘云物质中含有大量的有机小分子和无机化合物,它们是进一步合成复杂生命有机物的物质基础。

在地球尘云初始凝聚过程中,物质质点因吸积、碰撞作用致内能增高,有利于形成比较复杂的分子或化合物,这就为生命有机物的形成创造了有利条件。原始地球尘云的凝聚收缩是一个长期而缓慢的过程,也是一个变化剧烈、物态或性状极不稳定的阶段。在这一过程中,其内部会因收缩而增温,分子运动加剧,物质条件与能量状态不断改变,物质质点之间,微行星、陨星或星云尘埃之间的碰撞频率与撞击能量不断增加。根据现代合成有机物的模拟实验和有机物裂解实验等推测:其内能以温度来衡量,一般处在一定的有限范围内(如 60~600 ℃)比较合适,考虑到高压的平衡作用,实际温度可能会更高些,如同物质的熔点和沸点会随围压的增高而上升一样。

这时球内物质中的简单有机化合物与无机物在高温条件下因相互作用而化合形成多种氨基酸、有机碱等生命基础物质,甚至进一步形成多肽、核糖、脂类等更为复杂的生命物质(前期形成少量复杂有机物,可能会在随后的变化中分解成较简单的有机物)。如较大的微行星和陨星内部就有可能形成氨基酸等简单生命有机物,在某些陨星碎片(如碳质球粒陨石)中便发现过多种氨基酸和烃类化合物。正如米勒、福克斯等人的实验一样,这一过程也是人类在实验室合成氨基酸等生物小分子、以氨基酸等为原料合成多肽等获得复杂生命有机物的有效途径,只是与地球形成时的凝聚收缩作用比较,实验室所能模拟的条件实在太过于简单和理想化了。

第三节　天文地质过渡期的有机物演化

天文地质过渡期是地球形成的主要时期,在由宇宙尘埃云聚集形成凝聚态行星的过程中,地球内部物态和能量所经历的巨大变化是难以想象的。这一阶段也是生命起源的关键时期,主要的生命物质都是在这一时期形成并进一步复杂化的,这一时期产生的有机物种类繁多,其结构的多样与数量的巨大也是无法计量的,可能比现今有机圈内的所有有机物总和还要多好多倍。在这一时期,地球内部的有机物随着地球的形成,由天文期的简单有机物向复杂的生命有机物演化,即地球内部生命有机物的生成与复杂化。同时随着地球形成中的物质分异,球内形成的各种有机物从地球内部向地球表层运移、富集。

一、地球的天文地质过渡期

地球的天文地质过渡期是指地球从天文期演化到地质期的中间过渡阶段,即从形成地球的太阳系尘云物质开始聚集(呈现与其他太阳系行星物质团相对分异独立的物质团)到地球基本形成这一演变时期,这是地球形成的关键时期。地球内部物质变化非常剧烈,随着地球的形成,原始尘云物质逐渐由弥漫态变为凝聚态。

(1)在这一阶段的早期,原始尘云物质(包括第一阶段后期形成的微行星)开始以一个或少数几个区域为凝聚点进行新的聚集、收缩,然后可能出现几个凝聚区域以某一个凝聚区为中心汇集成巨大的物质团球。随着地球物质聚集、收缩,内部密度、压力增大,温度升高,物质质点和块体之间碰撞加剧或逐渐靠近直至紧密接触,内部能量增加,为生命有机物合成提供了能量条件。早期主要是生成简单有机分子和氨基酸等生命小分子,以及促成氨基酸等聚合形成多肽等较复杂的生命有机物。在适宜的能量条件下,简单有机物和某些无机物便结合形成复杂的生命有机物。人类在陨石内部发现氨基酸等生命有机物,说明在某些陨星形成过程中,其在物质聚积凝结时也有过生命有机物的合成。因为地球形成时的体积、质量都比陨星要大得多,所以其内部会有更加复杂的物理及化学反应,合成更为复杂的生命有机物。

在地球形成早期,在温度、能量等都较低的情况下,凝聚、收缩的尘云物质内部先生成氨基酸等生命小分子,类似于形成一般陨星,继而随着内能增高,小分子进一步合成生命大分子,成为更为复杂的生命有机物,直至形成类似于蛋白质、核酸一样的物质(早期未必能产生真正的蛋白质或核酸)。在地球形成过程中,球内合成生命有机物质必定是大规模和极为普遍的。

(2)在这一阶段的中后期,伴随着地球物质(巨大的物质团球)的进一步凝聚收缩,吸积周边区域更多的物质向原始地球聚集,不断增大地球的质量和密度。随着内能增高,原始尘云中凝结的气液物质在一定压力条件下会熔化或部分熔化,生成气液体。在重力和内部压力作用下,固、液、气三态物质开始缓慢分异,进而在地球内部形成不同的物质分布层(中期只是出现不同质量物质的相对富集区,直到后期才由物质富集表现出不完整的圈层现象),重物质逐渐向地心聚集,比重轻的物质慢慢向表层运移。地球形成中的物质凝聚、收缩、挤撞和分异作用(气液等轻物质上行逸出地表形成原始海洋和大气层),会促使内部简单有机物和无机物合成为不同层次的生命有机物,首先生成的生命小分子会进一步聚合或复杂化,生成更复杂的生命物质。

(3)这一阶段的晚期(后期下半段,向第三阶段过渡),地球已基本成形,分异作用使重物质向地心集中,轻物质向地表运移,地表圈层先于地球内部圈层形成。气、液、固三态物质分异,形成了原始海洋(水圈)、大气圈层和固态地表(原始岩石圈)。与此同时,在地球内部生成的各种生命有机物,也会随气、液等轻物质一道上行运移,直至源源不断逸出地表。进入原始海洋、大气层或掺合于地球表层岩石和泥土中,成为原始地表各圈层中的重要组分,为生命在地表的诞生和早期演化创造了物质条件和适宜的环境。

初具圈层结构的地球内部各区域,其物质和能量条件都不尽相同,而且差异甚大,如地心附近,高温高压,物质质量和密度都极大,不仅有机物不可能再生成,早期形成若在分异中没有运移走的有机物,也会被离解或转化。但在地表及其附近区域,却有着适于生命有机物生成和保存的条件。在地球物质凝聚收缩过程中,适于生成和保存生命有机物的环境也会自地心向地表转移。

二、球内有机物演化

早期的有机演化继续着第一阶段末期可能就已经开始的氨基酸等生命基础物质的大量合成,由于地球在形成中的物质分异作用,形成了最初的圈层结构,出现了原始大气层、原始海洋和原始地壳。最初的海洋可能是残缺不全的"积水坑",最初的地壳是破碎不堪的固态凝聚物块体,两者可能互为交错。以地壳为界,其内集中了较多的固态重物质,而液态、气态等较轻的物质(包括有机物)则不断逸出固态地表成为原始海洋和原始大气层的组成成分。

在地球形成后期,由于球内物质和能量条件各处不一致(大体也呈圈层分布),球内的不同圈层(区域)或有利于或不利于生命有机物的生成和保存,球内生命有机物在不同的条件下,产生不同的变化:

(1)随物质分异上行运移逸出地表,成为原始地表重要组分。

(2)在向地表运移的过程中,到浅层(地壳或上地幔)受阻,未达地表而在适当的温压及构造条件下贮积起来,或经转化(可能去氮)生成烃类等成油气物质。

(3)在球内高能区(主要是高温,地核及下地幔是典型的高能区)被解离或燃烧,释放出能量并生成水和气体,成为地表水和大气的重要来源,部分 C 等元素滞留在地球内部成为形成金刚石的碳源。

在球内物质分异和运动中,先生成的氨基酸可进一步合成多肽。多肽分子量在一定限度内随温度增加而增大,进而聚合或化合生成各种蛋白质。核苷酸会聚合形成核酸,单糖聚合形成多糖,脂类也会复杂化,等等。生命有机物的分子量越来越大,成为将来原生体的构件。在某些能自由活动的液态环境中,多种生命有机分子甚至会聚合或抱成团,形成多分子体系,或者由于有机物过于富集而彼此结合形成人类目前尚不十分清楚的成分复杂的有序或无序团块(生命分子集合体)。在某些条件下,氨基酸或多肽等含氮化合物也可能发生去氮作用生成化学性质比较稳定的碳氢化合物(油气物质)或其他化学性质更为稳定的有机物。氮以气态或氧化物形式逸出并进入大气层。烃类物质在运移过程中,若遇到适当的构造环境,则会被储存下来,形成原生油气藏。

氨基酸、多肽、烃类有机物质或更为复杂的有机物在球内运移过程中,在超高温区($\geqslant 1000\ ℃$,如岩浆流或岩浆房)会分解、燃烧或转化成其他产物;在极高温、超高压且缺乏氧化剂的条件下,有机物中的碳可能会生成单质碳结晶,形成金刚石,其余成分则生成 H_2O、N_2、CO_2、CH_4、CN_3 等物质逸出地表,进入原始海洋或大气层。另外,球内有机质的氧化(分解、氧化或转化)会释放能量,也是球内增温的原因之一。大量有机质的燃烧释放的能量可使已凝结或正在凝结中的固态尘埃(原始岩石或岩块)熔融或重熔,这更有利于固体物质的分异,氧化生成的 H_2O、CO_2、N_2 等也是原始海洋和大气层的重要物质来源。

与此同时,大量的氨基酸、有机碱、多肽、脂类、糖类、蛋白质、核酸甚至更复杂有机物质和烃类等化合物会沿球内通道(或与其他物质一起)上行运移,直至逸出地表,进入原始海洋或大气层,成为进一步演化的物质基础。

三、地球内部物质分异与圈层结构的形成

地球形成时的内部物质由松散的弥漫状态逐渐聚集形成较为紧密的凝聚状态,这一过程是原始太阳系星云盘在环绕太阳旋转(公转)时,由于太阳与外围物质引力的牵引作用或其他尚不为人知的作用,致使位于地球轨道的尘云物质结团并产生自体旋转(自转)而造成的。这个过程(由混沌不平衡到相对平衡状态)可能发生在一瞬间,也可能在上千万年间持续加速运行。由于自体旋转持续或不断加速运行,最终将太阳系中位于地球轨道及其附近的微行星、小行星、陨星、尘云状物质等吸积于一起,形成地球。后期的吸积过程可能会很长,主要吸积作用结束后,地球就形成了。此后,在地球外围空间仍然存在一些小行星、陨星等小天体,它们在地球的引力作用下,仍会不断坠入地球,但与地球形成中的吸积期相比,其规模和频率要小得多,或者说只是零星作用,属于小概率事件。

地球在形成过程中,微行星相互聚集、碰撞并产生热量,热量增加到一定程度会使微行星出现熔融现象或部分熔化。如果是水或其他气液体凝固成的微行星,其熔化后的气液成分会向外层扩散,而固态的岩石质尘埃会留在中心部位。因此,中心位置岩石成分会越积越多,而外层则聚集更多的气液成分。碰撞、挤压使温度升高,在地球基本成形后,由于表层岩石圈的保温作用,内部岩石质物质局部熔融是肯定的,表层岩石质成分因为可以通过表层气液对流将热量散发到地外宇宙空间,故不易出现熔融状态。地球内部的物质是否都熔融过一遍,目前这还不好说。因为如果地内物质都经历过熔融的洗礼,其内的物质分异应该很充分,会很少再有气液成分残留于地球内部,但事实上,人类至今仍能探测到由地内排出的气液体成分。

由于地球在形成过程中的物质分异作用,致使地球一形成便有了基本圈层结构,出现了原始大气层、原始海洋和原始岩石圈,这与传统和现有的主流观点都不同。现有观点认为:在地球形成很长时间(可能几亿年)后,才由陨石、彗星、"太空雪球"等坠入地球并带来水分,然后缓慢地形成地表海洋,甚至连大气层也是在地球形成好几亿年后才由地外来气和地内排气缓慢形成。

这里有一个很简单的逻辑,既然地球形成后坠落地表的陨星或彗星等地外天体中含有凝固水分和气体物质,为什么形成地球的微行星或小行星乃至宇宙尘埃中就不会含有凝固水分和气体物质呢?它们都是宇宙中的尘埃或碎屑。地质学上最基本的方法就是"将今论古",这是现代地质学之父——莱伊尔早就告知我们的,为什么不用现代人类收集和观察到的陨石与形成地球的微行星、小行星或陨星、彗星进行比对?而只是将看到的所谓"证据"直

接拿来"对证"。笔者之所以得出与传统和现有观点完全不同的结论,是因为从地质学的角度,用将今论古的方法来考虑这一问题。已知的陨石或彗星探测的结果完全可以类比地球形成前将形成地球的微行星和彗星等,所以无需等地球形成多少亿年后,再用现代的陨石来假想撞击地球,从而为地球带来水分和大气成分。

最初的海洋肯定没有现在海洋的规模或深度,可能只是残缺不全的"积水坑",当然还是远远大于今天人们所能见到的任何湖泊。大量的水分仍储蓄在地球内部没有释放出来,另有很大一部分水分可能来自有机物的分解,在分解之前,仍然以有机物的形式储存在地球内部。

最初的地壳只是松散的固态凝聚物块体,其组成物质的平均密度可能只有现在地表岩石的平均密度,即 $2.65\,\mathrm{g/cm^3}$,地球现在平均密度为 $5.5\,\mathrm{g/cm^3}$。因为原始地球刚形成球体,经历长期的吸积作用,物质聚集、挤撞、收缩,并伴随旋转运动,其温度比现在要高,地表可能存在局部岩浆海,火山喷发比现在频繁,但还不至于造成全球熔化,或形成大规模的熔融区。

设想一下:地球形成过程如果像现在很多人所认为的那样,需要上亿年甚至数亿年的话,那形成地球的物质的吸积作用就很缓慢,通过计算可以得出每年或每天平均吸积到地球的物质量,其撞击所产生的能量根本不足以使地球表面物质熔化;如果是吸积得很猛烈,比如在几万或几百年内,甚至更短的时间内,地球便可以由松散的原始太阳系星云物质团聚集形成原始凝聚固结的地球,那么形成中的地球的内部物质挤撞、收缩就要猛烈得多,可能会比前一种缓慢的吸积过程要猛烈上万倍。于是,地球内部产生的能量使球内物质呈现熔融态,但由于地表存在大量的气液物质循环,地表的热量将会很快地散发到地球以外的宇宙空间,就像现在这样,地表会呈现相对稳固的状态,而将热量封存在地球内部。正因为有地表岩石圈的保温作用,地内部分区域才能保持高温并形成岩浆。

地球内部能量的积蓄使地内一部分物质熔化成熔融状态这是可能的,即使不是一次性地同时熔化,也会是逐步熔化。正因为处在熔融状态,物质分异会更好或者更彻底。重物质(如铁镍等)向地心聚集,而气液等轻物质则会上行向地球表层运移。这种分异虽然不至于使轻、重物质绝对分开,但也会形成相对集中的圈层,在地球内部自中心向表层依次形成地核、地幔和地壳。地球内部的气液体不断向上运移直至逸出地表,在固体地壳之外形成水圈和大气圈。

在地表局部会有地内熔浆(岩浆)喷出地表,如同现在的火山喷发,形成地内热量向外宣泄的出口,原始地表的火山喷口区比现在多,且范围广泛,但肯定不像许多现代学者认为的那样,地表几乎全熔化,形成全球性的火山喷发,或者形成如同太平洋或大西洋那样的超大岩浆海。可以说出现这种状况的概率非常小,小到几乎可以忽略不计。因为,人类现今在太阳系以外的宇宙空间发现了至少 400 颗以上的行星(不包括小行星),其中没有一颗行星相似于人们想象中的原始地球,表面被岩浆覆盖或存在大面积的岩浆海。天文学常识告诉人们,除了恒星以外,宇宙间尚未发现过燃烧的行星。如果行星表面由熔融岩浆覆盖(行星在燃烧)的话,人类可以更轻松地发现它,因为它会发出大量的光辐射和红外辐射。

原始地球形成后,在形成地球的原有属于原始太阳系尘云物质团块及其周边物质中,有部分可能在地球吸积、聚集过程中逃逸,或者本来距离原始地球物质团块较远的微行星或陨星物质,随着地球引力增大或彼此运行轨道的接近,还会陆续被地球吸积而坠落地球表面,成为地球不断增大的物质来源。这种情况早期可能会多些,越到后来,其发生的概率越小,并逐渐趋于平稳。陨石撞击期究竟会持续多少年,具体要取决于地球形成时的地球吸积速度和地外微行星的运行情况,最长不会超过一亿年。

因为陨星或小行星撞击地球同样会产生热量,某些现代学者热炒的一个话题:在地球形成早期,由于小行星等天体不断地撞击地球,使地表出现全球性熔融状态。这种情况可以说是绝不可能的。地球形成早期的物质团或因自身旋转运动吸积其环绕太阳运行轨道上的尘埃物质,应该是在地球形成时就已经汇集到了其轨道上而被吸积,残留的物质在地球形成后再坠入地球的只是少数,所以不会造成大面积的地表熔化过程。否则,地球的形成过程就没有结束。原始地表遭受陨石碰撞的概率应该比现代高,可能会造成一定的撞击损伤,暂时的局部熔融也许有过,但绝不至于造成地表大面积的熔融,更不会形成全球性的撞击熔浆海,分析一下火星和月球的陨击坑就一清二楚了。

还有一个离奇的假想:地球在形成时,同时产生了一个孪生兄弟"赛亚"。它在地球形成后若干亿年与地球相撞,大部分物质撞入地球,地球进入熔融状态(燃烧的行星),还有一部分蹦出形成了月球。还说正是因为这一撞,地球上才有了生命和复杂的生态系统,也才有了月球这个地球唯一的卫星。因为地球比月球形成得早,就说月球是地球形成后撞出来的"儿子",地球真的比月球年长吗? 根据同位素测年,月球上最古老的月壤或月岩没有地球的年龄大,但是人类在月球上取样的范围和数量十分有限,过去的几十亿年内月球经历过什么变化,人类还无法断定。另外,依此逻辑,火星有两个卫星,难道是火星经历了两次撞击? 木星、土星有那么多卫星,难道也是一次次撞击出来的吗? 地球体积大于太阳系其他的内行星,为什么不是它所在的轨道特点或其他原因所造成的呢?

还有一种加更莫名其妙的"智慧创造说",其认为生命世界太神奇了,如果是进化而来的话,就连鞭毛虫的一根鞭毛(相当于轮船的螺旋桨)可能也进化不出来,眼睛的构造也是一样,太复杂,单凭进化也是不可能的。所以,一定是有个超级智慧在创造着这一切,或者是在指导着自然创造,才会产生出这些精密的机构。这几乎就是神创论的翻版!

第四节　有机进化与原始生命体

生命起源的地球地质期从地球形成后开始,这一阶段最大的特点是有机演化主体从地球内部转移到原始地球表层,来自地球内部并源源不断汇集于原始地表的各种有机物是有机进化(不是化学进化)的基础和原动力。最初生成的是多种生命分子聚合形成的生命分子集合体。由生命分子集合体进化到原生体是一个质的飞跃。原生体的出现标志着生命在地球上诞生,地球上最早的生命活体就是原生体。原生体进一步进化发展成为高级原生体,由各种高级原生体为主体形成原始生态系统是这一阶段的结束,表明生命已在地球上成功孕育生长,地球生命的起源过程已经完成,接下来有机演化将进入生物进化阶段。

一、地球的地质期

地球形成以后，生命起源的有机演化时期称为"地球地质期"。广义地说，现在仍然是地球地质期，这是对地球自身或者对生物、对人类而言，但已不属于生命起源的演化时期。这里所说的地球地质期主要是指生命起源的地球早期演化阶段。这一时期的开始就是地球的纪年史元年，距今约 46 亿年。地球地质期开始的一亿到几亿年正是地球生命诞生（非化学进化）与早期演化的年代，所以这一时期也被称为"地球地质期——原始地表生命（原生体）诞生及最初演化阶段"。

地球形成以后，初具圈层结构的地球内部各区域的物质和能量条件都不尽相同，而且差异甚大。如地心和下地幔及其附近区域，高温高压、物质紧密、质量大、能量高，属于高能区，在那里不仅有机物不可能生成，早期形成的有机物在分异过程中没有运移走的滞留者也会被离解、氧化（如果有适当的氧化剂的话），或转化成其他密度更大或结构更稳定的物质（如碳形成单质碳结晶金刚石，参见第十一章），但在地表及其附近地区却有着适于生命有机物生存和保存的条件。所以，在地球物质凝聚收缩过程中，适于生成和保存生命有机物的环境也会自地心向地表转移。

这一阶段实际上就是"原始地表（如充满有机物的原始海洋）多种生命分子聚合演化（有机进化）——生命诞生及逐步完善阶段"。由于地球内部的原生有机物不断逸出，地表的原始海洋从一开始就富含多种生命有机物，在这样的复杂环境中，来自地球内部的多种生命有机物因相互作用而聚合形成生命分子集合体，生命分子集合体再进一步演化，直至获得最基本的代谢和增殖功能，生命（初级原生体）便宣告诞生。

二、有机物在地表富集与有机进化

这里首先介绍一下"有机演化"和"有机进化"，这是笔者为了方便论述一些问题，也是为了更好地解释同源说的核心内容而提出的概念。

（1）有机演化是指有机世界的演变进化，从有机小分子到氨基酸等生命小分子，再到蛋白质等生命大分子（复杂生命物质），再到生命体的演化，包括生物进化等都可以称为"有机演化"。

（2）有机进化是相对于化学进化而言的，是指从蛋白质、核酸等复杂生命有机物进化到生命活体（初级原生体）出现以及原生体的进一步完善（高级原生体）这一阶段的进化过程。

（3）有机进化不同于化学进化。化学进化是指通过化学合成来实现有机物复杂化的，有机进化是指通过有机分子或分子集合体相互聚合或融合（其间有可能会交换大分子，如核酸）来实现复杂化和个体增长的；化学上的化合是指分子层面上的原子结合或原子交换，有机进化的聚合或融合是指分子集合体或原生体层面的分子或分子团的交换或结合，有机进化是化学进化与生物进化的中间过程。

简而言之，有机进化是指有机演化中从生命分子到原生体（从初级原生体到高级原生体)这一段的进化,而有机演化是指有机体从无到有,从低级到高级、从简单到复杂的全部进化过程,即化学进化、有机进化、生物进化都属于有机演化。

在地球内部合成的生命有机物会源源不断地逸出地表进入原始海洋和大气层。当时的海洋和大气层,尤其是海洋,实际上是一个含有大量有机物的复杂环境,这一环境与剧烈地进行着合成与分解、同化与异化的地球内部比较起来,能量与活动都相对较低。这对于氨基酸、蛋白质等生命有机物的保存是比较有利的,同时还为有机进化、促使复杂生命有机物进一步聚合形成多分子体系(生命分子集合体)创造了条件。

当时的岩石圈、水圈、大气圈之间的物质交换很频繁,在这样大量而频繁的物质交换中,分子之间的剧烈碰撞为蛋白质、核酸等的重新组合或有序化提供了能源和物质来源。在原始海洋中多种蛋白质、核酸等的聚合,可形成多分子集合体,这样的多种生命分子集合体形成前生命物质体系。由生命分子集合体继续进化产生最初的生命活体(原生体)便只是一个时间问题了。

在原始地表动荡、开放(具自由空间)、成分复杂和变化不定的环境里,逸出地表的生命有机物除了进入原始海洋、表层岩隙和泥土,成为其中的重要组分外,还有相当大的部分将会在地表被分解或氧化,有机物的氧化致使原始地表环境因缺乏氧化剂而呈还原性。有机进化是在还原条件下进行的,共分三个阶段:

第一阶段是由蛋白质、核酸等复杂生命有机物聚合形成生命分子集合体。

第二阶段是由生命分子集合体经聚合或融合等获得代谢与增殖功能,形成原生体,生命诞生。

第三阶段是从原生体诞生到原始生态系统形成,原生体从开始的初级原生体进化到高级原生体,高级原生体相当于地球上最初的原核生物。

还原性环境的保护对生命的孕育和诞生非常重要,来自球内源源不断的有机物是在前赴后继地以自身的分解和氧化来保持着这一足以孕育生命的还原性环境。所以,那些进入原始海洋、大气层或掺合于泥土中的生命有机物是动态平衡的,前面的因分解或氧化而消耗,后来者又源源不断地补充。在地球形成和早期演化的漫长历史中,如果没有来源充足的有机物质(还原剂)被不断氧化和分解,以消耗地表因各种原因而生成的氧化剂(有机物在地球内部高温高压下分解也可能会脱氧产生自由 O_2),要使环境长期保持还原性是不可能的。另一部分有机物被分解成 CH_4、NH_3、CO_2 等温室气体,增加了大气的温室效应,释放出的 N_2 等则成为大气的重要成分。46 亿年前的地球大气层可能正像人类今天在木星大气中见到的那样,富含甲烷等有机小分子。

只有那些能保持较长时期的有机物才能最终演化出生命来。在还原性条件的庇护下,进入原始海洋和地表泥土中的各种生命有机物避免了继续被氧化的可能,并且不断地进行着分解与合成的相对运动,持续地改造、重组和有序化(如有机分子内氨基酸等基本单位的排列按一定的程序形成特定编码),完善着蛋白质或核酸分子的结构,为生命的最终出现进一步创造条件。随后的演化便是多种不同层次的生命有机分子相互聚集和融合形成多分子体系团,即由多种生命有机物分子相互结合形成生命分子集合体,并可能被某种同样由有机分子(如脂类)所形成的薄膜(分子膜)所包围,以区别或独立于环境的团体。生命分子集合体看起来很类似于奥巴林的"团聚体"或福克斯的"微球体",但从以上描述和分析中可知,其来源和实质上是有区别的。

生命分子集合体并不具有生命的所有特征(参见第二章),进一步演化(有机进化)直到出现代谢功能和增殖功能才能成为生命体(原生体)。在地表最初的生命体诞生以后,生命便宣告在地球上诞生,生命起源的主体过程便基本结束。随后便进入生命早期演化阶段,这是检验新生的生命是否能在变化万千的地球上立足的关键过程,笔者也将其归入生命起源之中,作为生命起源第三阶段的最后一个分阶段。

球内生命有机物质仍在源源不断地逸出,这一方面为地表原始生命的增殖繁衍提供了所必需的养料(异养生活);另一方面可继续被氧化以抵消地表因各种变化所产生的氧化剂,从而维持地表环境的还原性,以保障原始生命能在温暖的还原性环境(与其诞生时一致)中开始并完成终极有机进化(最初的生命进化)。当地表有机质的消耗(如生命有机体的异养同化和自然分解、氧化等)大于自球内逸出的有机物后,原始地表大部分"过剩"的有机质会逐渐被消耗掉,地表环境开始由还原性向氧化性过渡。

这时地球生物及生态系统已经具备由还原性机制转化为氧化性机制的功能,生命有机体经过渐变度过"氧化"关,得以在地球上繁衍生息至今,成为人类目前所见到的样子。可见,球内合成和逸出提供的有机质要多到足以维护相当长的时期,并且只能是逐渐减少(这基本上也符合地球形成初始时期球内的变化过程),以致生命有机体能在还原性同化异养生活中演化到较高的水平(防氧化功能),以适应随之而来的以自养生物为基础的生态系统所造成的富氧环境。从而完成生命起源的最后一个阶段——有机进化阶段,即由多种生命分子向生命体的演化,直至形成原始生态系统。

三、地球上最早的生命体——原生体的诞生

46亿年前,地球刚刚形成,地表充满着有机物,此后很长一个时期内,有机物仍然源源不断地自球内向地表运移,以抵消地表因氧化等消耗的有机物。这个时间大约为一亿年,在这段时间里,原始地表(海洋)开始从多种生命有机分子向生命体演化,在充满有机物的原始地表海洋或任何富水的潮湿地区,各种有机分子相互聚集,抱成团或结成块,形成团块状集合体。这些团块可能由蛋白质、核酸样物质聚合而成,也可能是氨基酸、蛋白质、核苷酸、核酸、有机碱、脂类、糖类等不同层次的有机物质甚至带有无机物等共同聚合形成的"多分子体系"。这种有机分子聚合行为在当时的全球海洋或任何富水环境中都普遍存在,有机物在无害的高温(如50~60℃的热水)条件下更能"抱成团"。分子到底能否结成团体,形成多分子体系团或集合体,取决于各种分子的亲和性和非排斥性。

原始地球表层海洋中的各种有机物在亲和力的作用下互相碰撞结合或离散,在有机物不断地化合和分解中,一些有机小分子会结合形成大分子,同时也有大分子分解形成小分子,在有机物极为丰富的有机物海中,结合生成大分子显然更具有稳定性。大分子进一步结合生成多分子体系,许许多多生命分子有机结合在一起就形成多种生命分子集合体,与由小结合成大的过程相反的分解也一直在进行,但在充满有机物的原始地表(海洋、池塘、温润的

泥土或地下岩石的洞隙中），有机物相互结合形成更大的有机体显然更有竞争性（有机物之间或结合成更大的机体或被分解）和抗环境打击力，也更有利于其生存与发展。如果结合形成的机体是内部有组织的有机结合，便会适应环境压力，进而演化出代谢功能和增殖功能，最初的生命体便由此诞生。

亲和性是体系团不断增生的先决条件和促进力量，也是分子形成"结构"和协同进化发展的动力。亲和性与排斥性是一对矛盾体，而非排斥性则是中性的，它是生命体系团内分子相容的基础。彼此具有亲和性的分子即具有亲和力，具有亲和力的生命分子彼此因相互吸引而结合，或缠绕或重叠，以一定的结合方式形成一定的结构，继而抱成团或结成块。当团块增大到一定规模即形成多分子体系团，称为"生命分子集合体"。非排斥性分子以各种方式加入到不同的分子团体中，成为其中的有益或无害组分。

生命分子集合体内包含的生命分子多种多样，可以有不同层次、不同复杂程度的分子，甚至无机物或离子。形成后的生命分子集合体因分子亲和力作用，仍会吸引其他生命分子或团块加入，从而使自身不断增长。当一个生命分子集合体增大到一定规模时，自身因"太大"而分裂成两个或多个。最初的生命体极可能是只会从环境中吸收"营养"，不断增大身体，然后分裂，再形成多个个体的生命分子集合体，可称其为"前生命体"。

前生命体还不是真正的生命体，就现代生命意义来说，这时的生命体是不完备的。因为，它还只能吸收，不会排泄。内部结构还没有完善到能进行新陈代谢。只会选择性（亲和力作用，有应激反应）吸收，增大个体，再分裂，产生子体。生命体两大功能只完成了增殖功能，新陈代谢功能尚未完成，所以是不完备的前生命体，这样的生命体在亲和力的牵引下，或受应激反应作用，可能会运动，就像现代的变形虫或某些菌类那样，当然，其结构和功能远没有变形虫或菌类那样完备。

最初产生的前生命体之间存在着竞争，在竞争中，个体自身不断优化，内部结构也在不断调整和优化，存优汰劣。最终，生命分子集合体逐渐"学会"将不利于个体发育或有害的部分排出体外（代谢功能），而选择性吸收对自身有益的成分，排出吸收多余的部分（无用或有害物）或体内产生的废物，完成新陈代谢功能的进化。最初的"生命活体"出现，生命宣告诞生。这已不再是生命分子集合体或前生命体，而是一个真正的生命活体（原生体），它具有新陈代谢、增殖繁衍后代等活的生命体的基本功能。

奥巴林、福克斯等人所提出的团聚体、微球体，是由多种生命有机分子组成的多分子体系团，还不能称为"生命体"，应该相当于生命分子集合体或前生命体，即相当于生命起源进化中的中级阶段产物，可能会具有部分生命功能，但不完备，距原生体已经很接近了，但仍然有一段距离。

第五节　生命进化中的融合作用

一、生命的早期进化

按理说,原生体诞生,地球生命起源的进程到此为止已算完成,但原生体能否在不断变化的地球上立足,其早期进化非常关键。原生体的早期进化不仅使其自身从初级到高级不断完善和发展壮大,形成大小不一的不同类群,而且类群之间彼此联系,并与环境之间形成稳定的物质和能量供给与交流关系,这样便形成了地球上最早也是最原始的生态系统。原始生态系统的形成,说明生命在地球上立足已稳,地球生命的时代已经开始。曾经有人说过,"地球上的生命曾经开始或者出现过多次。"按常理而论,从生命有机物到生命活体的形成都遵循着一定的自然法则,如不断地"生成—分解,再生成—再分解",如此往复,最终达到一个平衡:如果生成大于分解,有机物生成便朝着生命起源的方向前行,最终导致生命的出现;如果生成小于分解,生命起源便会在某一层次终止,或者起源过后又消亡了。生命起源不可能像现代工业生产线那样,进化并不一定能制造出生命来。

地球生命起源的最后阶段(从多种生命分子到生命体的有机进化)大约经历了1亿年,即在原始地表经过1亿年有机进化后,原生体在地球上出现并逐步完善。刚出现的是仅具有基本生命要素的初级原生体,又大约经历了1亿年的自我完善和发展壮大,形成了高级原生体和地球上最早、最原始的生态系统。根据现有科研资料推测,地球形成于46亿年前,原生体于45亿年前在地球上诞生。初级原生体仍不完善,其早期进化仍然是有机进化。大约44亿年前,地球上出现了最早的原核单细胞生物和最原始的生态系统。从此,生命在地球上不断进化发展,一起延续至今。最初几亿年的地球环境变化复杂、动荡不定。在地球形成早期,固体的尘埃、凝固的水和气体,在地球物质碰撞与升温中便已释放出来,汇集于地球表层。所以地球刚形成便有了固态地表、水圈和大气圈,但岩浆仍在一些不稳定的地带不停地喷发或涌出,陨石还时常光顾地球,新生的生命便在这样多变且不稳定的环境里经历了火与水的洗礼。

原生体是具有初步代谢功能与增殖功能的生命体,其中众多生命分子是有组织地彼此结合在一起的,而不是随意结合的乌合之众。其内部有组织分工,各司其职,协同配合,吸收养分,排出废物。生长成熟或到一定时期后便会进行分裂繁殖或排出子体或长出芽体来繁衍后代。其与环境之间有脂质或蛋白质等成分构成的薄膜(原始生物膜)隔开,形成自身相对独立的开放或半开放体系。早期初级原生体吸收养分和排泄废物可能是通过膜渗透或吞噬融合,还达不到细胞代谢的水平,但每个原生体都是一个相对独立于环境的有机个体。

从原生体到原始生态系统的进化过程属于有机进化的第三阶段,按照同源观点算是生命起源的最后一段历程。依生物进化的观点来说,生命体已经诞生,起源也就完成了,这应该是生物进化的开始或早期阶段。但现代生物进化论中的遗传、变异、自然选择等套在原生体上完全行不通。原生体的进化属于同源说中的有机进化,即在生命分子集合体或分子体系团层面上的分子融合或分子交流,所以这还不能算是真正的生物进化。在此笔者不拘泥于概念,将生命起源的结束时间延后定在地球上最原始的生态系统形成以后,此后的生物进化由现代生物进化学说来解释,此前的生命起源由同源说或同源-融合学说来解释。确切地说,原生体的进化是生命的早期进化,并非是现代意义上的生物进化,仍属于有机进化。换句话说,原生体处于生命起源与生物进化的结合部,生命虽然已经诞生,但还不完善,需要有个完善和发展的时期,犹如婴儿的哺乳期,直到高级原生体出现。

二、生命进化中的融合与聚合

原始地表很大,各地环境不尽相同,因为有地壳运动和火山喷发,所以肯定有隆起暴露出水面而成为陆地的地方,虽然水很丰富,但最初的海洋肯定没有现在的海洋浩瀚。今天的海洋占有地球表面70.8%面积,因为地球上的水是逐渐从地内释放出来的,在地球形成的漫长时间里,至少也要几亿到近十亿年时间,地内的水气才能大部分排出地表。原始海洋有深有浅,有海岸,也有海湾,地貌环境十分多样化,原生体的诞生过程不止发生在一个地方,很多地方都会出现"生命分子集合体—前生命体—原生体"的演化过程。正如某位先哲所说,"在广袤的平原上只长一棵草或一棵树是不可理喻的。"46亿~45亿年前的地表原始海洋或其他富水之地,来自地球内部丰富的生命有机物,不会只在一个地方进化(聚合形成)出生命分子集合体。在具有丰富生命有机物的原始地表,广泛存在着生命分子集合体,再由生命分子集合体演化出原生体。原生体遍地开花式的爆发增长,正是早期地球生命的诞生景象,就像今天海洋中的某些区域(如近岸浅滩或泻湖)频繁出现的微小藻类生物爆发一样。早期的生命——原生体要比今天的微小藻类更加原始、低等,也更具有可变性,其更像某些肉眼不可见的原核生物(如依原体)。为什么会是爆发式生长?因为原始地球的地表(海洋)到处充满着有机物,而且地球内部还在不断逸出,不可能只在一个或几个地方出现生命分子集合体,遍地的生命分子集合体也不可能只在一个或几个地方演化出原生体。一旦环境条件适宜,原生体自然会在全球各地遍地开花式地涌现。由现代低等微生物对各种环境(包括极端环境)的广泛适应性可推知:原始地球上的各种环境中都有原生体产生,而且生成的原生体还有千差万别的不同类型。

原始地表(海洋)爆发式涌现的原生体还在不断生长,彼此也会争夺优势个体,相互聚合或融合。首先是优势与优势个体融合,其次才是优势个体融合弱势个体。虽然不排除优势原生体会将相对弱势的原生体或其他有机物作为食物吞食,但在早期有机物食物十分过剩的情况下,更多的可能还是相互聚合或融合,形成新的优势个体,新个体保留有融合前个体的各自特质或基因,成为新的更具有优势的个体或新种原生体。较强个体也可能通过融合吸收较弱个体的某些特质或基因(互补)成为新种原生体。所以,同源说延伸到生命早期进化上,认为早期的生命进化主要是通过融合作用实现的,通过融合与物质交流,保留和发展出新的更具优势的新种原生体,而不是通过变异、生存斗争,再经自然选择来实现生物进化。

早期的生命进化是通过不断融合、不断地物质交流实现的。群体进步是由弱势到优势，由遍地开花（众多）到强势独立（少数），由"众生平等"到层次分化，形成协同进化体系来完成的。最后留下来成为地球上最早一批强势生命体的应该就是那些通过更多融合吸收更多特质和基因的新种优势原生体，即高级原生体。当然，它们在原始地球上的个体依然是为数众多。它们在原始地表仍然继续着融合和物质交流，当强势群体出现，加上环境压力和生存资源减少，便会带来竞争，分化出不同的类别或种类，形成丰富多彩的生命种群和种类系统。新的生命种群或种类在其生存竞争中，依然会不断地融合较低等的原生体或其部分基因，以丰富或改善自身的基因库或者获得新功能（如光合作用）。如某些生物通过共生细菌获得发光性或某些特殊气味以增强其性吸引力等。

原生体的进化是融合进化，即两个或多个原生体相互靠近，通过"表膜"折叠或重新整合实现个体融合或部分融合，或者进行物质和能量交流。两个个体或多个个体之间整体融合也称聚合，是融合的一种形式，在原生体进化的早期比较常见。在原生体进化中，早期以聚合增大个体为主，同时改变性状。后期以融合改变性状为主，增加多样性。所以，原生体的进化是通过生命分子（也可以有其他成分）或分子团的交流或吸收来实现变化和进步的，它不同于化学进化，也不同于生物进化，属于有机进化。

三、同源-融合学说

原生体的诞生是一个奇迹，它不是在某一特定环境中进化出来的少数个体或小类群，而是在全球海洋和富水环境中遍地开花式地大规模涌现，而且前赴后继持续了很长时间。大量涌现的原生体通过彼此之间或原生体与生命有机物之间的融合作用进一步演化，使原生体不断发展完善，同时个体与群体都逐步复杂化。由于在全球各地不同环境中的不同原生体之间及其与其他生命有机物之间的融合作用，使原生体发生分化，各地出现不同的原生体类群，众多的原生体类群彼此既有区别又存在一定的共性，而且彼此之间存在着联系与竞争。生活在同一环境中的高级原生体通常还有物质与能量交流，共同组成地球上最早、最原始的生态系统。这些早期生态系统的结构比现在地球上所能见到的最简单的菌藻生态系统还要原始，但无论在个体和群体数量上还是多样性方面都要丰富得多。

进化中的融合作用同时也起到自然选择的效果，原生体通过取舍有选择地融合其他原生体或生命分子来改变性状和获得新功能，从而提升自己对环境的适应性和生存能力。环境的胁迫促使最初的原生体不断地进行着演变以适应环境的变化，环境压力同时也在选择着不断演变（或融合）中的原生体，选择是综合性的，对组成、结构和功能各个方面都有选择，适应者保留下来，不适应者淘汰出局。最初的原生体是生活在潮湿和富水环境中的，无论是海洋还是湖泊、池塘，原始地表，只要有水的地方都应该有原生体存在。早期原生体的运动是非自主性的，随着水流、波浪或通过自身包裹机体的皮膜变形（如机体的收缩或舒张）而运动，但运动没有方向性和目的性。在运动时会发生原生体碰撞，在亲和力作用下会选择性黏住或附着所碰到的物质或其他原生体，并通过皮膜变形包裹直至双方融合。以两个原生体聚合为例，碰撞在一起的部分皮膜会融开，两个个体内的生物质会聚合互相包容形成一体，在两个个体非接触部分形成共同的新皮膜,个体融合便完成;如果一方不是原生体,如生命分子(核酸、蛋白质、氨基酸等)、有机物、无机物等,原生体会通过皮膜变形包裹,在外层形成新的皮膜完成融合。

通过融合作用,原生体可以获得营养使自身维持生命和生长发展,还可以获得新的物质组成(如不同的功能小体)和结构,丰富和拓展自身的功能组分和基因库。在环境压力和自身演变(融合获得新机能)的双重作用下,促使最初的原生体朝着不同的方向进化。具体有哪些进化方向,一时可能还说不清,但总体方向应该是不会错的,即由原生体通过融合作用不断发展,逐渐获得越来越多的新机能,自身组织与结构也不断得以发展和完善,逐渐演化成原核细胞生物,最初出现的可能是类似于支原体(绝不是支原体)那样的没有细胞壁的原核生命形式(高级原生体)。进一步进化到真核生物,再进化到多细胞真核生物,直到形成如今的大千世界。

地球生命起源与地球形成同源,最初生命体(原生体)进一步完善与复杂化(早期进化)是原始地表众多原生体的相互融合的结果。这种"起源上的同源,进化上的融合"统一起来就是"同源-融合学说"。在同源说的基础上,加入有机进化的"融合"概念,突出生命体形成后,早期进化中的融合作用。因为融合作用,不断融入新成分、新结构、新功能和新基因,才使生物世界变得如此强大。地球生命早期演化中的融合作用会延续,但延续到什么层次,哪个阶段,需要新的论证才能定论。

随后的进化历程应该是读者所熟知的,生物进化论者已经向人们展示过许许多多的进化观点和生物进化的场景。但有一点,笔者要强调,这也是笔者关于生物进化最基本的观点,就是融合作用至少在生物早期进化中是一定存在的。这个"早期进化"早到什么时候结束呢?原生体进化不用说,肯定是融合作用占主导。后来的生物进化中融合作用应该还在延续,但作用力度可能会逐渐减小,"遗传、变异与自然选择"的生物进化作用逐渐显现出来。融合作用至少延续到多细胞真核生物大量出现之前。即在此前的生物进化中,始终存在着生命体对生命体或非生命体的融合作用。所不同的是原生体时代的融合作用是两个个体在组成、结构或功能上可能不同,但就其复杂程度和个体大小而言,大体相差不多(基本对等或几乎对等)的融合,甚至是聚合。即两个融合的原生体即使有差别,也不会差别太大,很难分清究竟谁是融合者,谁是被融合者。后期的融合完全是不对等的融合,为了区别于原生体的融合进化,特称其为"后融合时代"。例如,一个多细胞真核生物将一个比自身要小几万甚至百万倍的原生体融合进自己的身体内,被融合的原生体虽然小到无法辨识,但其所带有的功能器官或核质(如基因)会加入到融合体中,从而增加哪怕只是一点点的新特征或新功能,或者仅仅是扩充其基因库,形成所谓的"变异",就有可能指明随之而来的进化方向。这种融合作用在地球生命起源后的几亿年,甚至十几亿年或更长时间里,一直存在着,它是引起生物变异,决定可选择进化方向的重要因子,生物适应环境的变化可以通过融合环境因子来实现。这就是笔者所要强调的"在生命起源上的同源,在生命进化上的融合"的更深层意义。

笔者甚至认为:这类融合作用至今仍然以人类不易察觉和不愿看到的形式一直在进行着,是造成生物变异或突变的重要原因,有益融合会形成有利变异,是引导生物进化的基础;无益且无害融合可有可无,在正常情况下无关大局;但有害物质融合可能会造成不利变异,甚至成为人类或动植物罹患某些新型疾病的罪魁祸首。

第九章 原生体的进化位置与亲缘关系

从原始地表有机演化到原始生命体诞生,看起来这是地球生命起源的最后阶段,实际上原生体还有很长的进化之路要走,历时可能长达 1 亿年。这也是从同源起源到同源演化的转变,原生体的同源演化实际上就是前述的"融合进化"。同源说加上原生体进化(生命早期进化)上的融合作用就称为"同源-融合学说",即起源上的同源,进化上的融合(同源物的融合)。地球形成后,有了水圈、气圈和岩石圈,地表富集了大量有机物质,包括复杂的生命物质和非生命有机物,形成了有机圈,有机圈渗透于水圈、气圈和岩石圈之中。地表各圈层相互渗透、交融,进行着物质与能量交流,形成一个整体,这就是地球表层。

正是各圈层之间的物质与能量交流营造了原始地表环境,其中各种有机物的演化与分解起着关键作用,如环境的还原性、温室效应等都与有机演化有关,原生体就在这样看似适宜实际复杂的环境中诞生。新生的原生体将如何适应诞生后所面临的有机世界与无机世界,生命与有机圈的关系并不是简单的需求与供给、摄食与被食的关系。在充满有机物的原始地表,生命的诞生本身就是一股引导进化的新生力量,原生体与原生体之间,原生体与原始生命分子和生命分子集合体之间,原生体与其他有机物和无机世界之间的所有关系都可以通过"融合"来解释。利用进化中的融合作用可以帮助我们认识新生的原始生命体在充满各种有机物的复杂环境中如何生存发展,如何与同时或先后产生的众多同类们以及各种生命有机物之间通过聚合或融合,不断成长壮大,直至形成庞大的族群。从中我们也能感受到原生体是如何既依赖于环境,又改造着环境,既受环境制约,又与环境协同发展的壮丽图景。

第一节 原生体:最初的生命形式

"原生体"是原始生命体的简称,是地球上最早出现的生命活体。它的结构和功能都还很不完善,早期仅仅具有基本代谢和增殖功能,以及最初级的应激反应能力。它还需要经历一段很长时间的融合进化,通过不断地"融合"新鲜成分来壮大和完善自己,提升自身的适应环境变化和生存能力,为进一步进化发展创造条件。只有当原生体进化成为真正的原核生物(高级原生体),并形成能自营养的生态系统,才算是真正地在地球上"生根开花",成为名副其实的地球生物,而不只是一名过客。

通过融合进化,原生体不断成长壮大,而且出现了分化,形成了不同的分支类群,直至形成不同的类别或门类。今天的生物世界就是原生体不同门类的进化产物。那么,从今天的生物门类中能找到原生体当年的影子吗？原生体早已不复存在，但能从现有的生物门类中找到与它亲缘关系最近的近亲吗？以便我们即使不能窥见原生体的真貌，至少也可感受一下它当年在那到处只有有机物没有生息的世界里刚刚露出的生命曙光。

一、关于原始生命体的思考

原生体与我们现在所说的"原生质体"完全不是一回事，与化学进化论中所说的"原生体"也不是一回事，具有完全不同的含义。原生体究竟是什么呢？与现在的哪一类生物比较接近，或有比较近的亲缘关系？实际上现存生物中没有一类是原生体，就像现存灵长类动物中没有任何一类是人类的先祖"类人猿"一样。人类的祖先"类人猿"在哪里？即使化石也难以肯定那就是人类的祖先，因为究竟谁才是人类的真系祖先，专家和研究者仍在争论，要描绘出人类祖先的样子需要具备综合分析研究能力和超常的想象力。

就原生体而言，它比类人猿诞生的年代要久远得多，距今44亿～45亿年，其化石肯定难以寻觅。我们也不能指望能在现存生物类别中找到或检测（如基因检测）出某一类就是地球上最初的生命形式——原生体或其祖先类型。与推测或描绘人类祖先类型一样，同样需要综合分析研究，更需要想象力。所谓"实证"也多是"直证"，是一对一的证据推测，难免以偏概全。综合研究是对目前所能掌握的所有证据进行综合分析研究，加上比对取舍，所以笔者更加相信综合分析研究的所得结果，并将实证材料作为综合分析研究的基础材料之一，而不是下结论的全部或唯一依据材料。根据综合分析，原生体应该与现在能见到的结构和性状上最原始的一些生物类别比较接近，如原核生物、原生生物（真核单细胞）等。还有就是非细胞生物，但笔者不看好它们，因为它们还不能算是真正的生物。不过，原核生物和单细胞原生生物中的类别还是太多，究竟是它们中哪一类或哪几类比较接近呢？解决的方法之一就是先梳理出那些近亲，再从中比对、挑选出最接近或最相似的类别。

二、梳理原生体的亲缘关系

关于地球上出现的最早生命体的性状，在海克尔那个时代，认为原生生物（真核，多为单细胞生物）就是地球上最原始的生物。那时候人们认为生物只分三界：原生生物界、动物界和植物界。后来由于显微镜观测技术的发展，人们逐渐认识到千姿百态的生物体是由一个个细胞构成的，继而又认识到最原始的单细胞有些有完整的细胞核（原生生物），有些却没有完整的细胞核或者根本就没有细胞核，而只是在细胞核所在的位置有一些核质（如DNA等），人们称这样的生物为原核生物。至此，自然推出原核生物为最原始生物形式，也是结构最简单的生物形式。但结构最简单、看似最原始的生命形式未必就是现代生物最早的祖先类型。现代生物的祖先类型应该是出现最早的成熟生命形式且为现代生物的"共祖"，即所有生物都由其演化而来。结构简单且看似原始的生命形式也许是生命进化中的某些类型因适应特异生态环境"退变"而成，或早期原生体甚至生命分子集合体的特化产物。今天，人们对非细胞生物（如病毒）已经有了广泛而深入的研究，自然会想到非细胞生物应该是地球上最原始的生命形式。其实,这些都只是着眼于生物体结构的复杂程度和功能的多样性方面,结构越简单、功能越单一的生物,就一定出现得越早吗?结构简单、功能单一的生物未必就是最原始的生物。如病毒等非细胞生物极可能就是早期原生体,甚至生命分子集合体的特化产物。

今天的黑猩猩、猩猩并不是人类的祖先,不能代表人类的祖先类型(只是祖先类型的旁系后裔),并不能由其再进化出人类来。但从它们至今还停留在比较原始的阶段,保留有祖先类型的某些原始特征,可以进行类比,通过综合分析研究,推测或描绘出人类祖先的样子来。同样,我们也可以通过对现今还停留在相对原始阶段,保留有一些原始特征的生物来推测(综合分析研究)地球上最初的原生体。

有关生命起源的研究涉及宇宙(天文)、地球(地质)、化学(蛋白质形成前的化学进化和有机进化中的化学作用)、生物(生命科学的相关方面)、物理(地球早期的物理条件、运动、无机演化等)乃至现代生物技术(如基因检测)、计算机科学、哲学等许多学科(主要还是宇宙化学、地质学、生物化学、古生物学、生物学等)和领域。所以,关于原生体身世解密,也需要着眼于多领域、多学科的相关联系,根据多学科、多因素的综合研究,吸收现代科学各方面的成就和所揭示的基本事实,以希望能在此基础上建立起原始生命体的"祖先类型",以及初步确定地球上所有生命的始祖——原生体在生物进化系统中的分类位置。

三、原生体什么样

原生体不是原生质体,所以不是显微镜下的"细胞样",也不是细胞除壁后的"原生质样"。它是地球上最初的生命形式,是一切生命发展与进化的源头。但为了区别于原生质体,建议只用原生体,可以说它由原生质组成,但没有任何现代"原生质体"的含意或其他任何附加属性。那么最初的原生体会是什么样子呢?

一般来说,最初的原生体应该类似于现代的微生物,但微生物那么多,具体是哪一种微生物?常识告诉我们,应该是最简单的微生物。最大可能是与非生命有机物或无机物最接近的微生物,或者是与尚未成为生命体的多分子体系团最接近的微生物。定义原生体不应该根据其复杂程度,而是看其是否具有正常的生命功能,即具有正常生命功能或生命要素的超级多分子体系团或生命分子集合体才能称为原生体。什么是正常的生命功能呢?即在其生命周期中,能自主维持生命功能,有其生命特征。病毒应该是个特例,在不活动时能结晶成晶体,关于病毒算不算正常生命体,目前也还存在争议。因其不能自主代谢,这里将其排除在原生体之外,不做讨论。

什么样的一些有机物结合在一起就会具有"生命功能"呢?前面分析过,生命分子能否结合在一起,要看彼此的亲和性,结合动力和程度要看亲和力的大小,但结合形成生命分子集合体后是否具有生命的功能,要看其结合形成集合体后,其组成与结构功能,生命功能应该具有两个标志,一是自身能够从外界或环境中吸收有用物质(营养)使自身生长壮大和延续生命(生存功能),二是当生长到一定程度便能分裂(如一分为二)或长出子芽,繁殖下一代(繁殖功能)。有些生物为了繁殖下一代不惜牺牲自己,如章鱼、螳螂。这就是生命功能,又称"生命本能",或称"活性"(不是亚里士多德所说的"活力"),也是生命与非生命的本质区别。如果一定要下个定义的话,那就是由各种生命分子有机结合而成的,外有隔膜(生物膜系统)与环境隔开,内部各组成部分相互协调运动,能完成基本生命功能的生命分子集合体就称为"原生体",所以多种生命分子相互结合形成相对独立体系的集合体是产生原生体的前提条件,这种生命体应该属于前原核生物,其进化层次比现有原核生物还要低。

第二节 原生体在进化系统中的位置

从亚里士多德开始,人类认识生物世界复杂性的第一步就是将复杂多样的生物世界进行分类。要从现有生物界寻找最初生命的影子,也得从生物分类中搜索最原始的生物类别。生物多种多样,究竟哪些类别最接近最初的生命形式,从分类系统的相对位置中可以辨别,通过分类系统还能对生物进化有个比较全面的认识。

一、从分门别类到进化系统

人类对生物进行科学分类的过程,正是认识生物进化和识别原始生物的过程。将生物分为动物与植物始于亚里士多德,将植根于土地的称为"植物",将运动行走的称为"动物",先哲们通过自然观察再加以归纳就可以做到,但这算不上是科学的系统分类,真正的科学分类直至 2000 多年后才得以完成。动物界和植物界在 2300 多年前确定后就再也没有变动过,随着研究的深入相对简单和原始的微生物则分得越来越细。生物科学工作者根据生物的发展历史、形态结构特征、营养方式以及它们在生态系统中的作用等,对生物进行分类,目前最大的生物分类单位是"界"(也有人提出"超界""总界"或"域",笔者认为还是"界"好),通过"界"这一级的生物大类可以更好地认识和理清生物世界的脉络,以便更好地追踪生物世界中那最原始、最早在地球上出现的生物类别。

1. 林奈基于物种不变的二界分类系统

18 世纪,人们对生物界的认识逐渐丰富起来,并有了一些科学归纳,瑞典博物学(生物学)家林奈便是当时世界上最有成就的学者之一。1735 年,林奈出版了他一生中最重要的著作《自然系统》,全书仅有 12 页。此后,他不断扩充其内容,到 1768 年第 12 版时该书已厚达 1327 页,书中仅植物就收载了约一万种。林奈将自然界分为矿物界、植物界、动物界三大界。矿物界是无生命的无机界,动植物是有机生物界。在《自然系统》中,他提出了生物界"二界分类系统"(1735)。根据生物的运动与营养方式可以将所有生物划归两大类:植物界和动物界,固着不动、自养型生物为植物,自由行动、异养型生物为动物。特别是在植物分类方面,林奈进行了大量的开创性工作,如他按雄蕊和雌蕊类型、大小、数量及相互排列等特征,将植物分为 24 纲、116 目、1000 多属和 10000 多种。他提出的动植物命名"双名法"和"界、门、纲、目、科、属、种"的物种分类法,至今仍被人们所采用。所以,他被学界誉为现代生物学分类命名和近现代生物分类方法的奠基人。

但是,林奈的生物分类方法是立足于"物种不变"观点的基础上的。在他看来,各类各种生物各自独立,且可以进行"绝对"区别,所以他选择生物的一些便于识别的个别特征(表征)进行分门别类。也许正是由于当时认识上的局限,他只建立了两界分类系统,当时虽然已经认识到某些结构简单的微小生物,但他没能由此联想到应该还有某些原始的生物类别可以单独划出一界来。以致他把一些结构相对简单的生物和微生物也归入两界中,即将细菌、藻类和真菌划入植物界,把原生动物归为动物界。可以说,这只是一种人为分类体系,所采用的分类方法属于表征分类法,是按分类者当时的认识或意愿选取少数特征(表征)作为分类依据,没有全面考虑生物的其他特征和各类别之间在进化上的亲缘关系。毫无疑问,林奈的分类体系对纠正当时生物分类、命名上的混乱现象起着拨乱反正的重要作用。在生物分类学上,二界分类系统自问世以来,一直沿用了100多年,直到19世纪中叶才有新的生物分类系统问世。

1859年,达尔文《物种起源》的出版创立了以自然选择为基础的生物进化论。打破了"物种不变"的传统观点,揭示出进化是普遍的生物学现象,每个细胞、每种生物都有自己的演变历史,都在随着时间的发展而变化,它们目前的状态是它们进化演变的结果和进一步进化的基础。进化导致物种的分化,生物不再被认为是一大堆彼此毫无联系的或"神造的"不变物种。生物世界是一个个有着密切联系的个体组成的统一的自然谱系,归根结底,各种生物都来自某些最原始的生命类型。正是由于生物处于不断进化之中,所以不同的物种会站在进化的不同层次和等级,即使处于同一个等级,也会因为所处环境和生活方式的不同而千差万别。总之,到了较高层次的多细胞真核生物,总体呈现出几个大的发展方向,如自养型的植物、异养型的动物和吸收营养的真菌。因而各自的个体发育历史和种系进化历史不同。

在自然界里,生物的个体总是组成种群,不同的种群彼此相互依赖、相互作用形成群落。群落与它所处的环境组成了生态系统。在生态系统中,不同的种群具有不同的功能和作用。譬如,绿色植物是生产者,它能利用日光能制造食物;动物包括人在内是消费者;细菌和真菌是分解者。生物彼此之间以及它们和环境之间的相互关系决定了生态系统的性质和特点。任何一个生物,它的外部形态、内部结构和功能、生活习性和行为,同它在生态系统中的作用和地位总是相对适应的。这种适应是长期演变的结果,是自然选择的结果。结合200多年前人类的科学认识水平,从生物进化的观点来看,二界分类系统的不足是没有将原始类型划分出来,以体现生物进步性演变在类别上的不同。

2. 海克尔及其后的进化生物学分类法

由于二界分类系统将生物分为动物与植物两界,对于简单结构的生物,如我们熟悉的草履虫、变形虫和疟原虫等,它们能自由运动,异养生活,故归入动物界;一些藻类,如裸藻和甲藻,因它们不能自由行动,自养生活,则归入植物界。但它们有一共同的基本特点:生命体都是一个单细胞,故称单细胞生物。在结构上远比多细胞的动物和植物简单,在进化上也被认为更加原始和低等。所以,海克尔从进化观点出发,于1866年在两界分类系统的基础上又增加一个原生生物界,包括单细胞动物和其他一些难以归入动物界或植物界的单细胞生物,并认为它们是植物界和动物界的祖先。形成了三界分类系统(原生生物界、植物界和动物界),从中也反映出生物进化的途径。林奈的物种不变论和海克尔进化观点也反映在其生物分类上,它是生物分类学上一次质的飞跃。

在三界分类系统中,真菌类(如日常食用的蘑菇、酵母等)是个特例,其因固着生活且有细胞壁而被归入植物界。说它是植物,其营养方式又为异养型,不像植物那样进行光合作用(自养型),而且其细胞壁的物质组成也不像植物那样是纤维素,而是几丁质,储存的是糖原,而不是淀粉,这些都与其他植物不同。严格地说,这不是植物的生活方式。如果说真菌是动物的话,其虽为异养型,但主要为腐生或寄生,有别于动物的异养摄生或摄食;真菌为细胞外消化,即把其消化酶分泌到食物上,在胞外把食物分解后再吸收到胞内供利用,也不同于动物的细胞内消化,所以它也不是真正意义上的动物。由于真菌与植物、动物在细胞结构和生存方式上的明显差异,所以,考柏兰(Copeland)于 1938 年提出将真菌类分出另立一个界,称为"真菌界",这样就形成了四界分类系统:原生生物界、真菌界、植物界和动物界。

二、基于生物进化的五界分类系统

随着显微镜技术的发展,人类看到了细胞的内部结构,根据细胞核组成的不同,把细胞分成两大类:原核细胞和真核细胞。原核细胞很小,其体积约为真核细胞的千分之一,原核细胞内的染色体为裸露 DNA(没有与蛋白质结合),其周围也没有膜与细胞其他部分隔开,因此被认为具有原始性特征,故称为"原核"。真核细胞的细胞核有核膜将其与细胞内其他组织隔开,染色体位于细胞核内,为 DNA 和蛋白质的结合物,动植物都是由这种结构完善的细胞组成,故称为"真核"。这两大类细胞的差异,反映了生物进化的不同层次。

美国生物学家威特科(Wittaker,1924—1980)根据生物组织结构的复杂性将万千生物世界分为三个层次:原核单细胞生物、真核单细胞生物和真核多细胞生物。将细菌、蓝藻等原核生物从原生生物界中分出,建立原核生物界;将原生动物和多数藻类等单细胞真核生物归入原生生物界;将多细胞的真核生物按生态、结构和营养方式划分为固着能光合自养的植物界,附着进行吸收异养的真菌界和行走靠吞食异养的动物界。他于 1969 年提出五界分类系统:原核生物界、原生生物界、真菌界、植物界和动物界。原核生物界为原核单细胞生物。原生生物界主要为真核单细胞生物,包括某些没有典型细胞分化的多细胞生物。真核多细胞生物位于三个层次的最上层,随着生物层次的上升,生物变得愈加多样化,因为生物结构和功能复杂性的增加,变异的机会增多。多细胞真核生物的三个界实际上是生态和形态上的分类,植物(生产)、真菌(还原)和动物(消费)代表了这个世界上三种主要的生存方式。这是目前应用最为广泛的分类系统,因为它基本上反映了地球生物的进化历程和生物类别组成体系的纲领。在组成结构上,从原核生物界进化到单细胞的真核生物(原生生物界),再进化到多细胞的真核生物;在营养方式上,反映了生物进化的三个基本方向:光合作用的植物,吸收营养的真菌和摄食异养的动物。从异养生物进化到自养和异养共存,构成了一个完善的物质和能量循环体系。

三、微生物成为大类划分的主角

1965年，我国植物学家胡先骕（1894—1968）在国外杂志上发表了《生物大群新分类》一文，提出将所有生物划分为二超界五界生物分类系统，即原始生物超界，包括立克次氏体、病毒、噬菌体等；细胞生物超界，包括细菌界、黏菌界、真菌界、植物界（藻类、苔藓和维管束植物）和动物界。

在20世纪70年代，我国学者把类病毒和病毒另立为非细胞生物界，和植物界、动物界、真菌界、原生生物界、原核生物界，共同组成了六界系统。

美国微生物学家和物理学家卡尔·乌斯（Carl Woese，1928—2012）根据分子生物学上的差别，于1977年提出六界分类系统，即在五界系统的基础上把原核生物界分为两界：古细菌界和真细菌界。其依据主要是核糖体RNA（rRNA）序列上的差别，rRNA与蛋白质结合形成核糖体，其功能是在mRNA的指导下将氨基酸合成为肽链。还有就是古细菌与真细菌在生态上的差别，如古细菌界的细菌主要生活在一些极端环境中，如沼泽地底层（甲烷细菌）、热泉（如布氏火盘菌，最适生长温度达105 ℃）等。真细菌界的细菌为常见类型，有共生的，如大肠杆菌；有寄生和致病的，如沙门氏菌和葡萄球菌。真细菌界还包括蓝绿藻。这里就出现了一个问题：究竟是某些RNA（rRNA）序列上的差别导致古细菌进入了不同的生态环境，还是由于适应不同的生态环境造成分子生物学或基因上的差别呢？如果是后者，那么古细菌只不过是一些特化了的细菌，并没有特别的分类意义。

问题并没到此结束，关于六界间的生物在进化上的关系，乌斯根据它们在分子水平上的差异，认为所有生物有三种最基本的类型：古细菌、真细菌和最简单的真核生物。由于它们彼此间在分子水平上的差异大小近于相等，所以它们可能或多或少直接起源于地球上的原始生命，即原始生命在自然选择过程中，或迟或早地出现了这三种类型的独立进化途径。于是，他于1990年，又提出三域和三域六界分类系统（见表9.1）。

乌斯以现代生物为研究对象在分子生物学上的研究是卓有成效的，但他以现代微生物因生活于不同环境而造成基因上的某些差别来评定几十亿年前古老生物类别的起源与进化、重新划分生物进化系统，显得不够慎重。以现代生活于特异或极端环境中的嗜极细菌因特化生活方式而造成遗传特征上的差别（如某些基因变异）来定义古老生物类型，值得商榷。所谓"古细菌"极有可能只是一些细菌因长期生活于特异环境而进化出来的特化类型。

病毒是结构上极为简单的非细胞生物。病毒是生物，因它具有生命的某些特征，如借助于宿主细胞可以进行繁殖，以产生更多的病毒。但其简单的结构，到底是原始地球上的最初生命形式，还是原核或真核生物退化的产物，现尚无定论，因此还不能确定其分类地位。

1979年，我国昆虫学家陈世骧（1905—1988）根据生命进化历史的主要阶段（更确切地说是生命体组成结构的层次性：无细胞生物阶段、原核生物阶段、真核生物阶段）提出生物分类学上的三总界六界分类系统。三个总界为非细胞生物总界、原核生物总界和真核生物总界，这样划分的主要思想是三个总界代表生物进化的三个阶段（层次）。非细胞总界中只有一个病毒界；原核总界分为细菌界和蓝藻界；真核总界包括植物界、真菌界和动物界。

真核生物三界划分代表着真核生物在营养方式上演化的三个不同方向，这与近现代生物分类系统（自1938年四界系统出现以来）比几乎没有太大的变化。有变化的是在此分类系统中除去原生生物界，将原来属于原生生物界的生物依情况分属到植物界、真菌界和动物界。使原核生物与真核生物的演化少了中间环节，使进化的系统链产生断裂，无形之中削弱了进化的系统性。从进化的角度考虑，笔者认为应该保留原生生物界为好。

四、关于分类系统进化意义的讨论

1. 生物分类系统小结

现将生物分类学上出现的一些主要分类系统按其在历史上提出的先后顺序进行归结，如表9.1所示。

表9.1　生物分类系统演变

	分类系统	生物界名	倡导者	提出年代	备　注
1	两界分类系统	动物界、植物界	林奈	1735	真菌归植物界
2	三界分类系统	原生生物界、动物界、植物界	海克尔	1866	真菌归植物界
3	四界分类系统	原生生物界、真菌界、动物界、植物界	考柏兰	1938	将真菌类划出独立成界
6	二超界五界分类系统	原始生物超界：病毒（未定界）；细胞生物超界：细菌界、黏菌界、植物界、真菌界、动物界	胡先骕	1965	将病毒纳入生物系统分类
4	五界分类系统	原核生物界、原生生物界、真菌界、动物界、植物界	威特科	1969	目前应用最广泛的分类系统
5	三域六界分类系统	古菌域：古细菌界；细菌域：真细菌界；真核域：原生生物界、真菌界、动物界、植物界	卡尔·乌斯等	1977，1990	乌斯等人于1977提出六界系统，1990年提出三域分类
7	三总界六界分类系统	非细胞总界：病毒界；原核总界：细菌界、蓝藻界；真核总界：植物界、真菌界、动物界	陈世骧	1979	划出病毒界，删除原生生物界

从表9.1可以看出，除了早期林奈基于物种不变的二界分类系统为人为分类外，自海克尔以来，人们考虑的多是生物进化系统及物种之间的相互联系的自然分类，至少人们主观上是这样认为的。特别是近半个世纪以来，更多的是看重微生物的不同特征和微观上的差别，甚至是分子尺度上的差异（如遗传物质上的差异）。分类的主要差别在原生生物、原核生物和非细胞生物（病毒）的划分和归类级别上。这种以微观上的差别为划分依据和将微生物划分得很详细或分类级别提到很高的层次真的能代表生物进化的实际情况吗？

至于为了强调原核生物与真核生物的区别，将现有生物分为两总界五界系统，而将所谓中间过渡类型的原生生物除掉，这如前所述是林奈的分类思维，与生物进化的系统性有些背离,不能反映生物进化的真实情况。再者,强调所谓"菌藻生态系统",将原核总界分为细菌界和蓝藻界,与动物界和植物界并列,同样是过分强调微观上的区别,而忽视了宏观上的相似性与差异性。

笔者支持威特科的五界分类系统,加上包括病毒在内的非细胞生物界成为六界系统。有人主张将原核生物一分为二,分为古细菌界和真细菌界,或分为细菌界和蓝藻界。笔者认为这样划分多有不妥,一是有遗漏,原核生物有很多可能还不为人知,除了古细菌与真细菌外,还有很多有待认识;二是古细菌与真细菌只是微观上的差别,但微观世界很神奇,有些区别是可以通过时间和环境的改变而消除的,很多区别还远没有达到独立分界的程度。

2. 原生生物界要不要保留,有没有分类意义

原生生物界包括真核单细胞生物和没有明显细胞分化的多细胞生物。在这些生物中,就某些特征(表征)而言,有些似乎应放在动物界,如草履虫、变形虫,有些似乎应放在植物界,如衣藻、团藻,而有些则兼有植物和动物(或真菌)的双重特征,如眼虫和黏菌。魏泰克认为,这些生物处于进化的低级阶段,它们之间是没有清楚界限的,因此,可以单独放在一个界中。但是,有些分类学家则主张将它们分别放到动物界或植物界中,对于那些同时具有动物和植物两方面特征的生物,既可以收入植物界,也可以收入动物界,承认它们的"双重身份"。这显然不是科学分类,而是感情分类,科学分类应该是将所有类别确定唯一位置,不能有任何双重身份。

这实际上是思考问题的观点问题,从进化生物学上考虑,原生生物是低等的单细胞生物,属于真核生物的原始类型,今天我们所见的单细胞真核生物是所有真核生物的古老祖先的近亲。应该独立成类划分为一界。如果仅从结构特征差异来看,按照林奈提出的表型分类法选择一些典型特征进行分类,对原生生物来说,由于表征差异甚微,甚至某些细微特征是两边均占,处理起来就存在很大的随意性,所以会出现上述的双重身份,更有甚者将生物系统中的进化特征和亲缘关系掩盖了。

关于原生生物界是否保留不少学者有不同的意见,实际情况是原生生物界所包含的生物种类过于庞杂,大部分原生生物根据其营养方式等特性可以归入动物、植物或者真菌,那些处于中间状态的原生生物也不难使用分类学的分析方法适当地确定归属。其实这是林奈式物种不变说分类与进化生物学系统分类方法(如海克尔、威特科)之争的延续,即只考虑或按照生物类别之间的所谓"绝对界线"(实际上只是表征)来划分生物类群。由此出发认为原生生物界内部种类太杂,某些表征与动物、植物甚至真菌有相似性,便将相应的类别划入动物、植物和真菌各界。这样看起来不错,其实不然。从生物进化系统上来看相邻生物之间的差别,是不存在所谓"绝对界线"的,从宏观大尺度上看,整个生物世界都是如此。不同类别之间总是既相似(因为它们都是生物,甚至是相邻类别),又不同(因为它们是不同的类别),这就要综合分析和评价不同类之间这种"相似"和"不同"在进化中的意义,在两者或多者之间是"相似"还是"不同"起着决定作用。就原生生物举例来说,原生生物是单细胞生物,一个细胞就是一个生物体,能完成一个生物体的全部生命功能。动物、植物是多细胞生物,细胞在组织层面上分化,每种细胞只完成原生生物中单细胞的部分功能,所有细胞协同配合才能完成原生生物一个细胞的生命功能。试问这两者之间的差别与一个生物体通过自养生存或

通过异养生存之间的差别,谁大?

进一步分析可做一些简单的设想,单细胞原生生物的一个细胞不可能只做多细胞的后生生物体的某一类或某些细胞的工作,而将其余功能或工作放弃,这样单细胞生物就会死去。而动植物的多细胞中任一类细胞都不可能完成原生生物的一个细胞的功能,生殖细胞虽是个特例,但也要经过分化,形成多细胞集合体才能完成相应的生命功能。所以,原生生物的单细胞与动植物的多细胞之间不是同等的"细胞",它们之间因进化而产生的"鸿沟"已经不可逾越。再来看动物与植物的异养与自养的差别,自养的植物在养分缺乏的环境中可以进化出通过"捕食"昆虫等小动物来提高生存的机会,如捕蝇草。异养的动物在生存条件恶劣时也可以通过体内或体外寄生含叶绿素(体)的藻类或某些低等植物来获得养分或能量,如某些动物肠道内就寄生有藻类,甚至在血液中含有叶绿体,再如珊瑚与虫黄藻的共生关系。所以,后生动植物所谓的自养与异养之间没有不可逾越的"鸿沟"。这样看来,谁与谁的差别更大? 原生生物是真核生物中的原始类型,是真核生物进化发展的基础,所有后生动植物都是由它们进化发展而来,当然会带有后生动物、植物和真菌的某些原始特征,就像父母"带"有子孙们的某些特征一样,从进化的角度来划分生物就应该保留原生生物界这一相对原始的单细胞生物界。

3. 古菌、细菌可否为界

古细菌与真细菌的差别真的有那么大吗? 达到了分界的程度,两者的差别比珊瑚与大象或蚂蚁与人的差别还要大很多? 分析技术的提高使人们能够探测到基因级的差别,也使人们能够认识到生物之间更深层次与更细微的差别,但如果我们在依赖于技术探测细微差别的同时不注意考察其他方面,特别是综合标准时,就会把技术所探测到的细节无限放大,甚至会受到技术的局限。人与黑猩猩的基因差别才 1% 多一点,就这一个点决定了人是人,黑猩猩是黑猩猩吗? 还是别的什么原因? 也许这一个点比古细菌或真细菌的全部基因数还要大很多,这又能说明什么呢? 拿基因差异做分类标准,对各种生物有相应的标准吗? 比如基因差别多少可以分界、分门,或作为纲、目、科或种的划分标准? 在基因的分类标准还不是十分明了的情况下,只是因为他们不同或有一些差别就分出另一个界来,只能说明我们的生物分类太随意,毫无科学根据可言。古细菌与真细菌有差别,但差别有多大,是分成不同的门或不同的纲、目、科,有待定论。

从生物分类的发展上,我们可以看到随着科技进步不断拓展人类的认知领域,进而不断地改变生物分类系统。开始从动物、植物两界系统分出主要为单细胞生物的原生生物界,然后又分出真菌界,再在原生生物界分出原核与真核生物。最近几十年,人类在认识生物方面多是在微观上拓展领域的,凭借显微探测技术在微观世界不断地开疆拓土。但微观世界的差别真的就那么大吗? 单细胞生物本就微观,能控制它成为微观生物的基因本来就少,有一点差别就会显现出来。借助显微技术容易进行观察研究,但这就是这些生物的全部或者说这就能反映出生物世界的真实情况吗? 在很多的决定因子中如果有一条发生变化我们可能会觉得微不足道,但在很少的决定因子中如果有一条发生变化我们就可能觉得不得了,觉得可能会出现本质的变化了,会大惊小怪。都只是一条因子的变化,这种变化对生物体或生物群而言,可能会影响进化方面的变化,也可能只是随机的小变化,对进化不会产生什么大的影响,无足轻重。比如投掷硬币,两组对比,每组各投 3 次,一组 2 正面 1 反面,一组 2 反面 1 正面,这两组之间差别就是 50％吗? 这里面有概率问题,更重要的是这个变化了的因子在生物体或生物进化中的地位,我们搞清楚了吗? 人类与黑猩猩那不到 2％的基因差别可能正是某些关键性的影响因子的差别,比如控制发声系统的那部分基因差别。如果黑猩猩能像人类一样说话,那世界可能又是另一种景象。技术帮助人类认识了未知领域,帮助我们探测到微观世界的奇妙,但过于技术至上、过分放大微观,就会丢失宏观,只见树木不见森林。

古细菌和真细菌所谓生态环境(如古细菌生存于极端环境,而真细菌生活在较为正常的环境)不同是否是因果关系正好颠倒了,如生活于极端环境的古细菌与常见细菌类型的差别正是环境所造成的,而不是种群本身所固有的不同特性"迫使"它们走向不同的生存环境。如果将一种环境中的种群"移植"到相应的环境中,是否也会变得不一样呢? 像细菌这样的微生物对环境的适应性特别强,几乎能适应地球上的各种环境,在一种环境中适应了,正是环境压力的胁迫使它们改变自身的组成与结构来适应环境,从而进一步改变基因,以便将其某些功能传递给后代。所以,细菌在今天的地球上可以说无处不在,这得益于它们高度的适应性。但如果将大象移到珊瑚的环境中,却怎么也不会变成珊瑚。同样,将珊瑚移植到草原上也不会变成大象。那么,究竟是大象与珊瑚的差别大,还是古细菌与真细菌的差别大呢?

综上所述,笔者认为:古细菌和真细菌有差别,但远没有达到分界的程度,更不用说分三域了。再者,古细菌与真细菌之间的差别究竟是古而有之还是环境产物尚待查证,笔者认为环境产物的可能性更大。所谓"三域系统"将古细菌、真细菌与包括所有动植物等在内的真核生物并列为三大类,这只是以微观上的部分表征差别代替宏观上的综合特征与功能差别,只能算是微观派们的表征分类。从进化的角度来看,古细菌和真细菌都不过是原核生物界中的一些门类或类别,原核生物中除了这两类外,还包括其他类别。

五、原生体的进化(分类)位置

原生体即原始生命体,是最早的生命形式,按照从简单到复杂的进化模式,应该是最简单的生命形式,也是最接近非细胞生物(病毒)的。如果生命起源就这么简单,那也不会千百年来人们苦苦求索而不得答案。究竟哪类生物最接近最初的生命形式呢?

早在海克尔那个时代,人们觉得原生生物已经很原始了,应该比较接近最初的生命形式,故取名"原生生物"。现代发现原核生物比原生生物更加原始,也更接近最初的生命形式。原生生物已经有了真正的细胞核。从非细胞的生命分子集合体到有膜包裹的类细胞生物,再到有核物质类核原核生物(无真正细胞核),直至真核的原生生物,细胞核结构的形成与完善需要经历一个相当长的时间,所以原生体不太可能是真核原生生物。

那么,病毒之类的非细胞生物呢? 原生体有没有可能是病毒或病毒类的非细胞生物呢? 病毒应该说还不是真正的生物,它具有部分生命功能,比如能在寄主体内繁殖,改变寄主生物体的生命特征。但它一旦脱离寄主细胞,便无法表现出生命特征,甚至可结晶形成如同无机物结晶一样的没有任何生命特征表现的结晶体,这种结晶体与动植物的休眠完全不同。动植物休眠可以自主苏醒或复活,如休眠的植物种子遇水即能生根发芽。病毒必须寄生于宿主细胞才能表现出生命特征，行使生命功能，否则它就是"死物"。所以，病毒类非细胞生物是有条件行使生命功能的"类生命体"，也有人称其为介于生命与非生命之间的"半生物"。再者，病毒是由无机物通过化学进化（合成）而来（初级进化产物），还是由细胞生物退化形成还存有争议。所以，病毒类非细胞生物不可能是原始生命体。

在原始地球富有机物环境中，不排除有机物分子聚合或融合生成病毒样生命分子集合体，进而获得生命功能形成病毒类非细胞生物。但也有另外一种可能，即原生体退化或在环境压力下"破碎"成残余片段（残片），但仍保留有部分生命功能，故而形成病毒样非完整生物体。所以，笔者认为，病毒类非细胞生物不是原生体或其前辈类生命体，而是原生体逆进化或劫后余生的残片。在原始地球上，形成病毒类非细胞生物的这两种可能性都存在，或者都是非细胞生物形成的原因。当然，不可否认，病毒类非细胞生物也可能参与了生命早期的进化进程，如某些非细胞生命体或其片段，可能会与原生体发生融合作用。或在被原生体吞噬后，能与原生体协同共生，参与原生体的生命活动，成为原生体体内组成的一部分，进而演化成为原生体的某一器官或某一部分。这也可能是生命进化中的融合作用方式之一。

那么，在相对原始的生物大类中只有原核生物了。最初的原生体应该属于初级原核生物。有类似细胞膜的生物膜，将生命体与环境分隔开来，并作为内外物质、能量与信息交流的通道和关卡。所以，这层生物膜或双层膜是原生体的界膜，内外物质交流要通过它筛选，能量与信息交流也要通过它反应，比如趋光性、应激反应等。无真正的细胞核，有遗传物质在增殖中起着传宗接代作用，但其组成与结构还很原始，在环境压力下进一步演化会逐步完善，无核膜将遗传物质（核质）包裹形成细胞核，所有生命功能都在细胞质中进行。这就是早期原生体的大致情况。

原始生命体的组成应该比今天所见的原核生物结构还要简单些，但生命功能一点也不简单，甚至更多样化。就像人类的祖先类人猿，其脑容量与智慧程度绝不亚于在时间上比她们又多进化了1000多万年的黑猩猩们，只是没有今天的黑猩猩们那样对非洲丛林环境过于适应和依赖而形成的一些特化能力。原生体是由生物膜（原始细胞膜，单层或双层）包裹着一团能行使基本生命功能的生物质（各种生命分子或分子团）所组成的最原始生命体，简称"原生体"以区别于现代所称的"原生质体"。它产生于细胞生物之前，是由相互关联的多种生命分子和非生命物质（包括无机物）聚合而成的最早具有完整独立生命系统的生命分子集合体（或体系团）进化而来，是最原始的最早可以称为"类细胞"的生命体，是所有原核生物和真核生物的共同祖先。包含原生体的生物分类体系如表9.2所示。

在充满有机物的原始地表，原生体虽然很微小，单一个体肉眼根本看不到，但到处都有它们的影子，而且充满着海洋和大大小小的湖泊、池塘，以及潮湿的泥土和岩石缝隙中，因缺乏色素物质故推测应为无色透明体，或者因含有某些呈色矿物质而带有特征性颜色，不仅在正常富水环境中，而且在冰冻寒原、高温热泉、超盐泻湖或缺氧等极端环境中也有分布，正是环境的多样性迫使其朝着适应不同环境的方向发展进化，最终形成了丰富多彩的生物世界。有些在环境压力的胁迫下进化成适应极端环境的物种或门类，如同现代可见的嗜极细菌。有些可能是遭受环境突变或环境压力过大而变得"扭曲"，失去完整系统而形成残片，但保留了部分生命功能或活性，进而演变成非细胞生物，如今天所见到的病毒。大多数正常演化的原生体,最终进化成真正的细胞生物,早期是原核生物,由原核生物再进化到真核生物,再到多细胞真核生物。

表9.2　原生体在进化分类系统中的位置(笔者建议"六界分类系统")

系统名称	大类(结构层次)	生物界名	备　注
三大类六界分类系统	非细胞生物	非细胞生物界:含病毒	病毒分类级别暂不定,因其进化位置不定
	原核生物	原核生物界:含原生体	尚未形成真正细胞核的原始生物
	真核生物	原生生物界	真核生物的原始类型,单细胞生物
		真菌界、植物界、动物界	不同方向进化的变异类型,多细胞生物

注:在分界层次上相当于在威特科五界分类系统的基础上增加非细胞生物界。三个大类相当于生物组成和结构上的三个层次。不说进化层次是因为组成、结构简单的生物未必就是进化层次低等或先出现的祖先类型。如细菌、病毒这样的生物只是结构层次较低,很难说就是进化层次靠前的生物,其极有可能是原生体或原核生物的退化或特化物种,病毒甚至可能是原生体破坏后的碎片产物。

第三节　原生体的近亲们

人类的近亲有黑猩猩、大猩猩、猩猩、长臂猿等现代猿类,那么,谁又是原始生命体的近亲呢? 根据前面章节的讨论,原生体的近亲生物门类应该在原核生物中,究竟是哪一类或几类与原生体有最近的亲缘关系,能排列出顺序吗? 总体来说,原核生物应该是原生体的近亲,但要说出其中的哪个或哪些类别或门类与原生体最接近还有待于进一步比较研究。原生体是原核生物中最原始的一类,属于原核生物的初级阶段。

一、原核生物的细胞结构

原核生物(Prokaryota)是指由原核细胞构成的单细胞生物,一个生命体就是一个原核细胞。原核细胞就是只具有细胞的基本构造和原始细胞核的细胞,"原始细胞核"是笔者的命名,其学名是译名"拟核"或"类核"(Nucleoid),意思是"与核相似",也称核区(Nuclear Region)、核体(Nuclear Body)或染色质体(Chromatin Body)。真核生物的正常细胞(真核细胞)有两层膜。外面的一层是细胞膜,它像城墙一样围住细胞物质,形成内环境,使细胞成为一个独立的整体而与周边环境隔开。细胞内的物质要出去和细胞外的物质要进来都要通过这层膜,它有调节功能,有些生物的细胞在膜外还有细胞壁(如植物细胞)。里面的一层是细胞核膜,核膜将细胞的重要核物质(如DNA)包裹起来形成细胞的核心区,而与外围的细胞质隔开,起着内外物质交流的调节和关卡作用。拿古代城市来打个比方,细胞膜好比皇城的城墙,细胞核膜好比里面皇宫的宫墙。原核生物的原核细胞就像没有宫墙的皇城,如远古时期的氏族部落,部落住地外围有壕沟、树篱或土石墙,氏族首领住地位于部落中央或某一区域(核区),但四周没有围墙。

原核生物都具有基本细胞构造与组成,如细胞质、细胞膜以及细胞壁,有些有鞭毛。细胞壁并不是所有原核生物都有,支原体就是一个例外,是不具有细胞壁的原核生物。

原核生物的类细胞核,没有核膜包被,没有核仁,核区边界不明显,形状不规则,内含遗传物质。原核生物在电子显微镜下可看到一个透明的不易着色的呈丝状或纤维状区域,这个区域是遗传物质储存和复制的场所,相当于真核细胞的细胞核的功能,故称"类核"。其核酸为双股螺旋形的环状 DNA 分子,同时具有多个相同的复制品,但没有染色体。

细胞膜又称"原生质膜",为细胞结构中分隔细胞内、外不同介质和组成成分的界面。原生质膜普遍认为由磷脂质双层分子作为基本单位重复而成,其上镶嵌有各种类型的膜蛋白以及与膜蛋白结合的糖和糖脂。细胞质是一种使细胞充满的凝胶状物质。细胞质包含有胞质溶胶及细胞器。原生质是由水、盐、有机分子及各种催化反应的酶所组成。核糖体无膜结构,主要由蛋白质(40%)和 RNA(60%)构成。需要指出的是,长期以来,人们认为细胞骨架是真核生物所特有的结构,但研究发现它也存在于细菌等原核生物中。

二、原核生物的主要特点

1. 原核生物与真核生物比较

原核生物极小,用肉眼看不到,须在显微镜下观察。但分布极为广泛,多生于潮湿之地,可以说只要有水的地方就有原核生物。原核生物与真核生物比较特点如下:

(1) 核质与细胞质之间无核膜因而无成形的细胞核(拟核或类核);

(2) 遗传物质是一条不与组蛋白结合的环状双螺旋脱氧核糖核酸(DNA)丝,不构成染色体,有的原核生物在其主基因组外还有更小的能进出细胞的质粒 DNA;

(3) 以简单二分裂方式繁殖,无有丝分裂或减数分裂;

(4) 没有性行为,有的种类有时会通过接合、转化或转导,将部分基因组从一个细胞传递到另一个细胞的准性行为;

(5) 没有由肌球、肌动蛋白构成的微纤维系统,细胞质不能流动,也没有形成伪足、吞噬作用;

(6) 鞭毛并非由微管构成,仅由几条螺旋或平行的蛋白质丝构成;

(7) 细胞质内仅有核糖体,没有线粒体、高尔基体、内质网、溶酶体、液泡和质体(植物)、中心粒(低等植物和动物)等细胞器;

(8) 细胞内的单位膜系统除蓝藻另有类囊体外,一般都由细胞膜内褶而成,其中有氧化磷酸化的电子传递链,蓝藻在类囊体内进行光合作用,其他光合细菌在细胞膜内褶的膜系统上进行光合作用;化学能营养细菌则在细胞膜系统上进行能量代谢;

(9) 在蛋白质合成过程中起重要作用的核糖体分散于细胞质内;

(10) 大部分原核生物有成分和结构独特的细胞壁。

总之,原核生物的细胞结构要比真核生物的细胞结构简单得多。

2. 原核生物与病毒比较

原核生物比原生生物小很多,病毒比原核生物还要小得多,但病毒常伴人类左右,如流感病毒。原核生物与病毒相比:病毒没有细胞结构,是非细胞生物;原核生物有细胞结构。病毒是寄生生活的,常见的动物病毒(如 HIV)、植物病毒(如烟草花叶病毒)、细菌病毒(如噬菌体)等都是要侵入寄主细胞才能发育,表现出生命功能;原核生物(如细菌)有寄生,也有腐生,还有独立生活的。病毒的核酸只有 DNA 或 RNA(朊病毒没有核酸);原核生物(如细菌)既有 DNA,也有 RNA。病毒是不完整的生命体,相比之下,原核生物才是真正的初级完整生命体。

3. 原核生物的基因组成

原核生物基因分为编码区与非编码区。编码区是指能转录相应的信使 RNA,进而指导蛋白质合成,也就是能够编码蛋白质。非编码区则不能,但非编码区对遗传信息的表达是必不可少的,因为在非编码区有调控遗传信息表达的核苷酸序列。非编码区位于编码区的上游和下游,在调控遗传信息表达的核苷酸序列中最重要的是位于编码区上游的 RNA 聚合酶结合位点。RNA 聚合酶催化 DNA 转录为 RNA,能识别调控序列中的结合位点,并与其结合。

4. 常见原核生物及其生态

现有原核生物包括蓝藻、细菌、古细菌、放线菌、立克次氏体、支原体和衣原体,即所谓"一藻三菌三体"七大类。与真核生物的种类繁多相比,已发现的原核生物种类要少得多,但其生态分布却极其广泛,生理性能也极其繁杂。例如,有的种类能在饱和的盐溶液中生活;有的能在蒸馏水中生存;有的能在 0 ℃下繁殖;有的以 70 ℃为最适温度;有的是完全的无机化学能营养菌,以 CO_2 为唯一碳源;有的只能在活细胞内生存,营寄生生活。在进行光合作用的原核生物中,有的产生 O_2,有的不产生 O_2;有的能在 pH 为 10 以上的环境中生存,有的只能在 pH 为 1 左右的环境中生活;有的只能在充足供应 O_2 的环境中生存,而有的细菌却对氧的毒害作用极其敏感;有的可利用无机态氮,有的却需要有机氮才能生长,有的还能利用分子态氮作为唯一的氮源等。

原核生物细胞能进行有氧呼吸,在水下也同样可以进行有氧呼吸。有的原核生物,如硝化细菌、根瘤菌,虽然没有线粒体,但却含有全套的与有氧呼吸有关的酶,这些酶分布在细胞质基质和细胞膜上,因此,这些细胞是可以进行有氧呼吸的。有的原核生物如乳酸菌、产甲烷杆菌等,没有与有氧呼吸有关的酶,因此只能进行无氧呼吸。大多数原核生物能进行有氧呼吸,这也说明大多数原核生物可能是出现于地球富氧环境中,也可能是后期改变。

三、非细胞生物

在生物界中,生命存在的形式多种多样,但无论如何千变万化都是以最基本的单位——细胞构成,所以称为"细胞生物"。根据细胞结构的不同,分为原核细胞和真核细胞,相应的生物称为"原核生物"和"真核生物"。但在此之外,还有一类是以非细胞形式存在的生命,即没有细胞结构的生命形式,这类生物称为"非细胞生物"。

1. 非细胞生物与病毒

"非细胞生物"这一概念目前尚存在一些歧义,其定义是没有细胞结构而具有生命功能(如自主生长和增殖)的生物体。自然界中的简单分子在条件合适的环境中,可以自主生长形成矿物晶体,晶体自身可以不断长大,还可以生出小晶芽,长出小晶体,小晶体也可以不断长大。如此反复,在一个较大的岩洞中长成晶体群。显然,我们不会认为矿物晶体是生命形式。再如人工生命,一台能自主活动、从事劳动和自我复制的机器是生命形式吗? 同样不是。

"非细胞生物"一词现多指病毒类生命形式,但病毒是不是生命也还存在争议。因为病毒只有寄生在宿主细胞内才表现出生命功能,而在宿主体外并不能表现出生命功能,甚至能像矿物晶体一样形成结晶体。也有一些生物学家认为非细胞生物还包括那些"无细胞"的合胞体生物。合胞体是指由一层细胞膜包绕的多个细胞核的一团细胞质,核之间没有细胞膜,现多认为这是由于发生了细胞融合或一系列不完全细胞分裂所致,即核发生了分裂,但细胞却没有分裂。这些细胞结合或异常分裂的生物体应该是另一类特例。

非细胞生物目前比较确定的就病毒这一类。病毒是一类不具细胞结构,在一定条件下具有遗传、变异、演化等生命特征,体积非常微小,内部结构极其简单的生命形式。病毒具有高度的寄生性,不具备产生能量的酶系统而完全依赖宿主活细胞的能量和代谢系统,获取生命活动所需的物质和能量。离开宿主细胞,它只是一个大的化学分子,停止活动,不具有生命特征,可形成结晶。一旦遇到宿主细胞(激活),它会通过吸附、进入、复制、组装、释放子代病毒而显示出生命特征。所以,病毒的生命特征或功能是在特定(寄生)条件下才会表现。故有人认为病毒是介于生物与非生物之间的一类特殊生命形式。作为生命体,病毒比细菌及最小的原核生物还要小,是已知结构最简单和最小的微生物,故又称"非细胞型微生物"。

2. 病毒的主要特征

(1) 病毒形体极其微小,以纳米为测量单位,一般都能通过除菌过滤器,因此其原名为"过滤性病毒",只有在电子显微镜下才能观察鉴别。

(2) 没有典型的细胞构造,其主要成分仅为核酸和蛋白质,故又称"分子生物"。

(3) 每一种病毒只含有一种核酸(DNA 或 RNA),但可以在宿主细胞内,利用宿主细胞的生命活动来完成自己的生命功能。

(4) 既无产能酶系,也无蛋白质和核酸合成酶系,只能利用宿主活细胞内现成代谢系统合成自身的核酸和蛋白质成分,再以核酸和蛋白质等"元件"进行复制、组装,实现大量繁殖。

(5) 在离体条件下,能以无生命的生物大分子存在,可形成结晶体,并能长期保持侵染力。

(6) 对一般抗生素不敏感,但对干扰素敏感。

(7) 有些病毒的核酸还能整合到宿主的基因组中,并诱发潜伏性感染。

3. 病毒的主要类别

按遗传物质分类:DNA 病毒、RNA 病毒和蛋白质病毒(如朊病毒);按病毒结构分类:真病毒(Euvirus)和亚病毒(Subvirus);按寄主类型分类:细菌病毒(噬菌体)、植物病毒(如烟草花叶病毒)和动物病毒(如禽流感病毒、天花病毒、HIV 等);按性质来分:温和病毒(如HIV)、烈性病毒(如狂犬病毒)。

现多根据病毒结构的不同大体分为真病毒(简称"病毒")和亚病毒。

(1) 病毒是微生物中最小的生命体,组成简单,病毒体中仅含有一种核酸(DNA 或 RNA)及蛋白质。它们具有专性寄生性,必须在活细胞中才能增殖。比病毒的组成结构更简单的非细胞生物就是亚病毒。

(2) 亚病毒是一类不具有完整病毒结构的病毒,其组成结构更为简单,仅具有某种核酸而没有蛋白质或仅具有蛋白质而没有核酸,能够侵染动植物的微小病原体。亚病毒包括类病毒、朊病毒和拟病毒。

① 类病毒:只含具有单独侵染性的较小型的核糖核酸(RNA)分子,而不含有蛋白质。

② 朊病毒:含具有感染性的蛋白质颗粒,而没有核酸。

③ 拟病毒:只含有不具备侵染性的 RNA,是一类存在于某一辅助病毒的衣壳内,并完全依赖于后者才能复制自己的小分子 RNA 病原因子,故又称之为"病毒中的病毒"。

需要特别指出的是,朊病毒是蛋白质病毒,是只有蛋白质而没有核酸的病毒(没有核酸只有蛋白质就能构成生命体?)。1997 年诺贝尔医学或生理学奖的获得者美国生物学家斯坦利·普鲁辛纳(S. B. Prusiner)就是由于研究朊病毒并做出卓越贡献而获此殊荣的。朊病毒不仅与人类健康、家畜饲养关系密切,而且可为研究与痴呆症有关的其他疾病提供重要信息。值得注意的是,朊病毒的复制并非以核酸为模板,而是以蛋白质为模板,这必将对探索生命的起源与生命的本质产生一定的影响和启发作用。

第四节　现代原核生物的常见门类

最初的原核生物就是原生体,是地球上出现最早的生命活体,当然,现在已经见不到了。现存的原核生物的主要类别有"一藻""三菌"和"三体"。

一、蓝藻

一藻即蓝藻。蓝藻是单细胞原核生物,又叫"蓝绿藻""蓝细菌"。所有蓝藻都含有一种特殊的蓝色色素,蓝藻即因此得名。大多数蓝藻的细胞壁外面有胶质衣,因此又叫"黏藻"。但是蓝藻也不全是蓝色的,不同的蓝藻含有不同的色素,可呈现不同的颜色。有的含叶绿素,含量较大时,可使水体呈蓝绿色;有的含有藻红素,使藻体呈红色,当其大量繁殖时便可使水体呈红色。此外,有些蓝藻会含有蓝藻叶黄素、胡萝卜素或者蓝藻藻蓝素等。

在所有藻类生物中,蓝藻是最简单、最原始的一种。蓝藻是单细胞生物,没有以核膜为界限的细胞核(原核),但细胞中央含有核物质,通常呈颗粒状或网状,染色质和色素均匀地分布在细胞质中。核物质中没有核膜和核仁,但具有核的功能,故称之为"原核"。在蓝藻中还有一种环状 DNA 质粒,在基因工程中担当了运载体的作用。

蓝藻是一大类藻类的统称,常见的蓝藻有蓝球藻(色球藻)、念珠藻、颤藻、发菜等。蓝藻的单细胞极其微小,用肉眼是分辨不清的。当蓝藻以细胞群形式出现时才容易看见,如我们通常所见到的"水华"(多由于淡水水域遭受污染,富营养化引起)。

蓝藻不具叶绿体、线粒体、高尔基体、中心体、内质网和液泡等细胞器,唯一的细胞器是核糖体。含叶绿素 a,无叶绿素 b,含数种叶黄素和胡萝卜素,还含有藻胆素(藻红素、藻蓝素和别藻蓝素的总称)。凡含叶绿素 a 和藻蓝素量较大的,细胞大多呈蓝绿色。同样,也有少数种类含有较多的藻红素,如生于红海中的红海束毛藻,由于它含的藻红素量多,藻体呈红色,而且繁殖快,故使海水呈红色,红海便由此得名。

蓝藻虽无叶绿体,但在电镜下可见细胞质中有很多光合片层,叫"类囊体",各种光合色素均附于其上,光合作用过程在此进行。蓝藻细胞壁和细菌细胞壁的化学组成类似,主要为肽聚糖(糖和多肽形成的一类化合物),贮藏的光合产物主要为蓝藻淀粉和蓝藻颗粒体等。细胞壁分内外两层,内层为纤维素,或者果胶质和半纤维素。外层是胶质衣鞘,以果胶质为主,或有少量纤维素,内壁可向外分泌胶质增加到胶鞘中。有些种类的胶鞘很坚密可形成层理,有些种类胶鞘很易水化,相邻细胞的胶鞘可互相融合。胶鞘中可有棕、红、灰等非光合作用色素。蓝藻的藻体有单细胞体、群体和丝状体,最简单的是单细胞体。有些单细胞体由于细胞分裂后子细胞包埋在胶化的母细胞壁内而成为群体。如若反复分裂,群体中的细胞可以很多,较大的群体可以破裂成数个较小的群体。有些单细胞体由于附着生活,有了基部和顶部的极性分化。丝状体是由于细胞分裂按同一个分裂面反复分裂、子细胞相接而形成。有些丝状体上的细胞都一样,有些丝状体上有异形胞的分化,有的丝状体有伪枝或真分枝,有的丝状体的顶部细胞逐渐尖窄成为毛体,这也叫有极性的分化。丝状体也可以连成群体,包在公共的胶质衣鞘中,这是多细胞个体组成的群体。

蓝藻的繁殖方式有两类,一为营养繁殖,包括细胞直接分裂(即裂殖)、群体破裂和丝状体产生藻殖段等几种方法,另一种为某些蓝藻可产生内生孢子或外生孢子等,以进行无性生殖。孢子无鞭毛。目前尚未发现蓝藻有真正的有性生殖。

蓝藻门分为两纲:色球藻纲和藻殖段纲。色球藻纲藻体为单细胞体或群体;藻殖段纲藻体为丝状体,有藻殖段。蓝藻在地球上出现于 33 亿～35 亿年前,现已知蓝藻约 2000 种,中国已有记录的约 900 种,常见者如色球藻、念珠藻、颤藻、螺旋藻等。蓝藻分布十分广泛,遍及世界各地,但大多数(约 75%)为淡水产,少数为海产。有些蓝藻可生活在 60～85 ℃的温泉中,有些种类和菌、苔藓、蕨类和裸子植物共生,有些还可穿入钙质岩石或介壳中(如穿钙藻类)或者土壤深层中(如土壤蓝藻)。还有一些我们非常熟悉且经常出现在我们生活中的藻类,如紫菜、石花菜为红藻,海带为褐藻,它们不属于原核生物,它们是真核生物。原核生物个体都极小,属于微生物,需要在显微镜下才能看到。

二、细菌

细菌是一类非常古老的生物,为三菌中的第一菌,出现于 37 亿～38 亿年前。细菌是微生物的主要类群之一,属于原核生物。广义的细菌曾为原核生物的代称,人们通常所说的为狭义细菌,狭义细菌为原核生物的一类,是一类形状细短,结构简单,多以二分裂方式进行繁殖的原核生物,是在自然界分布最广、个体数量最多的有机体,是大自然物质循环的主要参与者。细菌的个体非常小,目前已知最小的细菌长不过 $0.2\ \mu m$,因此大多只能在显微镜下观察。细菌一般为单细胞,细胞结构简单,缺乏细胞核、细胞骨架以及膜状胞器。

细菌最早由列文虎克通过显微镜在一位从未刷过牙的老人牙垢上发现。"细菌"这个词最初由德国科学家埃伦伯格(C. G. Ehrenburg,1795—1876)在 1828 年提出,用来指代某种细菌。1866 年,海克尔建议使用"原生生物"命名这类微小生物,包括所有单细胞生物(细菌、藻类和原生动物等),并提出将生物分为原生生物、动物和植物三界。1878 年,法国外科医生塞迪悦(C. E. Sedillot,1804—1883)提出用"微生物"来描述细菌或者更普遍地用来指微小生物体。

1. 细菌的细胞结构

细菌主要由细胞膜、细胞壁、细胞质、核糖体等部分构成,有的细菌还有荚膜、鞭毛、菌毛等特殊结构。

(1)细胞膜与细胞壁:细菌的细胞膜是典型的单位膜结构,厚 $8\sim10$ nm,外侧紧贴细胞壁,某些细菌还具有细胞外膜。通常不形成内膜系统,除核糖体外,没有其他类似真核细胞的细胞器,呼吸和光合作用的电子传递链位于细胞膜上。某些行光合作用的原核生物(蓝细菌和紫细菌),质膜内褶形成结合有色素的内膜,与捕光反应有关。某些细菌质膜内褶形成小管状结构,称为"中膜体"或"间体"。中膜体扩大了细胞膜的表面积,提高了代谢效率,有"拟线粒体"之称,此外它还可能与 DNA 的复制有关。

细胞壁厚度因细菌不同而异,一般为 $15\sim30$ nm。主要成分是肽聚糖,相邻聚糖纤维之间的短肽通过肽桥或肽键桥连接,形成肽聚糖片层,像胶合板一样,黏合成多层。

(2)细胞质与核质体:细菌和其他原核生物一样,只有类核,没有核膜,DNA 集中在细胞质中的低电子密度区,称"核区"或"核质体"。细菌一般具有 $1\sim4$ 个核质体,多的可达 20 余个。核质体是环状的双链 DNA 分子,所含的遗传信息量可编码 $2000\sim3000$ 种蛋白质,空间构建十分精简,没有内含子。没有核膜,DNA 复制、RNA 转录与蛋白质合成可同时进行,而不像真核细胞那样,这些生化反应在时间和空间上严格分隔开来。每个细菌细胞含 $5000\sim50000$ 个核糖体,部分附着在细胞膜内侧,大部分游离于细胞质中。胞质颗粒是细胞质中的颗粒,起暂时贮存营养物质的作用,包括多糖、脂类、多磷酸盐等。

细菌核区 DNA 以外,可进行自主复制的遗传因子,称为"质粒"。质粒是裸露的环状双链 DNA 分子,所含遗传信息量为 $2\sim200$ 个基因,能进行自我复制,有时能整合到核区 DNA 中去。质粒 DNA 在遗传工程研究中很重要,常用作基因重组与基因转移的载体。

(3)荚膜:有些细菌的细胞壁外表还覆盖有多糖类物质,形成一层遮盖物或包膜,边界明显的称为"荚膜",如肺炎球菌,边界不明显的称为"黏液层",如葡萄球菌。荚膜可以帮助细菌在干旱季节处于休眠状态,并能储存食物和处理废物。荚膜对细菌的生存具有重要意义,细菌不仅可利用荚膜抵御不良环境,保护自身不受白细胞吞噬,而且能有选择地黏附到特定细胞的表面上,表现出对靶细胞的专一攻击能力。例如,伤寒沙门杆菌能专一性地侵犯肠道淋巴组织。细菌荚膜的纤丝还能把细菌分泌的消化酶贮存起来,以备攻击靶细胞之用。

(4)鞭毛:鞭毛是某些细菌的运动器官,由一种称为鞭毛蛋白的弹性蛋白构成,结构上不同于真核生物的鞭毛。细菌可以通过调整鞭毛旋转的方向(顺时针或逆时针)来改变运动状态。

(5)菌毛:菌毛是某些细菌表面存在着一种比鞭毛更细、更短且直硬的丝状物,须用电子显微镜观察。它的特点是细、短、直、硬、多,菌毛与细菌运动无关,根据形态、结构和功能,可分为普通菌毛和性菌毛两类。前者与细菌吸附和侵染宿主有关,后者为中空管子,与传递遗传物质有关。

2. 细菌的主要类别

绝大多数细菌的直径大小在 $0.5 \sim 5 \mu m$。细菌按其生活方式可分为两大类:自养菌和异养菌,其中异养菌包括腐生菌和寄生菌。按其对 O_2 的需求来分,可分为需氧菌和厌氧菌,需氧菌又可进一步分为完全需氧细菌和微需氧细菌,厌氧菌也可进一步分为不完全厌氧细菌、有氧耐受细菌和完全厌氧细菌。如按细菌的最适宜生存温度可将其分为喜冷、喜高温和喜常温三类。所以,细菌可以按照不同的方式分类,但通常是根据其三种基本形态分为三类,即球菌、杆菌和螺旋菌(包括弧菌、螺菌、螺杆菌)。

杆菌为杆状或类似杆状细菌,如大肠杆菌、枯草杆菌等。球菌为球形或似球形细菌,根据细胞分裂后细胞的组成情况,可进一步分为单球菌、双球菌、链球菌、四联球菌、八叠球菌和葡萄球菌等。螺旋菌是细胞呈弯曲状的螺旋形细菌,根据细胞弯曲的程度和硬度,常将其分为弧菌、螺菌和螺旋体等三种类型。螺旋体细长、柔软、弯曲呈螺旋状,是运动活泼的单细胞原核生物。全长 $3 \sim 500 \mu m$,比一般细菌要大得多,具有细菌的所有内部结构。在分类学上的位置介于细菌与原虫之间,由于更接近于细菌而归属在细菌类。螺旋体广泛分布于自然界和动物体内。

3. 细菌的分布与生态

细菌广泛分布于土壤、水、空气和食物中,或与其他生物共生。细菌可以在任何适于它们繁殖的地方生长发育,可以被气流从一个地方带到另一个地方。人体是大量细菌的栖息地,如皮肤表面、肠道、口腔、鼻子和其他身体部位。据估计,人体内及表皮上的细菌细胞总数约是人体细胞总数的十倍。此外,有些种类会分布在极端环境中,如温泉、高盐、高酸或高硫化物热水等,甚至放射性废弃物中,它们被归类为嗜极生物。有人根据它们适应极端环境(如类似想象中的原始地球),便认为它是很古老的种类,所以将一部分单独列出并称为"古细菌"。事实上,细菌的种类实在太多,又极其微小,科学家已经研究或观察到并命名登记的种类只占其中的很小一部分。

细菌的营养方式有自营与异营,其中异营的腐生细菌是生态系中重要的分解者,使碳循环能顺利进行。部分细菌会进行固氮作用,使氮元素得以转换为生物能利用的形式。细菌影响着人类生活的方方面面。细菌是许多疾病的病原体,如肺结核、淋病、炭疽病、梅毒、鼠疫、砂眼等疾病都因细菌感染而生。同时,细菌也在帮助人类,有很多有益或无害细菌在我们体内与我们共生。人类也在利用细菌,如酿酒、制醋、乳酪及酸奶的制作、部分抗生素的制造、废水的处理等,都与细菌有关。在生物科技领域,细菌有着广泛的运用。

芽孢是某些细菌在生长后期于细胞内形成的含水量极低而抗逆性极强的内生休眠体，对不良环境有非常强的抵抗能力。休眠体在一定条件下（往往是环境不利时）营养生长停止，而形成具有再生能力的休眠结构。小而轻的芽孢还可以随风四处飘散，落在适当环境中，又能萌发成为细菌。细菌快速繁殖和形成芽孢的特性，使它们几乎无处不在。

三、古细菌

1. 古细菌的由来

20 世纪 70 年代，美国微生物学家卡尔·乌斯（Carl Woese）等人应用生物技术（如基因检测）分析了 200 多种细菌和真核生物（包括其中的某些细胞器）的某些 rRNA 寡核苷酸谱，通过对 rRNA 序列的研究，认为原核生物中生活于特殊环境中的产甲烷细菌、极端嗜盐细菌、极端耐酸耐热硫化叶菌和嗜热菌质体等的 rRNA 核苷酸序列，既不同于一般细菌，也不同于真核生物。此外，有资料表明这些生物的细胞膜结构、细胞壁结构、辅酶、代谢途径、tRNA 和 rRNA 的翻译机制均与一般细菌不同。因而将其单独划分出来，称为"古细菌"。将不属于古细菌的细菌（或原核生物）称为"真细菌"。实际上是将传统意义上的细菌分为两大类：真细菌和古细菌。但"细菌"一词已成人们的习惯称呼，后来又改名为"细菌"和"古菌"。乌斯等认为，细菌、古菌和真核生物各代表了一支具有简单遗传机制的远祖生物的后代，即这两类细菌与真核细胞是由不同原始生物分别起源的不同的种类。进而认为细菌、古菌和真核生物是同等的，并提出三域分类系统（1977，1990，见表 9.1）。这样，细菌和古菌都可以被分为几个界，分别与植物界、动物界相提并论。

这一分类方案至今仍被一些微生物研究者所津津乐道，但也存在很大争议。有关讨论见本章第二节和第五节。古菌有它的特殊之处，作为原核生物中一个分类级别与细菌并列（或次一级）并分开另行研究是可行的。但要说其分类位置与所有真核生物对等尚缺乏进化上的依据，其特征性差异也远没有那么大，应该归于原核生物界，三域分类系统应予摒弃。所以，这里将古菌放在原核生物中作为其中的一个类别，与细菌、放线菌并列，合称三菌。

2. 古细菌的特征

古细菌（又称"古生菌""古菌""古核细胞"或"原细菌"）是一类很特殊的细菌，多生活于极端生态环境。具有原核生物的主要特征，如无核膜及内膜系统；也具有真核生物的某些特征，如以甲硫氨酸起始蛋白质的合成、核糖体对氯霉素不敏感、RNA 聚合酶和真核细胞的相似、DNA 具有内含子并结合组蛋白；此外，古菌也具有自身所特有的一些特征，如细胞膜中的脂类不可皂化，细胞壁不含肽聚糖，或以蛋白质为主，或含杂多糖，或类似于肽聚糖，但都不含胞壁酸、D 型氨基酸和二氨基庚二酸。

在细胞结构和代谢上，古菌在很多方面与其他原核生物相同或相似，但在基因转录的一些分子生物学的中心过程上，它们并不明显表现出细菌的特征，反而非常接近真核生物。比如，古菌的转译使用真核的启动和延伸因子。古菌还具有一些其他特征与大多数细菌不同，如只有一层细胞膜而缺少肽聚糖细胞壁。而且，绝大多数细菌和真核生物的细胞膜中的脂类主要由甘油酯组成，而古菌的膜脂由甘油醚构成。这些区别也许是来自对超高温等极端环境的适应。此外,古菌鞭毛的成分和形成过程也与细菌不同。

3. 古细菌的形态与生态

单个古菌细胞直径在 $0.1\sim15~\mu m$ 之间,有一些种类形成细胞团簇或纤维,长度可达 $200~\mu m$。可有各种形状,如球形、杆形、螺旋形、叶状和方形,具有多种代谢类型。盐杆菌可以利用光能制造 ATP,尽管古菌不能像其他利用光能的生物一样利用电子链传导实现光合作用。

很多古菌生存在极端环境中。一些生存在极高的温度(经常在 100 ℃ 以上)下,比如间歇泉或者海底黑烟囱中。还有的生存在很冷的环境或者高盐、强酸和强碱性的水中。也有些古菌是适中性的,能够在沼泽、废水和土壤中生存。很多产甲烷的古菌生存在动物的消化道中,如反刍动物、白蚁或者人类。古菌通常对其他生物无害,目前尚未知有致病古菌。

4. 古细菌与真细菌的主要区别

(1)古细菌的细胞形态除了具有与细菌同样的杆状、球状和螺旋状外,还有一些特殊形态,如扁平直角几何形状的细胞,而在真细菌中从未见过。

(2)在膜结构和成分上,古细菌膜含醚而不是酯,其中甘油以醚键连接长链碳氢化合物异戊二烯,而不是以酯键同脂肪酸相连。

(3)代谢多样性上,古细菌单纯,不似真细菌具有多样性。在中间代谢上,古细菌有独特的辅酶。

(4)许多古细菌含有"内含子",而真细菌则无。

(5)古细菌的呼吸方式主要为厌氧呼吸。

(6)古细菌比真细菌在分子可塑性上有较多的变化。

(7)有人还认为,古细菌比真细菌进化缓慢,保留了较原始的特性。

以上这些说明古细菌与真细菌确有差别,但这些差别仅仅只是在细菌范围内的正常细菌与特异细菌(嗜极细菌)之间的差异,尚不足以构成分"界"的标准,更不用说分"域"了,古细菌的特征性或特异性远不能与真核生物大类并列,也不及动物界和植物界,更不用说超越,其生于嗜极环境只能说明它们是些特化的细菌,可能是由正常细菌适应特异环境特化而成。

5. 古细菌的代表类型

(1)嗜热细菌

嗜热细菌只有在高温下才能良好地生长。迄今为止已分离出 50 多种嗜热细菌。有报道称,极端嗜热菌能生长在 90 ℃ 以上的高温环境。如斯坦福大学科学家发现的古细菌,最适生长温度为 100 ℃,80 ℃ 以下即失活;德国的斯梯特(K. Stetter)研究组在意大利海底发现的一种古细菌,能生活在 110 ℃ 以上高温中,最适生长温度为 98 ℃,降至 84 ℃ 即停止生长。在这些细菌中有种被认为是最抗热的菌株,在 105 ℃ 时繁殖率最高,甚至在高达 113 ℃ 时也能增殖。我国也有报道称在云南腾冲温泉中发现有生活在 121 ℃ 高温中的细菌,起名为"菌株 121"。有人认为嗜热细菌生存的极限温度可能是 150 ℃,若超过这一温度,无论哪种生命形式都不可避免地使维持 DNA 和其他重要的生命大分子完整性的化学键遭到破坏。

但有报道称,美国的 J. A. Baross 发现一些从火山口中分离出的细菌可以生活在 250 ℃的环境中。

嗜热菌的营养范围很广,多为异养菌,其中许多能将硫氧化以取得能量。有材料表明,某些细菌之所以能在高温条件下生存,是因为其具有在高温中仍然具有活性的物质,如生物酶 Taq 酶、Pfu 酶等就能在高温条件下发挥酶活性,有报道称,Pfu 酶能在 100 ℃时很好地发挥作用。

(2) 嗜盐细菌

嗜盐菌能在极端高盐环境下生长和繁殖,特别是在天然盐湖和太阳蒸发盐池中生存。极端嗜盐菌生活在超高盐度环境中,盐度可达 25%,如死海中。由渗透势原理可知,高盐溶液中的细胞将失去更多的水分,成为脱水细胞。而嗜盐细菌可产生大量的内溶质或保留从外部取得溶质的方式来维持自身的生存,如嗜盐杆菌,在其细胞质内浓缩了高浓度氯化钾,其中有一种酶只有在高浓度的氯化钾中,才有活性,才能发挥其功能。而与环境中盐类接触的盐杆菌,其细胞质中的蛋白质需要有高浓度的氯化钠才能发挥作用。

(3) 极端嗜酸菌

极端嗜酸菌能生活在 pH1 以下的环境中,它往往也是嗜高温菌,生活在火山地区的酸性热水中,或由火山滤出的高酸度热水湖中,能氧化硫获取能量,并将硫酸作为代谢产物排出体外。

(4) 极端嗜碱菌

极端嗜碱菌多数生活在盐碱湖或碱湖中,生活环境 pH 可达 11.5 以上,最适 pH8~10。

(5) 产甲烷菌

产甲烷菌通常是严格厌氧生物,可生活在地下或某些极端缺氧环境里,也可以生活在动物体内,如人和哺乳动物的消化道内,能利用 CO_2 使 H_2 氧化,生成甲烷,同时释放能量。反应式为

$$CO_2 + 4H_2 \longrightarrow CH_4 + 2H_2O + 能量$$

四、放线菌

放线菌是原核生物的一个类群,因其在固体培养基上呈辐射状生长,即菌落呈放线状而得名。大多数有发达的分支菌丝。菌丝纤细,宽度近于杆状细菌,0.5~1 μm,根据生长关系可分为营养菌丝与气生菌丝。营养菌丝又称"基质菌丝",主要功能是吸收营养物质,有的可产生不同的色素使之显色,是菌种鉴定的重要依据。气生菌丝叠生于营养菌丝上,又称"二级菌丝"。

放线菌在形态上分化为菌丝和孢子,在培养特征上与真菌相似。用近代分子生物学手段研究结果表明,放线菌是一类具有分支状菌丝体的细菌(广义细菌),属于原核生物。如:

(1) 具有原核微生物的典型特征:细胞核无核膜、核仁和真正的染色体;细胞质中缺乏线粒体、内质网等细胞器。

(2) 细胞结构和化学组成与细菌相似:细胞具细胞壁,主要成分为肽聚糖;放线菌菌丝

直径与细菌直径基本相同。

（3）最适生长的 pH 范围与细菌基本相同，一般呈微碱性。

（4）都对溶菌酶和抗生素敏感，对抗真菌药物不敏感。

（5）繁殖方式为无性繁殖，主要以孢子繁殖，其次是断裂生殖，遗传特性与细菌相似。

放线菌在自然界中分布广泛，主要以孢子或菌丝状态存在于土壤、空气和水中，尤其是含水量低、有机物丰富、中性或微碱性土壤中数量最多。严格地说，放线菌只是形态上的分类，根据菌类形态上的特征通常也会将某些细菌和真菌划归到放线菌类。土壤特有的泥腥味，主要是放线菌的代谢产物所致。

放线菌与人类的生产和生活关系极为密切，目前广泛应用的抗生素约 70% 由各种放线菌所产生。一些种类的放线菌还能产生各种酶制剂（如蛋白酶、淀粉酶和纤维素酶等）、维生素（B12）和有机酸等。弗兰克菌属为非豆科木本植物根瘤中有固氮能力的内共生菌。此外，放线菌还可用于甾体转化、烃类发酵、石油脱蜡和污水处理等方面。少数放线菌也会对人类构成危害，引起人和动植物病害。因此，放线菌与人类关系密切，在医药工业上有重要意义。

常见的放线菌有小金色链霉菌、龟裂链霉菌、红霉素链霉菌和小单孢菌等。

五、立克次体

1909 年，美国病理学家霍华德·泰勒·立克次（H. T. Ricketts，1871—1910 年）在研究落基山斑疹热时，首先发现洛基山斑疹伤寒的独特病原体，第二年他不幸感染斑疹伤寒并被夺走生命，故该病原体被命名为"立克次体"。1916 年，罗恰·利马首先从斑疹伤寒病人的体虱中找到病原体，并建议取名为"普氏立克次体"，以纪念因从事斑疹伤寒研究而献身的立克次和捷克科学家普若瓦帅克。1934 年，我国科学工作者谢少文首先应用鸡胚培养立克次体成功，为人类认识立克次体做出了重大贡献。立克次体家族已发现的类别有 3 属 12 种。它们有些与动物有关，有些与人类有关。

立克次体是一类专性寄生于真核细胞内的原核生物，为三体之一，是介于细菌与病毒之间，而接近于细菌的一类原核生物。一般呈球状或杆状，是专性细胞内寄生物，主要寄生于节肢动物，有的会通过蚤、虱、蜱、螨传入人体，如斑疹伤寒、战壕热等。主要特征有：

（1）细胞呈球状、杆状或丝状，有的表现出多形性。细胞大小为 $(0.3\sim0.6)\mu m \times (0.8\sim 2.0)\mu m$，有细胞形态，一般不能通过细菌滤器，可通过瓷滤器，在光学显微镜下清晰可见。有细胞壁，无鞭毛。

（2）同时有 DNA 和 RNA 两种核酸，但没有核仁及核膜，属于适应了寄生生活的 α-变形菌。基因组很小，如普氏立克次体的基因组为 1.1 Mb，含 834 个基因。

（3）除少数外，多在真核细胞内营专性寄生生活，寄主一般为虱、蚤等节肢动物，可传至人或其他脊椎动物。

（4）繁殖方式二分裂式无性繁殖，但繁殖速度较细菌慢，一般需 9~12 h 繁殖一代。

（5）产能代谢途径不完整，大多只能利用谷氨酸和谷氨酰胺产能，而不能利用葡萄糖或有机酸产能。

(6) 对热、光照、干燥及化学药剂抵抗力差,56 ℃下 30 min 即可杀死,100 ℃下很快死亡,对一般消毒剂、磺胺及四环素、氯霉素、红霉素、青霉素等抗生素敏感。

(7) 立克次体大多数不能用人工培养基培养,须用鸡胚、敏感动物及动物组织细胞来培养。

六、支原体

支原体又称"霉形体",为三体之一,是 1898 年由 Nocard 等发现的一种类似细菌但又不具有细胞壁的原核微生物。其大小介于细菌和病毒之间,是目前发现最小最简单的原核生物。支原体能在无生命的人工培养基上生长繁殖,直径 50～300 nm,可通过细菌滤器。过去曾称之为"类胸膜肺炎微生物",1967 年正式命名为"支原体"。

支原体细胞结构比较简单,多数呈球形,没有细胞壁,只有三层结构的细胞膜,故具有较大的可变性。支原体的基因组多为环状双链 DNA,基因数量为 480,散布于整个细胞内,尚未形成核区或类核,分子量小(仅有大肠杆菌的 1/5),合成与代谢很有限。细胞质内含有 DNA、RNA 和多种蛋白质,包括上百种酶,唯一可见的细胞器是核糖体。支原体在遗传上与细菌无关,某些因自发突变或人为原因导致细菌除壁后形成的裸体"菌株"或"原生质体"与支原体很相似,但不是支原体。支原体无论在什么条件下也不能变成细菌,反之亦然。

支原体在自然界中广泛存在,有 80 余种,绝大多数生长需胆固醇。菌落较小,直径 0.1～0.3 mm,也有报道说支原体菌落直径有 0.1～1.0 mm,在固体培养基表面呈特有的"煎蛋"形状。无细胞壁,不能维持固定的形态而呈现多形性。对渗透压敏感,对抑制细胞壁合成的抗生素不敏感。细胞膜中胆固醇含量较多,约占 36%,对保持细胞膜的完整性具有一定作用。细胞膜含甾醇,比其他原核生物的膜更坚韧。凡能作用于胆固醇的物质(如二性霉素 B、皂素等)均可引起支原体膜的破坏而使支原体死亡。

支原体一般可按生化反应进行分型。如能分解葡萄糖作能源的支原体则不能利用精氨酸,能利用精氨酸的则不能分解葡萄糖,有人提出据此可将支原体分为两类。但解脲支原体不能利用葡萄糖和精氨酸,却可以利用尿素作能源。各种支原体都有特异的表面抗原结构,很少有交叉反应,即具有分型特异性。因此,利用生长抑制试验、代谢抑制试验等可鉴定支原体抗原,进行分型。与人类有关的支原体有肺炎支原体、人型支原体、解脲支原体(分解尿素支原体)和生殖器支原体等。肺炎支原体能引起肺炎,其一端有一种特殊的末端结构,能使支原体黏附于呼吸道黏膜上皮细胞表面,与致病性有关。现已从人类泌尿生殖道分离出来 7 种支原体,其中分离率较高且与泌尿生殖道疾病有关的是解脲支原体,其次是人型支原体。人型支原体、解脲支原体和生殖器支原体都会引起泌尿生殖道感染。

七、衣原体

衣原体是一类既不同于细菌也不同于病毒,在细胞内寄生,有独特发育周期的原核微生物。曾被认为是病毒(如鹦鹉热和腹股沟淋巴肉芽肿病毒)或立克次体的亲缘种,后经研究认定为原核生物,归为衣原体目。衣原体有一定的代谢活性,能进行有限的大分子合成,但没有合成高能化合物 ATP、GTP 的能力,必须由宿主细胞提供,因而成为能量寄生型微生物。衣原体是一种比病毒大、比细菌小的原核微生物,呈球形,直径 250～500 nm,在光学显微镜下可见。衣原体是专性寄生性的微生物,无运动能力,但在自然界传播很广,广泛寄生于人类、哺乳动物及鸟类,仅少数有致病性。如能引起人类疾病的有沙眼衣原体、肺炎衣原体、鹦鹉热肺炎衣原体等。

衣原体细胞具有微薄的细胞壁,无肽聚糖,由二硫键连接的多肽作为支架。细胞内同时含有 DNA 和 RNA 等遗传物质,细胞质中有核糖体。具有一些酶类但不够完善,有葡萄糖代谢活性和蛋白质合成能力,但缺乏产生代谢能量的作用,为专性细胞内寄生。不能用人工培养基培养,能在鸡胚卵黄囊膜、小白鼠腹腔等活体内生长繁殖。有独特发育周期,仅在活细胞内以二分裂方式繁殖。

衣原体与细菌的主要区别是其缺乏合成生物能量来源的 ATP 酶,也就是说衣原体自己不能合成生物能量物质 ATP,其能量完全依赖被感染的宿主细胞提供。而衣原体与病毒的主要区别在于其具有 DNA、RNA 两种核酸、核糖体和一个带有微薄细胞壁的细胞膜,并以二分裂方式进行增殖,能被抗生素抑制。衣原体基因组大小在 1.04～1.23 Mb 之间,有 894 个编码蛋白的基因,存在特别强的 DNA 修复和重组系统,未发现前噬菌体基因。

衣原体在宿主细胞内繁殖,具有独特的发育周期,呈现两种不同的形态结构,代表着两个不同的发育时期。

(1) 原体(EB):为直径 $0.2～0.4\ \mu m$ 的小球形、椭圆形或梨形颗粒,有胞壁,内有核质和核蛋白体,是发育成熟的衣原体,为细胞外形式,一般所讲的衣原体指的就是原体。原体具有高度的感染性,在宿主细胞外较稳定,无繁殖能力,通过吞饮作用进入易感细胞。原体进入细胞后,由宿主细胞膜包绕形成空泡(吞噬体),原体在空泡中逐渐发育增大,进入增殖状态,形成网状体。

(2) 网状体(RB)也称"始体",直径 $0.5～1.0\ \mu m$,圆形或椭圆形。无致密核质,但有纤细网状结构,故称"网状体"。无细胞壁,代谢活泼,以二分裂方式繁殖。网状体为细胞内形式,在细胞外很快死亡,故不具感染性。网状体在空泡内经二分裂繁殖出众多子代,称为"包涵体",逐渐发育成为子代原体。成熟的原体从破坏的感染细胞中释放,再感染新的易感细胞,开始新的发育周期。

整个发育周期为 48～72 h,全过程为:原体→吸附→吞噬体(空泡)→在吞噬体内形成始体→二分裂繁殖→形成包涵体→在包涵体内成熟为原体→释放。

根据抗原构造、包涵体性质和对磺胺敏感性,衣原体可分为沙眼衣原体、肺炎衣原体、鹦鹉热衣原体三种。沙眼衣原体有三个生物变种,即沙眼生物变种、性病淋巴肉芽肿生物变种和鼠生物变种。各衣原体及其变种又会有不同的血清型。衣原体能产生某种内毒素,静脉注射小白鼠,能迅速致其死亡。体外试验显示,衣原体表面脂多糖和蛋白能使其吸附于易感细胞,并促进易感细胞对衣原体的内吞作用,还能阻止吞噬体和溶酶体的融合,从而使衣原体在吞噬体内繁殖并破坏细胞。受衣原体感染的细胞代谢被抑制,最终被破坏。

衣原体耐冷不耐热,56～60 ℃下仅可存活 5～10 min,在－70 ℃可保存数年。0.1％甲醛液、0.5％苯酚 30 min 内可杀死;75％酒精 0.5 min 内可杀死。对四环素、红霉素、螺旋霉素、多西环素及利福平等多种抑制细菌的抗生素和药物很敏感。

第五节　原生体亲缘关系讨论

前面介绍了原生生物、原核生物和非细胞生物(病毒),其中原生生物属于真核生物,细胞结构复杂,进化层次较高,应该是后来者,与原生体亲缘关系较远。在原核生物和非细胞生物中,原核生物应该与原生体最为相似。但非细胞生物结构更简单,是不是出现得更早呢? 谁更接近最初的生命形式,谁就最接近原生体? 谁才是原生体的现代近亲? 如黑猩猩与我们人类这样,当然不是说它就是生命的源头。

一、非细胞生物与原生体的亲缘关系

在人类所认识的具有生命特征的生命体中,病毒类的非细胞生物组成结构最简单,那么,它是最原始的生命体吗? 仅从生物组成和结构复杂性来看,顺序应该是非细胞生物→原核生物→单细胞真核生物(原生生物)→多细胞真核生物(真菌、植物、动物)。

但这只是生物体结构复杂性的顺序,它能代表生物进化的序列吗? 可能很多人就是以这样的思维来看待生命起源与进化的。生物进化重复这同样的序列吗? 如果是的话,那问题就太简单了,最简单的生物是最早出现的,如此推论无疑非细胞生物(病毒)是最早的。那么可以说,地球上最早的生命是病毒或生命起源于病毒吗? 显然不能! 也就是说原生体不是病毒类非细胞生物,而是细胞生物。除去病毒类的非细胞生物外,从原核到真核,从单细胞到多细胞的进化顺序应该不会存在太大的问题。为什么病毒(或非细胞生物)就不能是生命的源头呢?

由病毒的生理特性推知寄生生活的病毒类非细胞生物不可能是在细胞生物之前诞生,因为它们需要寄生于细胞生物才能显示出生命现象,没有细胞生物,它们就无可感染的宿主生物,它们也就体现不了其生命现象,也就谈不上生命。无论是遵循自然选择理论或按照随机进化的想法分析,都不可能想象出病毒们先细胞生物诞生,然后休眠并设计好埋伏,等待宿主细胞生物出现后再奋勇而上,营寄生生活。所以说,病毒等非细胞生物出现的时间肯定是在细胞生物之后,至少是在原生体之后才表现出生命功能,或者参与过原生体的早期进化,但不可能是生命的源头。病毒的起源最大可能就是某些细胞生物(原核或真核)退行性变异或细胞生物在环境压力下形成的基因片段或碎片,或者以某些核酸或蛋白质为核心形成的生命分子集合体。

有报道(最早见 2003 年)称发现复杂的米米病毒(Mimivirus)可以自行合成蛋白质,并宣称这一发现表明"一些病毒可能已经从早期依赖于宿主细胞发展为可独立产生蛋白质的阶段"。这就提出"生命是否一定要有细胞结构"的问题。一些研究者认为病毒的自组装影响着生命起源,有人甚至提出这样的假设:生命可能开始于能够自我组装的有机分子。

这与前面同样道理,寄生生活,且宿主是细胞生物,就说明在此前已经有了细胞生物,即使这所谓的特大米米病毒后来真能演化出合成蛋白质的种,但那也只是后来者,与生命起源无关,因为它的宿主细胞生物肯定比它早。再者,从进化的角度来看,寄生生活本身就是一种特化的生活方式。如果真有寄生病毒自身能够合成蛋白质的话,那它可能是还不太适应寄生生活,或者是刚刚进入"这一领域",还没有完全特化。

在原始地球上,那充满有机物的海洋里,生命分子相互运动碰撞,接触亲和,相互结合,所谓"有机分子自组装"在原始富有机物的海洋中应该普遍存在。正是因为自组装促使多种生命分子结合形成生命分子集合体。生命分子的相互结合形成病毒结晶体(或病毒分子)是可能的,但这时的病毒分子(如果存在的话)因无宿主细胞可寄生,并不能显示出生命特征。只有更多的生命分子聚合形成类细胞的初级原生体,原生体是地球上最早能自主生存与繁殖的生命体,这才是生命的起点。由生命分子集合体相互融合形成原始生命体以及在原生体的有机进化中,原始病毒分子作为生命分子或生命分子集合体中的一类可能也参与了其中的融合作用。即病毒类非细胞生物在原生体诞生与早期演化中可能起过一定的作用,如参与融合作用,但肯定不是主流,也不是进化主干成分。现存病毒假若真是远古遗存的话,那也只能是在生命起源与早期进化中形成的某个或某些侧支的后裔。

二、古细菌与原生体的亲缘关系

古细菌包括不同类型(有人认为是三类,其实更多)的细菌,如产甲烷细菌、极端嗜盐细菌、极端嗜热、嗜酸或嗜碱细菌、极端厌氧细菌等。它们生存在极端特殊的生态环境中,具有独特的核糖体 RNA 寡核苷酸谱。而且,它们在分子水平上与真核生物和真细菌都有不同之处,或只与其中之一相同。例如,极端嗜盐细菌能行光合作用,但其光合作用色素并非叶绿素类的分子,而是与动物视网膜上的视紫红质相似的结合蛋白。

由于古细菌所栖息的环境和地球早期环境看起来有相似之处,如高温、缺氧,加上古细菌在结构和代谢上的特殊性,所以有人认为,它们可能代表最古老的细菌,它们保持了古老的形态,很早就和其他细菌"分手"了。进而提出将古细菌从原核生物中分出,成为与原核生物(真细菌)、真核生物并列的一类。特别是深海极端嗜热和产甲烷细菌,备受人们关注。因为有人认为它位于"生命进化系统树的根部"附近,对它进行深入研究,可能有助于人们弄清"世界上最早的细胞是如何生存"的问题。

关于这种论调,前面已经做过一些分析和讨论。这里需要强调的是,古细菌的特殊性就是它们适应特殊环境而自身产生了一些特殊的变化(特化)而已,特化正是它们能适应特殊环境的原因。特殊环境的持续作用要不使其灭亡,要不使其身体形成相应的变化,即造成特化。但特化只是与所处环境有关,与"最古老"的形态或"生命进化系统树的根部"均无关。特化可能是早期的特异环境造成,也可能是后来造成的,而且十有八九是后来才造成的。如深海极端嗜热菌产于深海海底热泉处,而现代所见的深海热泉区多为近几亿年内的产物;再如产甲烷细菌多寄生于人和哺乳动物的消化道内,也只有在人和哺乳动物产生后才有这么个好地方可以发展。纵观生物进化史,没有哪一类生物(门类或类群)是先特化而后进化出其他类型的,特化同样是进化系统的侧支,而非主干。凡是特化了的物种或门类,在特定的环境可能会生存得很好,但一旦环境有变,要不继续特化下去,要不走向绝灭之路。大到恐龙,小到数不清的物种,无一例外。

古细菌的特异性以及某些与真核细胞生物比较接近的特征,恰恰说明这些细菌进入极端环境后,在环境压力下逐渐进化出适应环境变化的特殊组成与结构(如不同于正常细菌的遗传物质和在极端环境中仍能保持活性的蛋白质),以及某些特殊的或接近于真核细胞生物的特性,在环境压力作用下通过细菌之间的融合或与原生体的融合即可获得各种特异性。原核生物的逐渐复杂化以致进化出最初的真核细胞都是通过原生体的融合作用来实现的。

再者,细菌本身就多种多样,千变万化正是其本身的生存策略。已有研究资料表明:

(1) 细菌对温度的适应能力极强,特别是对低温的耐受性较强,大多数细菌在液态空气($-190\ ℃$)或液态氧($-252\ ℃$)下可保存多年。对普通细菌来讲,高温对其有一定的杀伤作用,大多数无芽孢菌在 $100\ ℃$ 煮沸时会立即死亡,而有芽孢的细菌对高热有抗力,如炭疽芽孢可耐受煮沸 $5\sim15\ min$。所以,湿热灭菌比干热效果强,因为湿热灭菌渗透性大。但在特殊环境中,细菌也可以进化出耐高温、高酸等特性。

(2) 湿润的环境有利细菌生存和繁殖,大多数细菌的繁殖体在干燥空气中会很快死亡,但有些细菌,如结核杆菌,对干燥耐力强,在干痰中保存数月后仍有传染性。所以,干燥不能作为有效的灭菌手段,只能用于保存食物。

(3) 工业上和医院里常用紫外线灭菌,紫外线对细菌的作用包括诱发突变及致死,紫外线的波长为 $260\ \mu m$ 时作用最强,主要作用于细菌的 DNA(荧光也具有同样作用)。虽然紫外线适量照射可以杀死细菌,但在照射后 $3\ h$ 再用可见光照射,部分细菌又能恢复活力,这种现象称为"光复活作用"。

可见细菌就像打不死的妖精,适应力和生存力都极强,所以才能以微小之身"征服"天下。当细菌进入新的不同环境或者极端环境时,在环境压力下大量死亡后总有部分细菌通过融合作用使其自身特化,形成具有特异组成与构造的特化类型。生活于特殊环境或极端环境中的细菌会进化出适应环境所需要的特殊物质组成和结构来。所以古细菌只是一大类特化或特异化的细菌,不是位于"生命进化系统树的根部",只是生命进化系统中一些特化的支系。

有报道称,在一些细菌(如栖热袍菌)中发现了和古菌类似的基因,使这些关系变得复杂起来。这恰恰说明是环境造成细菌和古细菌基因的相似或不同,而不是细菌与古细菌各自先有什么基因差别再去寻找不同的生存环境,甚至是极端环境。古细菌与细菌的差别远没有"三域系统"倡导者们想象的那么大,它们之间只是因为适应不同的环境而造成的那么一点点差别,具体是到分门、纲或科、属的差别要视具体情况而定。即使,在细菌前面冠一"古"字也不能代表它就是古老类型,但古细菌的确是一类特化了的细菌。从古细菌上我们也可以看出,原核生物适应环境的能力是非常强的,在正常环境中可以演化出正常类型,在特异或极端环境中则能演化出特化类型,形成嗜极生物,原核生物生态上的广泛适应性正是原生体的生态模式。

一些人甚至走得更远,认为:"真核生物起源于一个古菌和细菌的融合,两者分别成为细胞核和细胞质。这解释了很多基因上的相似性,但在解释细胞结构上存在困难。"为什么一定要将古菌与细菌横在生物进化之前,古菌与细菌只是生物进化的侧支。特别是古菌,只是后来适应特殊或极端环境的产物,在进化中只是若干个侧支中的一支或次一级侧支,理由前面已经多有述及,不再重复。很多基因上的相似性并不能说明谁先谁后,只能说明起源上的同源性,至于不同的方面主要还是适应特异环境造成的差异性。由此,笔者建议最好将古细菌改为"嗜极细菌",去除"古"字,以免引人误解。

三、原生体的亲缘关系序列

从结构复杂性上看,"非细胞生物→原核单细胞生物→真核单细胞生物→真核多细胞生物"可以构成由简单到复杂,由低级到高级的序列。如前所述,这不是进化系列,只是结构复杂性序列。在进化系列中,病毒等非细胞生物处于一个与原始生命进化平行的特化支系(至少病毒是这样,除非再发现新的非特异性非细胞生物)。原生体在进化系统中,位于原核单细胞生物的初级,属于最原始类型,是生命进化系统的起点,所以处于中心位置。笔者对原生体在进化系统中的位置及其亲缘关系做了梳理,如图 9.1 所示。

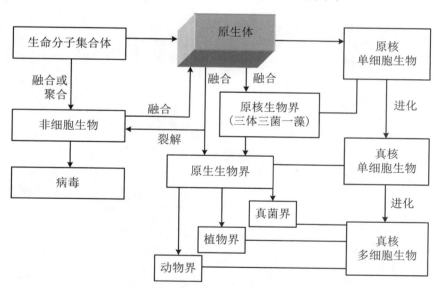

图 9.1　原生体进化位置与亲缘关系("←"表示进化关系,"—"表示分类关系)

要确切地排出原生体的亲缘关系序列,其实很难,甚至是不可能的,因为笔者现在所掌握的资料还非常有限。仅从原生体的进化位置来看,其组成结构应该接近支原体的组成结构,没有形成细胞壁,只有一层细胞膜将其与环境隔开并进行物质、能量交流;分布广泛犹如细菌,地球表层的水、土壤、空气乃至其他有机体内部无处不在;对环境的适应力也像细菌和古细菌,无论正常环境还是极端热、冷、盐、酸、碱、缺氧或有氧等环境均能适应,形成正常或特化的类别在其中生存发展;其繁殖能力应与蓝藻不相上下,根据环境条件不同,可正常繁殖,亦可爆发式地繁殖,在极短时间充斥水体;其与有机物或其他有机体的亲和力如同立克次体和衣原体的感染力,所不同的是,它既能侵入其他有机体内部,也可将其他有机体吞噬、融合或消化。要排出它们之间的远近关系确实并非易事,但如果非要排列不可的话,笔者也只能给个建议:原生生物七大类及病毒与原生体的亲缘关系,由近到远的亲缘为:支原体、细菌、病毒、古细菌、蓝藻、衣原体、立克次体、放线菌。当然,这样排序只是个初步建议,不是绝对的,算是视其组成与功能做一个形象化比喻吧。

第十章　有机演化与石油成因

　　有机演化是一个很广泛的概念,包括生物及有机物起源与进化(或演变)在内的整个有机世界的起源与变化发展,如生命起源中的化学进化、有机进化,生命出现后的生物进化,以及各种有机物的生成、迁移、演变,及其与生物体和环境之间的转化与交流等。有机演化包括两方面,一是生命的起源与进化,二是有机物的演化。本章主要讲有机物的演化,包括有机物在地球表层的迁移与循环变化,有机物与生物之间的转化和有机物与无机物之间的转化等。特别要强调的是与生命和地球同源生成的原始有机物的演化问题,原始有机物在地球表层的汇集形成了地球上的前生物原始有机物圈层。原始有机圈的演化对生命起源、地球演化和地表环境的营造等方方面面都产生着巨大的影响,其中一个最直接的结果就是非生物成因的海量原生油气的形成。

第一节　地球原始有机圈的形成与演化

　　同源说早期观点(1988,1989)讲的是"地球上的生命起源与地球形成同源",后来随着研究的逐步深入,观点也有所发展。20 世纪 90 年代,笔者提出大同源说(也称"广义同源说"),讲的是"地球上生命及原始有机物(圈)起源与地球形成同源"。大同源说事实上是在讲地球上所有有机物质——包括生命有机物和非生命有机物都有着同样的来源,且与地球形成同源。有机物由简单到复杂,直至生命出现的进化过程也就是地球从弥漫态星云到具有圈层结构的固态行星的形成过程。这实际上是在说地球上的有机演化与无机演化具有同源性。地球上有机演化的最明显结果就是生命的出现,但在生命之先还在地球上形成了原始有机物圈。

一、地球原始有机圈的形成

　　有机圈是指各种有机物质在地球表层分布区域所形成的圈层,有机圈实体包括生物圈在内的所有有机物分布区域,生物圈看起来很显眼,但实际上有机物的大部分还是存在于地表沉积物、沉积岩和水体中,大气圈中也存在一定量的有机物。有机圈与岩石圈、水圈、大气圈相互渗透交融,在空间上共存,或者说有机圈是渗透并散布于岩石圈、水圈和大气圈之中。就现有认识的有机物存在空间来说,大部分岩石圈、全部水圈和一部分大气圈都属于有机圈范围。这里所讲的原始有机圈是指由地球形成过程中形成的同源有机物所形成的最初有机圈,而现代有机圈是由非生物成因同源有机物和生物成因有机物共同构成,且生物成因有机物在量上会逐渐增多。

在地球形成后期,由于球内物质和能量条件的各处不一致性(大体也呈圈层分布),球内的不同圈层(区域)或有利或不利于有机物的生成和保存,致使原始地球在其形成过程中,内部合成的有机物因处于不同环境而沿着不同方向演化。总体来说,其进一步演化可能有三种途径[①]:

(1) 地球形成中生成的有机物大部分随着形成中的地球内部物质分异作用与气液等轻物质一起上行运移,一部分会逸出地表,进入原始海洋、大气层,有些会储存于地内岩石、构造和掺合于地表泥土中,成为原始地表的重要组分,集积于地球表层岩石圈中参与岩石圈的演化,并作为形成水圈和大气圈的重要组成部分,进而为生命诞生准备了基本的物质条件,成为生命起源、演化及发展的基础。同时,早期同源有机演化还为维持原始地表温暖的还原性环境提供了重要保障。

(2) 在球内,由于物质收缩凝结,使一部分有机物滞留或被封闭在地球内部。在地球形成早期,从表层到地下深处都有滞留有机物存在,甚至会有一部分滞留在高温高压造成的球内高能区,地核及下地幔是典型的高能区。随着地球内部能量的进一步升高,当温度超过一定极限时,有机物便会分解或与同样被封闭在地球内部的各种氧化剂进行氧化反应,生成水和各种气液体(如 CH_4、NH_3、NO、N_2、NO_2、CO_2、CO、H_2S 等)。而有机质的分解和氧化又会释放出能量,致使球内的温度和能量状态进一步升高。这种有机物的氧化与合成实际上是地球在其形成过程中内部能量储存转化的方式之一,这对地球形成后期已凝结的岩石重熔和岩浆化可能起着一定作用。有机物转化过程中释放出的水和多种气液体,对地球上气、液圈层的形成也有着重要意义(在封闭高压条件下,在地表通常呈气液态的多种物质都有可能呈固态或其他过渡态甚至离子态形式存在),可成为地表水和大气的重要物质来源(这可以解释地下岩浆的局部成因和地表水与大气的物质来源)。在早期地球还未变成凝聚态球体或刚刚成为球体时,地核和下地幔会有大量有机物(包括生命有机物)的生成、聚合或分解、运动和转化,但到地球已成球体并逐渐挤实收缩时,有机物便会不断向外运移,迁至上地幔和地球表层(上地幔软流圈以上的地球圈层,包括上地幔固体岩层和地壳),一部分会被分解或转化,后期的地核和下地幔应该极少有有机物生成,但在上地幔下部和下地幔应该还有一部分地球形成时期形成的有机物保存在那里。随着地内温压进一步升高,其可能分解成元素状态并以单质存在(如单质碳形成金刚石),或者被氧化(由地球内部变化产生氧化剂),释放出能量,生成水和多种气体(或以 N_2 为主),成为地表水和大气的重要补充物源。

(3) 一部分有机质在向地表运移过程中,到浅层(地壳或上地幔)受阻,未达地表而在近地表(地壳或上地幔)的适当场所中贮积起来,在合适的温压条件下经长期而缓慢地改造变化,最后转化(如去氧、去氮或部分碳、氢流失,H_2O、CO、NO、N_2 等生成物质逃逸)生成烃类等化学性质较为稳定的碳氢化合物,成为油气物质运移到适当的地层或构造中富集的条件,

---

① 周俊. 地球原始有机圈与生命起源同源说[J]. 世界科学,1993(2).

到一定程度或规模即可形成地球上最原始的油气藏(原生油气藏)。也就是说,地球上有些油气藏可能是由生物出现以前的原始有机物形成的前生物原生油气藏。这样的油气藏必定与地下深处有着密切联系,如沿深大断裂带或构造带分布等。

由于地球形成过程中的物质分异作用,使地球形成中产生的复杂有机物向地表富集,以致地球刚形成,地球表层便形成了由有机物、水和较松散的岩土组成的原始圈层——充满着各种有机物质的原始海洋和地表岩石圈,有机小分子还散布在空中,与气体成分一起形成原始大气圈。原始岩石圈、水圈以及大气圈中都集积着大量有机物,所有这些有机物围成的圈层共同组成地球上的原始有机圈。

二、原始有机圈的演化

地球生命起源的破土阶段就是从原始有机圈形成与早期演化开始的,正是原始有机圈的演化孕育并催生了地球生命。原始有机圈的演化不仅是原始生命体的缔造者,还是营造地球美好环境的功臣,以及地球形成中巨大能量的转化者与储备库。

有机圈演化研究的一个重要方面就是地球上有机物质的循环机制,既包含生态系统的物质循环运动,也包括分布于沉积物和沉积岩与扩散于岩石圈中的有机物质的循环运动。在岩石圈之下,如软流圈和软流圈之下的地幔部分是否也有有机物质的运动或演变,目前还知之甚少,但却是极为有趣的问题,如岩浆层内或岩浆层以下形成钻石的碳源就是一个很值得讨论的问题(参见第十一章)。

原始有机圈的形成与演化如同生命的起源与早期的融合进化,我们今天已经无法直接观察,就连查找实证也因年代久远而变得异常困难,所以情况很复杂,有些看似简单的问题短时间内却很难搞清楚和说明白,加上各人又会有各自不同的看法或观点,所谓"智者见智,仁者见仁"。本书只代表同源说的观点,归结如下:

① 地球上的生命起源与地球形成同源,有机演化从此开启(同源说)。

② 地球生命起源和原始有机圈形成、演化与地球形成、早期演化同源(大同源说)。

③ 原始有机圈形成与生命起源同源,但地球形成后巨量有机物在地球表层富集先形成原始有机圈(生命仍在孕育之中),原始有机圈进一步演化催生了生命诞生。

④ 原始有机圈与地球形成同源,但在早期有机演化孕育与产生生命(原生体)的同时,还将地球形成中的巨量行星演化能转化成有机能储存在地球内部(一部分富集在地球表层)。

⑤ 原生体诞生后,有机圈演化的主流就是生命进化,早期主要是有机(融合)进化。通过融合进化有机圈消耗大量有机物建造了地球上最早的生命系统,直至原生体(高级原生体)演化出多样性原始生物类型。虽然可能只是类似于单细胞或没有功能分化的多细胞的生命体,还没有形成真正的细胞核,甚至尚未具备用来保护自身的细胞壁,但已遍布全球,适应不同的生态环境。融合进化是一个漫长而艰难,同时也是充满希望的征程,历时可能长达1亿年,关键是原始生命通过融合进化得到发展壮大,并为进一步发展奠定了基础。

⑥ 生命是地球的宠儿,原始有机圈的早期演化在孕育产生生命的同时,也在营造和改

变着地球环境,如原始有机物在球内或地表降解或分解过程中会产生 H_2O,成为形成(早期)和补充(持续)原始海洋的重要水源,同时产生 CH_4、CO_2 等温室气体,进入大气层,可改变和维持地面温度;在地下经高温(或伴随高压)蜕变(或降解)作用可能会去氮脱氧,形成较为稳定的烃类化合物(成油气物质),释放出的 N_2、O_2 进入大气层,成为地球大气的重要组分并改变着成分比例,特别是含氧量的改变,等等,都对地球环境的变化起着至关重要的作用。

⑦ 原始有机圈由同源有机物富集于地球表层而形成,同源有机物是指地球形成及早期演化(如同生命起源及早期融合进化)中产生的有机物,即生命与地球同源而生的有机物,也称"原生有机物",由此开启的有机演化称为"同源有机演化"。由同源有机物形成的油气藏称为"同源或原生油气藏"。与此相应,由生物通过光合作用等产生的有机物称为"后生有机物",也称"生源有机物"。由生物有机物沉积到地下形成的油气藏称为"后生油气藏"或"生物成因油气藏"。

由此可见,同源说的发展有三个阶段:

(1) 早期(20 世纪 80 年代),提出"生命与地球同源"。

(2) 中期(20 世纪 90 年代),称为"原始有机圈和生命起源与地球形成同源"(大同源说或广义同源说)。

(3) 现代(21 世纪至今,内容见上述总结③~⑦条),发展为"地球生命(含有机圈)起源与早期演化的同源-融合学说"。无论哪个阶段,均可称为"同源说",包括早期进化在内可称为"同源-融合学说"。从大同源说开始,同源说不仅将生命有机物和非生命有机物看成是同源而生,而且看成是互化物,在生命起源与进化过程中,两者的互化对生态系统的形成与建设,对地球环境的塑造与改变都起着重要作用。有机物在地球内部的分解和转化的结果之一就是形成较为稳定的烃类化合物,即生成天然油气物质。这是地球有机演化的一个重要方面,需要指出的是原始油气物质不仅是同源生成的非生命有机物,同源生命有机物的转化也是重要的原始成油物质。

三、石油是如何形成的

石油,我国古代称之为"石漆",唐朝时称"石脂水",五代时叫"猛火油",佛经上又称之为"黑香油"等。北宋著名学者沈括第一次将其命名为"石油",后一直沿用至今,并传遍世界各国。今天,"石油"一词有时用来作为包括原油、天然气、沥青等在内的所有天然产出的液态、气态和固态碳氢化合物或其混合物的统称,有时又用来特指原油——天然产出的液态碳氢化物,并与天然气等并列。前者是广义,后者是狭义上的石油概念。

通常所说的石油一般是指原油(天然原油),即狭义的石油,其成分很复杂,主要有烷族烃、环烷族烃和芳香族烃三大烃类,此外还含有约 350 种以上的其他烃类以及烯烃、少量富硫、氮、氧等成分的非烃化合物和约 30 多种微量元素。不同产区的石油其成分通常有所差异,根据石油中各类烃的含量比以及其他成分的含量可将石油分成不同的类别。

国外还将石油、天然气、煤等统称为"矿物燃料"或"化石燃料"。称其为"矿物燃料"是因为它们是一类可作为燃料(能源)的矿物资源,称之为"化石燃料"是因为认为它们在成因上与生物有关,像大多数化石成因一样,系来自生物活动或其死后的遗体转化物。事实上,关于石油成因的学术之争由来已久,此起彼伏地持续了一个多世纪,至今仍在争论不休。有关学说甚多,但基本可以归结为有机说与无机说两大类。有机说认为石油是由生物提供了有机物而生成,即生物有机成因;无机说则认为石油生成并非生物成因,而是由地下无机合成或来自地外宇宙有机物。

关于石油起源的有机说与无机说的争论,最近半个世纪以来,大多数科技工作者都倾向于生物有机成因说,尤其是在西方国家,以"干酪根热降解说"为代表的有机说几乎被推崇为解释石油成因的唯一学说。

但近几十年来,随着油气勘探不断深入和扩大,积累的资料愈来愈多,许多新发现使以前备受推崇的生物有机成油论受到怀疑和挑战,无机成油说也随之复兴,并愈来愈为人们所重视。但目前,无机说本身还不够成熟,同有机说一样不能很好地解释全部或大部分油气藏的起源和成因,尤其是对成油物质来源、成油过程和条件还不能做出很好解释。

本章以现有科学事实(包括已知地质调查和研究中的新发现和新资料)为依据,对有机成油说和无机成油说以及其中一些较有影响的学说和观点进行分析讨论,以地球形成及早期演变中有机物与无机物同源演化的观点(生命地球同源说或地球生命起源与早期演化的同源-融合学说)为基础,对石油成因做些新的探索,提出石油成因同源说,讨论分析有机圈演化成油的可能性、同源成油的物质来源和有机物的循环运动机制,将生命地球同源同演与石油成因联系起来,揭示非生物(非无机)成油的物源实质。这也是同源说和同源演化的一个方面,即同源有机演化的一个方向。希望这个新的成油观点能为地下油气勘探提供一些参考或启发。

第二节　石油成因有机说及其讨论

一、有机说的提出

生物有机成油论简称"有机说"。自从 18 世纪中叶罗蒙诺索夫提出蒸馏说(认为石油是煤在地下经高温蒸馏而生成)以来,有机说历时 200 多年,已有了重大发展。人们曾根据推测的成油物质来源先后提出过动物说(认为成油有机物来自动物)、植物说(认为成油物质主要来自藻类)和动植物混成说(认为动植物都是成油的原始物质来源)。近一个多世纪以来,生物化学的飞速发展使人们开始关注并追溯石油的可能生物化学组分。在此基础上,有人提出了脂肪说(认为成油物来自生物体中的脂肪物质)以及碳水化合物说、蛋白质说等。动植物混成说进一步发展认为,来自海洋动植物残体或陆生生物分解产物的各种生化组分均可参与石油的形成。

20 世纪 50、60 年代,有人还根据某些生物在其生命过程中自身可产生烃类的事实,提出石油来自生物体内固有的烃类的原生说,认为是活的生物体直接提供了成油物质,并认为海洋生物特别是藻类为最佳生油物。事实上生物活着时所释放的烃类物质很难保存到地层中,生物死后遗体中含烃较少,而且绝大多数随着遗体分解,在沉积物变化的早期便散失了。进一步研究还发现,现代沉积物中的正烷烃具有奇碳优势,而石油烃中并不存在这种优势。因此,有人便转而认为,石油生成与生物体直接产生的烃类物质并不相关,现代生物不可能直接生成大量的石油。

随后,有人又提出石油是生物有机体中非烃类物质经地质作用转化为烃类富集而成。由于发现脂肪、碳水化合物、蛋白质以及腐殖酸等都可以产生一类叫"干酪根"的物质,而实验证明干酪根经热降解可生成石油物质。所以,自 20 世纪 70 年代以来,干酪根热降解说一经提出便备受欢迎,作为有机说的突出代表至今不衰。

二、有机成油说的证据

多少年来,被有机论者奉为石油"有机成因说"最有力论据的主要事实有:

(1)已知世界上大多数油气藏(达到工业开采规模)多产自沉积岩区,或与沉积岩系有关。

(2)油气藏的地史分布与生物发展史存在着大致对应关系,这被认为是油气生成与生物之间存有相关性的最好证据。即在油气储量大的地质时代,其地层中有机质的含量也多、分布也广,说明当时地球上的生物很繁盛。总体来说,地质时代愈新,其地层中油气含量愈丰。如世界主要油气藏都集中在中生代到新生代。自古生代以来,占总时间(5.4 亿年)60% 的古生代只含有已知石油储量的 15%,而自渐新世以来不足总时间(5.4 亿年)5% 的时期内却含有 60% 的石油储量。

(3)石油物质中含有生物所特有的标记化合物,或称"指纹化合物",即一些化学结构为生物有机体(物)特有的化合物,如卟啉、二烯类、萜类、甾醇类等生物有机物或有关化合物。

(4)天然油气中的元素(包括痕量元素)组成及碳同位素组成与地壳中的有机质(或有机矿产)及地表生物体的物质组成非常相近,而与无机物组成及碳酸盐中的碳同位素组成相差甚远。

(5)石油中的有机物普遍具有旋光性,这与生物有机物相一致,而与化学合成的有机物的结构不同,表明系生物来源。

(6)已有实验证明,生物体的组成物质(复杂有机物)通过热降解反应确实可以获得一定量的分解产物,其中有石油烃类等成油气物质。

以上这些"事实"材料一直被有机论者作为石油成因有机说的有力证据。

三、有机说讨论

根据有机说的观点,成油物质来源是地表生物有机物被埋藏于地下一定的深度(多在 2000 m 以下),经一定温压作用转化成的石油有机物。然而,近些年来的石油勘探资料却表明,最初被当作生物有机成油说的证据现已动摇,多数已不能令人信服。随着资料的积累和研究的深入,人们发现不少现象是可以多解的,有些根本就不是那么回事,甚至会出现与有机说相矛盾(或相反)的情形。如:

(1) 现已发现的油田或油区比几十年前要广泛得多,并不限于沉积岩区或与沉积岩系有一定的直接关系。在火成岩、变质岩区,甚至被认为是古老地质区(全部由结晶花岗岩组成)都发现有油气显示。如在瑞典锡林扬地区(地盾区)的巨厚花岗岩层下面 6000 m 处钻出了由石油和磁铁矿混合而成的黑色有机质软泥;另外在一些火山喷发中也有油气显示。因此,作为有机说最关键的支持证据之一的"石油仅分布于沉积岩区"或与其直接相关已不全是事实。

有机成油说所认为的"区域性的含油气层都与一定条件下形成的富含有机质的沉积岩系或沉积盆地分布有关"如今看来也不确切。近些年来发现的一些大油田或油气区在其附近并没有发现有相对应的"富含有机质的沉积岩系或沉积盆地"。即使有,经分析测算其生油能力也极其有限,甚至远没有其油气储量的百分之一或千分之一。

(2) 石油中常含有标明生物有机物特征的化合物或特有结构及同位素,即标记化合物或指纹物质,如含有可能与活有机体色素有关的卟啉族化合物,富 ^{12}C,碳氢化合物具有旋光性,含有生物有机体所特有的有机物,如异戊二烯、三萜烯、甾醇等。这些特征同样可以解释为:石油在地下运移聚集过程中,由于地层中存有的生物残余有机物污染所至,或者为石油聚集或储存中受到细菌污染,系厌氧菌群活动的结果。

(3) 虽然油气在世界的大多数地方都有分布,但几乎全部大油田(区)都无例外地发育于古老褶皱带、古板块缝合线,或者现代板块的碰撞与俯冲接触带及其附近,且多与深大断裂发育的巨型构造带有着一定联系。这是否表示:油气是通过巨型构造带下的深大断裂与地下深处存有某种联系,即深部成因,而不是直接与富含生物有机物的表层沉积有关? 地球表层油气藏究竟是地表有机起源,还是地下深部起源? 这值得我们摈弃陈见,进行新的思考和探索。

四、质疑干酪根成油说

干酪根及干酪根热降解说也存在有很大的疑问,甚至受到质疑。

"干酪根"一词最初(1912)是指油页岩中所含的有机物质,现已普遍用来称呼包括油页岩在内的任何成因类型的地下分散有机质。也有人将其解释为沉积岩或现代沉积物中不溶于有机溶剂的有机质。干酪根成油说认为,干酪根是生物有机物转化成石油有机物的中间媒介,是形成石油物质的母质。经一定的地质作用,干酪根被埋藏到地下一定深度,在一定温压条件下,便会裂解,生成石油烃类。现一般认为,干酪根大量生油的转化温度超过 50 ℃,埋藏深度在 1500 m 以上,主要是在 2000～4000 m、60～210 ℃,尤以埋深 2000 m 左右、60～120 ℃为最佳生油区。这一学说由于以一些实验资料为基础,与其他学说比较起来具有更多的合理成分,所以 20 世纪 70 年代一提出便很快兴盛起来。尤其在欧美,这差不多已被推崇为解释石油成因的唯一学说,甚至被认为是最终理论。但随着近些年来石油勘查和人类认识的不断深化和丰富,一些新发现已向这一学说提出了严峻挑战。

干酪根实际上是保存在沉积岩或沉积物中的生物机体分解后残余有机物质,成分极不稳定。它可能来源于脂肪、蛋白质、木质素或其他生物有机质。因为在沉积变化中未曾损失掉,所以能被人们发现。有机说认为,干酪根随沉积物下沉到地下 2000~4000 m 深处,在特定的温压条件下转化成石油,而转化成天然气则要下沉得更深,一般为 3000~7000 m,成油气区为沉积盆地。其实,在下沉过程中,由于氧化、地下生物吞食、细菌分解破坏、地下水冲蚀等作用,有机物会不断消耗损失,越来越少,最终能到达 2000 m 以下的成油气区域是极少的。据估算,地表产生的有机物能混合到沉积物中的不到总量的 1%,而在由地表下沉到 2000 m 深处的过程中仍会有大量的损耗。

在一些沉积较慢(非补偿)的湖泊或盆地内,大部分有机物在下沉过程中便分解了,根本没有机会到达 2000 m 以下的成油深度。沉积过快的多为地质活动强烈地区,能接受的有机物本来就少,难以形成规模,而且这样的沉积盆地的深度有限。即使比较典型的补偿性沉积盆地,其沉积厚度也是有限的,并非所有这类盆地都能在其内部有机物大部分未损失前就沉积到 2000~4000 m 的成油气区域。因此,沉积物中可供热降解成油的干酪根数量微乎其微。

油气在地下深处形成后还存在着扩散和逃逸问题。实际上地下油气始终处于"生成—逸失、富集—扩散"的动态平衡中。在地下水和围岩压力的作用下,比重较轻的油气上行运移、扩散、逸失始终占着优势。地下油气形成后,如何迁移富集,并在适当的场所储存的问题也是生物有机成油说(沉积盆地模式)面临的难题之一。如此看来,地表生物有机物能真正沉入地下成油区,并形成油气藏的可能性实在太小,大型油气藏几乎已不可能形成。但事实证明,地下油气储量非常大,远不是人们先前估计的那样贫乏,而是比最乐观的生物成油论者推算的量还要多好多倍,尤其是特大型油气田的不断发现,使生物成油说,特别是干酪根成油说失去了说服力。

第三节　石油成因无机说及其讨论

一、无机说回顾与现状

无机成油的观点并非今日才有,早在 19 世纪中叶,元素周期律的发现者俄国化学家门捷列夫(1834—1907)就曾提出过石油是来自地下无机合成的推断,这一推论后来发展为"碳化物说",认为石油是在地下深处由金属碳化物与下渗的水相互作用而化合生成。这无疑是无机成油说的早期代表,但在当时并没有引起足够的重视。主要原因之一是当时人们正沉浸于有机化学的研究之中,从而无法接受像石油这样复杂的有机混合物不是来自生物有机体的推断,这种对生物成油的迷信至今仍可见一斑。

另一重要原因是当时人们对地球的起源及早期演化的认识存有严重偏见,认为地球是由原始熔融状岩石质火球体经长期缓慢冷凝固结而成,内部不可能产生或存在有机物,由此推知石油物质只能是来自后来的生物体。因此,早期的地球是完全无机的,然后才有由无机到有机再到生命的进化,而这些又都是在地表条件下发生的,地球上有机物的产生是生命发展的结果。所以石油起源于生物有机物的说法也就顺理成章了。

关于地球的形成,近几十年来,地学界乃至整个科学界观点更新很快,人们已经逐渐抛弃了地球是由原始熔融状岩石质火球体经长期缓慢冷凝固结而形成的观点。因为除非内部存在热核反应(像太阳那样)提供能量,否则没有任何能源能够使一个岩石质星球通体保持熔融状态。一些人转而认为:地球是由弥漫态宇宙尘云物质经聚积(或吸积)、集结、凝固而成(冷起源)。由于原始地球尘云物质的集聚、凝结以及由此而导致的一系列演化,地球物质内部才逐渐升温(由冷变热),改变了能量状态,从而为生物出现前的地球内部生成有机物提供了能量条件,使地内非生物无机成油成为可能。

但近些年来,又出现了新情况,有人认为地球要成为复杂生命系统的载体,就要有个全熔化的早期过程或某个时期,即使地球内部热量不足以熔化地球,那么外来小行星撞击也得把地球撞得全球熔化,变成一个熊熊燃烧着的火球,只有这样才能演化出复杂的生态系统。或者说地球本来就有个孪生兄弟,然后两兄弟过度亲密相撞融合为一体,同时使地球变成通体熔融的火球,并且一撞就撞出个月球儿子来,这样地球就能维持一定的倾斜度,约 23°26′(黄赤交角),等等。为什么一定要燃烧过的地球才能长生物?为什么地球演化也要像传奇故事中的主人公一样,非要有个或离奇或苦难的童年才能变得不一般?笔者坚信:我们的蓝色家园——地球从未出现过全球熔融的时代!

二、无机说主要观点及其分析

无机成油说近些年有许多重要的发展,获得了不少人的赞同、支持以及一些重要依据,但仍不成熟,其观点较多,各倡导者或追随者又互有争议,尚未形成一个统一并能为多数人所接受的学说或完整的理论体系,尤其是在解释成油物质来源的问题上分歧最大,众说不一。以下试将几种主要观点加以分析与讨论。

1. 宇宙成因假说

石油的主要构成元素 C、H 是宇宙中最普通的元素,由此有人推测在宇宙中可以由这些元素合成石油,这类合成作用在行星(如木星、土星、天王星、海王星)、彗星、陨石、冷星云中及星际空间都曾可能发生过,因而石油在宇宙中也可能是普遍存在的。早在 19 世纪末,俄国地质学家 B·I·索科沃夫就提出了石油宇宙成因的假说。他认为碳氢化合物是宇宙所固有的,但是他仍然认为地球早期是熔融状的,碳氢物只存在于地球气圈中,随着地球的变冷而吸附和凝结,在地壳的上部形成油气藏。

在太阳系中的木星、土星等类木行星以及海王卫一、土卫三、土卫六、土卫八等卫星大气和彗尾中都发现有碳氢化合物,它们不可能是生物成因的。由比较行星学分析可推测,地球早期大气中也可能存在类似的大气成分,它们可进一步合成为石油,成为形成油气的物质来源。可是,这些地表气态物质又是如何合成复杂的油气物质并运移到地下深处形成石油的呢?而且形成后又运移到地球表层储存起来?这同样是个无法解释的难题。一般地说,有机气液比重小,在地内压力作用下,只会自内而外上行运移,而不可能做大规模的逆行下迁运动。况且,自生物在地球上大量出现后,地球大气成分已完全改变了,不可能再有那么多足以渗透到地下深处形成油气藏的游离有机质。

2. 地幔成油说

这一观点的主要根据是碳质球粒陨石中发现有石油烃类,碳质球粒陨石的组成与地幔的物质构成极为相似,所以有人推测上地幔可能存在有无机合成石油的过程,生成的石油运移到地球表层适宜的地层或构造部位储积起来,便形成油气藏。

对无机成油论者来说,上地幔的成油物质来源一直是个难以解释的难题。有人提出是在上地幔高温高压作用下,由水和金属碳化物化合形成了石油烃类(碳氢化合物)。水是通过深大断裂的裂隙由地表进入地球内部的,金属碳化物就存在于上地幔的岩石圈中。反应式为

$$3Fe_nC_n + 4mH_2O \longrightarrow mFe_3O_4 + C_{3n}H_{8m}$$

反应所生成的石油蒸汽渗入地壳中,在地层孔隙里冷凝析出成液体,富集成油气藏。但至今还没有任何观测或实验等直接或间接的证据能说明地幔中有足够的金属碳化物和地表水能下渗进入地幔深处。另外,还有人提出,这一说法与传统的碳化物说有些类同,不是新观点。

3. 陨石-地幔成油说

美国康奈尔大学的汤玛斯·戈尔德(天文学家,宇宙稳态理论的创建者之一)可以说是石油无机成因说现代最主要的代表人物。正因为他的大量工作和极力宣扬,无机说才得以死而复兴,重新受到科学界及有关研究者的重视和关注。关于地幔成油物质来源,他认为是在地球演化中,曾大量降落到地球上的碳质陨石带来丰富的碳和碳氢物。它们富集于上地幔,在地内高温高压作用下,演变成石油。

尽管戈尔德是一位很有威望的无机成油论者,他的论述也多出自有据,但他关于地幔无机成油的物源问题仍然不能自圆其说。因为落入地球的碳质陨石毕竟有限,而且在进入地球时会因地球大气层的阻挡而摩擦燃烧,以及与固态地壳的碰撞而爆炸碎裂成弥散态分布,难以深入地下深处集中储积形成丰富的油气。再者,地球本身就富有 C、H、O、N 等物质,没有理由或证据能说明非需要陨石提供不可。

4. 火山说

由于在某些火山喷发物(喷气、灰尘或熔岩)及部分火山岩中发现有烃类物质和分散态的沥青等常见油气物质,便有人提出了火山成油说,认为石油生成与火山活动有关联,一些石油烃类是在火山活动或喷发中合成的。近些年来,这一观点也产生过一定的影响。

迄今为止,所有关于无机成油的学说或观点对无机成油的物质来源及成油机制都还不能提出令人满意的解释。这类学说尚不完善,甚至还存在着一些致命的弱点。像现有的有

机说一样,现有的无机说也不能很好地解释现已发现的油气藏的成因、分布、超常储量及其所具有的全部或大部分性状(特征)。

三、无机说事实依据及其对有机说的反证

以下是一些被无机论者认为是"事实"证据并当作批驳有机论有力武器的材料:

(1) 已有实验表明,不经过生物途径,由无机化学过程也同样能合成石油烃类物质,自然界或许正是这样做的。

(2) 在许多火山喷气和熔岩流中都发现含有烃类物质,从一些火山岩,如黑耀岩、浮岩、火山凝灰岩等中也都抽提出过微量分散沥青,在古老的变质岩、岩浆岩以及某些伟晶岩中都曾发现过各种油气显示,甚至在一些古老结晶基岩中找到过可供开采的工业油气流。这无疑意味着地下油气藏并不总是与沉陷盆地中的沉积岩系或沉积地层中的生物有机质之间存在某种必然联系,说明非生物成油的可能性是存在的。

(3) 在彗星和太阳系某些行星(如木星、土星)、卫星(如土卫六、木卫二)等地外天体的表层或大气中都发现存有烃类物质,因为在这些天体中至今尚未发现有任何形式的生命活动,所以无法用生物成因来解释。通过比较行星学分析,地球并非特别的行星,在其某一历史时期或自始至终就存在着通过无机途径合成有机物的可能性和可行性,或许今天这样的"合成"反应仍在地下深处进行着。现在我们不也认为地球上的生命最初正是通过化学途径起源的吗!

(4) 世界石油(油气田或油气区)的空间分布多呈条带状,并常受深可达上地幔的深大断裂构造带的控制和影响。由此完全有理由推测:天然油气可能与地表生物有机质难以到达的地下深处有着某种联系,而并非总是非生物有机质不能生成。

(5) 形成特大型油气藏的巨量油气聚集与有限的沉积物(岩)及其中有限的有机质含量相比,差额甚大。有机成油说无法用有限的生物量来解释在有限的区间内,如相对封闭的沉降盆地,生物物源相对贫乏的情况下巨量油气的聚集问题。如在一定地史时期内某地生物所能产生的有机质累积量与当地所查明的油气储量相比,其量明显不足。在已知的油气藏中,这样的实例非常多。

(6) 有机论者特别强调的石油中含有生物特征有机物(如卟啉等)和石油物质的旋光性,现已有实验证明:这两个当年最有力的证据现已不那么确切,由非生物物质(无机物或简单有机物)经无机化学过程合成的有机物(如烃类)也可能具有上述特性。此外,最可能发生的事就是油气在地下运移过程中由沉积岩(物)中的生物残余有机物污染或微生物感染所致。同样,石油中的元素组成和碳同位素组成的特殊性存在不确定性,也可能是合成有机物的选择性问题。

(7) 有资料表明,以干酪根热降解说为代表的有机论所提出的成油依据只是人工理想状态下的模拟实验和推测,与地下深处的实际情况未必符合,尤其是石油析出、运移和聚集模式,在推断上甚至存有不合理之处。比如分散生油、定向运移、集中贮存的推论就有悖常理。这一生油与贮油模式大意是说:要形成一大型或巨大型油气藏首先必须要有广大的生

油区域,以提供足够的有机物源,即在一个面积达数千甚至上万平方千米或更大的沉陷盆地的广大区域内,由其中分散于沉积物(岩)中的生物残余有机质在还原性条件下经高温高压作用转化成一点一滴的油气物质并渐渐析出,然后这些小油滴或天然气分子再沿着一定的通道以不同的方向和速度向似乎是预先约定的同一地点集中运移,通常是贮油构造。一般情况下,这些小油滴要水平运移数百甚至上千千米才能到达目的地,最后再在一个好像也是预先就设计安置好的大贮油库中聚集并贮藏起来,通常称之为"圈闭构造",已备后来的人类去发现并开采它。这样的解释显然能看出其目的性,可是,自然界的运动存在目的性吗? 其实在组成、结构和运动都极为复杂的岩石圈内部,像油气生成、运移和聚集这样的运动实际是无法控制的,确切地说其状态和位移都是随机的,且随地球内部的温压条件而变化,更不可能有目的地朝同一方向或同一地域运行。但如果不这样解释的话,有机论者就无法说清巨量油气与其周围十分有限的生油母岩之间无法调和的矛盾。于是,人们只有赋予这些油滴和气体分子以灵性,让其根据人的意愿,有目的地析出、运移和集中贮藏。即使这样,设想者有时也无法消除已发现的油气量与其广泛区域内的母岩残余有机质之比中的巨大差额。

上述材料是无机论者作为无机成油说的立论依据,也是反驳有机说的有力武器。

第四节　石油成因同源说及其分析

石油成因有机说与无机说所引证的材料看似互相矛盾,以致被不同观点的坚持者用来作为己方的立论依据和批驳对方的有力武器,但这并不能说明在科学探索中所发现的事实材料本身就是矛盾对立和不可调和的。其实,这只不过是各位立论者的主观用意而已。重要的并不是去辩论谁是谁非的问题,而是必须从这些看起来似乎相悖的事实材料中找到一致的东西。通过对引证材料进行全面综合分析研究,从而得出统一的认识而不是分别成为互相对立的假说的依据,至少我们能从中获得某些有益的启示,进而为最终解决已经争论了一个多世纪的石油成因问题开辟一条科学探索的途径。

一、天然油气成因二源论

有机说由于100多年来经过众多科学工作者的努力,在理论上已经比较成熟,作为一个学说,其理论体系已比较完整,如阐述成油物源、条件、机制、油气运移、聚集、贮存等都说得有条有理、面面俱到。只是其推断和结论以及所引用的证据与近些年来新发现的实际情况有许多不符之处,人们才开始怀疑其可靠性,觉得其科学价值并没有人们所期望得那样高。加上其推崇者又过于以点概面,极力将其宣扬为唯一和最终的成油理论,以致忽视了随着人们对地球内部构造及其变化的认识逐步深入而针对不断变化的具体情况进行再分析研究,尤其是对岩石圈内部及其与环境之间的物质运移和运动机制以及地球的历史演变缺乏综合考虑,使这一学说逐渐走向理想化和模式化,乃至僵化。坚持者们不是让学说去适应和解释自然现象,而是要让事实来适应学说,以致与不断发现的新材料越走越远,也使一些先前的追随者先后放弃或背离了这一学说,甚至转而对它进行反思和批驳。

无机论者近些年来虽然积累了一些证据材料,但至今尚无一家能比较圆满或令人信服地归纳和解释有关事实材料的学说。跟有机说相比,无机说还没有建立起自身比较完整和系统的理论体系,其内部观点很多,分歧很大,尤其是对无机成油的物质来源、物化条件、合成油气机制以及油气的运移和贮存等都各持己见、众说不一,各家仅凭某一单项或少数几项证据提出学说并加以强调,如宇宙成因说、陨石成因说、地幔成因说等。其实,无机说尚处于发展之中,"非生物有机质成油"的基本观点已被一些人所接受或倡导,但尚缺乏能阐明其主要观点的相对完整的理论体系和学术系统,还没有形成一个统一的或比较有影响、能为大多数人所接受的学说。在关于石油成因的争论和探索中,需要有新的理论或学说来归结和解释日益增多的有关新发现和新材料。

也许,石油或天然油气并不止一种成因。无论是有机说还是无机说,都是一大类学说或观点的概括总称,虽然各自都可以找到一些支持证据,但又都不可避免地带有某种缺陷和偏见,存有不完善或不尽如人意之处。如在如何解释已知油气藏的种种性状,并由此来预测未知油气藏方面,历来各家学说或观点就争执不下,特别是涉及成油物质来源、成油机制、油气藏发育规律或分布格局及其与地质的关系、油气储量与成油物源的关系以及根据地质特征、成油物源来预测未知石油储量时,更是众说不一、各持己见。

总体来说,最近半个世纪以来,主张生物成因的有机说占据优势,大多数科技工作者都倾向于有机说。有机说在学术界和实际生产部门都占据统治地位。但无机说也在不断发展,尤其是新近的一些勘查及地质研究资料愈来愈明显地表明,现有的有机说并不能从成因上很好地解释已知油气藏的相关特征,如分布与储量问题。现有的无机说也同样困难重重,特别是对成油物质来源和成油机制的说明显得软弱无力,陷于困境。石油究竟是如何形成的? 这仍然是摆在我们面前的一个极为重要的科学难题,仍然需要我们不断地进行新的思考和探索。

无机说和有机说各有道理,笔者曾将其称为"石油或天然油气成因二源论"[1]~[4]。二源论认为,地下油气的生成是二源的,既可以起源于生物有机质的降解,也可以起源于无机物的合成,即不同的油气可能是由不同的途径和方式形成的。从大的方面来看,有机说和无机说可能都不失为在一定意义上能解释油气成因的科学学说,但在各自理论或观点阐述上却过于偏执、片面而缺乏客观性,结果是只有争论却没能解决问题。

二源论认为,天然油气即广义的油气,既有有机成因的,也有无机成因的,就目前地球表层的环境和地质条件来看,有机成因的油气应该占多数,无机成因的油气较少。但就具体的某一油气藏而言,在大多数情况下,可能只有一种成因(有机成因或无机成因),只有极个别情况下可能会以一种成因为主,另一种成因提供相对次要的油气来源,这是一类极为复杂的

① 周俊.无机成油与同源学说[J].山东建材学院学报,1991(3).
② 周俊.石油,来自何方?［J］.化石,1995(3).
③ 周俊."化石燃料"是化石形成的吗?［J］.化石,1997(1).
④ 周俊.同源说与石油成因[J].化石,1997(4).

成因类型。为了弄清天然油气的真正成因,为寻找更多的有机能源矿产指明方向,进行天然油气成因及油气藏形成机制等方面的理论和应用基础研究是完全必要的,也是非常急需的。

20多年前,笔者从同源说出发,将"同源有机物经转化生成的油气"等非生物成因的油气也看成是"无机成油"。在所发论文中,曾就无机成油的有关问题做过一些讨论和推测,并从同源观点出发阐述了无机成油的可能模式和机制。根据对油气成因的讨论及所阐明的观点,将无机成因的油气称为"同源油气"或"原生油气",以标明其为与地球形成和早期演化的同源产物或原始生成有机物,而相对地把由生物有机成因的油气称为"再生油气",以表示它们是由"非生物-生物"经反复循环再转化而成的油气。

今天看来,有些提法需要修正和更新,同源石油或同源油气是非生物成因油气,但不是无机成因油气。如果由此说天然油气成因不是二源,而是"生物降解成因油气""无机合成成因油气"和"同源演化成因油气"等三源成因。那么问题又来了,地下非生物成因油气来自同源有机物,那么无机成油的物源又来自何处? 如何形成? 所谓"无机成因油气"实际上就是同源油气,最终还是二源:生源与同源。现存油气藏是否只有生源成因与同源成因,而无无机成因,目前还难下定论。本书只讲同源成因和同源油气,这是同源演化的必然结果。同时笔者认为,地球形成早期充满地球表层的以同源有机物为主,生命起源后,随着生物进化发展生源成因油气越来越多。古生代以来形成的油气藏,以生物成因为主。按传统无机成油论的观点,真正无机合成成因的油气即使有,也不会有很大规模。

二、引证材料的分析与讨论

综合有机说与无机说引以为证的典型证据材料,进行分析讨论。

1. 实验依据

根据已有实验材料可以初步得出结论:构成生物体的复杂有机物在还原性和一定的温压条件下,可降解转化成相对简单的石油烃类物质等有机物;同样,无机物或简单有机物在一定的条件下,经催化或不经催化(但时间更长,速度变慢)也可以合成石油烃类化合物等相对复杂的有机物质。在适宜的条件下,复杂有机物可以降解转化成简单有机物乃至无机物,简单有机小分子或无机物也可以化合生成较复杂的有机物。也就是说,在地下深处无论是结构复杂的生物残留体或有机质,还是简单的无机物,只要环境中存在合适的条件,都有可能生成(降解或化合)油气物质(烃类化合物)。就实验结果而言,有机说和无机说都有其事实(实验)依据,但由此下结论究竟谁是谁非呢? 所以,在科学上,仅凭某一项或几项实验结果就做定论或断言显然是不够的。科学学说理应保留其不断完善和随时修正的权力,如果只是以所谓"实验结果"作为固执己见的理由或攻击对方的武器,这对科学进步有百害而无一利。

2. 油气与生物的关系

天然油气与生物的关系可能比我们想象得要复杂得多。油气储量与生物发育在地史分布上的一致性是说明两者确实存在对应关系,还是仅仅表示像"化石记录不完备性"那样,时代越新,距我们越近,能被保存下来的机会就越大,我们就越有可能发现它(生物确是如此)?

如果是对应关系,那么两者之间究竟是因果关系,还是并无必然内在联系的一般平行关系? 假若真是因果关系,那到底谁是因,谁是果? 究竟是地表的生物先繁盛起来,带来了丰富的沉积有机物,才有了丰富的油气;还是恰恰相反,先有了丰富的地下营养物质带来肥沃的土壤和温暖的气候,才有地面生物的繁荣;或者这两者都受别的什么因素的制约或调控? 关于这些,我们都还只有推测。如果是年代越新越容易保存这就好理解了,老的油气藏随着时间推移逐渐逸散或迁移,变得越来越少,相比之下,年代越新的油气藏就越多。现代发现的油气藏肯定有生物成因的,说其大部分为生物成因也不为过,但要说所有的油气藏都是生物成因却也未必。

生物残留体或其有机质在地下深处一定的温压条件下经降解转化为油气物质随时都可能发生,而且可能是自有生物有机质产生以来,这就是生物有机物降解或分解的途径或方式之一。但已知的石油物质的旋光性及其内含的指纹化合物、特征元素和同位素组成却是另一问题,它们极可能是来自生物有机物的标志物质,即由生物有机物转化为油气时的残余物质,但并不能肯定完全都是这样。它们也可能有别的原因,比如无机论者所说的围岩中生物残留有机物的污染或地下细菌等微生物感染,以及加入部分生物成因的油气物质等。某些厌氧细菌特别喜于在地下富有机质的还原环境中发育繁衍(已有报道称,在地下 6 km 的花岗岩层下曾钻出过富含大量细菌的油泥物质),大量的细菌产物污染了地下油气,常会使人们误以为油气来源于生物有机物。那些标志生物化合物的所谓“指纹”特征其实只是一些表面现象,它们在许多情况下可能是来源于生物降解物,有了它们并不能证明其载体油气物质就一定是起源于生物有机质。所以,由上述特点并不能说明或辨别天然油气究竟是起源于生物残余有机物还是地下非生物起源的是非问题。再者,地下非生物成因油气如果不是来自无机合成,而是来自同源有机物呢? 生物本身最初也是来自同源有机物,那只是现代类型与祖先类型的区别,两者之间的差距还有那么明显吗?

3. 油气藏与岩性的关系

油气藏与岩性的关系也是争论比较多的问题。已知全球油气藏多数都贮存在沉积岩系中的事实通常被用作有机成因的证据之一,其实这是因缺乏全面分析而造成的误解,其本身具有多解性,只能是不确切的证据。因为油气藏只是贮存在那里,这与生成油气完全是两回事,现在几乎没有人会认为油气藏是“土生土长”的。绝大多数人认为油气是经过长途迁移后再在一个合适的构造场所富集、贮存起来的,因为储油气的岩层通常缺乏生成油气的条件,如不用长途迁移来解释就无法自圆其说。与岩浆岩或变质岩相比,沉积岩具有层理构造、孔裂隙发育,常为不同的岩性层(如致密岩层和疏松岩层)相间而生,且多已褶皱变形,如形成背斜、穹隆等由致密岩层封闭孔裂隙发育的疏松岩层或其他类型的圈闭构造。沉积岩所特有的结构、构造(包括石灰岩等的岩溶构造)和组成的多样性具有运油贮油的优越条件。一定的沉积岩系,既有利于油气远距离顺层运移富集,又适于富集后的油气保存贮藏,故多含油气,而无论其成因如何。这与地下承压水多在沉积岩系中富集贮存的道理是一样的,只因沉积岩层常能形成有利的贮水构造,而不管水来源于何处,所不同的只是水在重力作用下会下渗,而油气则在围压作用下上逸扩散,只有在疏松或多裂隙的贮油层上覆盖一层厚厚的致密隔油层以阻止油气上逸扩散,才能保存贮积油气形成油气藏。常为软硬疏密岩层互层且多褶皱成背斜或向斜的沉积岩系正好有利于形成这样的储油层与隔油层相间,从而生成适于贮积油气的圈闭构造。

岩浆岩及其变质岩则不然,岩体产出常为块体(极少成层),本身结构致密均匀,结晶程度高,无层理、层面构造。即使有节理或裂隙发育,上无盖层也无法保存油气。闭合式节理则连通性较差,容量也小,不利于油气运移和富集。构造破坏表层尤甚,若无致密的沉积盖层(隔油气的沉积岩层)即不能形成圈闭,无法聚集和保存油气,当然也就不能形成油气藏了。只有在极少数情况下,岩体内部节理和裂隙发育且连通性好(多为张性),上覆岩层为致密的隔油气沉积岩,具有一定的圈闭条件,才能形成储油气构造。这样周围如果有油气源且能运移富集,便会形成油气藏。可惜这种样样具备的条件在自然界实在是太少了。但即使这样,人们还是在岩浆岩或变质岩体乃至古老的结晶基底中找到过具备这些条件的工业油气藏。由此可见,形成油气藏的关键是是否具备有利于油气运移、富集和长期乃至永久保存的相对封闭的储藏条件,而不在于是沉积岩还是岩浆岩或变质岩。从中也可以看出,为什么天然油气的富集、贮藏总是偏爱沉积岩系。油气的储藏之地并非就是生成之地。

4. 宇宙有机物的发现

在地外宇宙(某些天体)中发现有机物说明有机物并非地球所特有,也说明并非唯有生物才能生成,而是只要条件合适,在许多地方通过多种途径和方式都可能生成或保存有机物(包括石油有机物和生命有机物)。但也仅此而已,并没有什么理由认为它们与地球内部的油气成因有什么必然联系,我们不能说地球以外那些尘埃云中或其他天体上的有机物来自地球,也没有理由认为地球有机物是来自地外星云或其他天体。地外宇宙有机物的发现并不能作为地下油气宇宙成因的依据。今天看来,地球上的有机成分极为丰富,没有什么理由或根据能让我们相信需要相对贫瘠的宇宙有机物来导演地球上有机物的起源,如大量油气的生成。没有宇宙有机物的输入,地球上照样能形成大型油气藏。如同生命有机物起源一样,宇宙有机物也不能主导地球油气等非生命有机物的起源(参见第七章)。

5. 全球油气藏的分布规律

从全球油气藏的分布格局来看,世界主要油气藏的绝大多数分布在以深大断裂带为主要特征的全球或大区域性的构造带上或其附近,说明油气生成或运移储存可能与深大断裂或大构造带存有相关性,至少在空间分布上是这样,但这并不能说明油气是无机成因的。大构造带的形成机制和发展历史是极为复杂的,究竟是在哪一个环节或演化阶段生成了油气,我们只有通过对所有已知事实进行综合分析研究,才能有所认识。

根据油气藏与深大断裂带的伴生关系,可以推测:油气可能来源于地下深处,深度可能已达上地幔岩石圈底部,甚至软流圈。油气正是通过深大断裂带运移到近地表并贮积起来形成油气藏,但来自地下深处的油气未必就是无机成因。深大断裂既可以成为无机成因的油气运移通道,当然也可以成为非无机成因的油气上移通道。在深可达上地幔的地下深处,其物理化学条件确切地说我们并不清楚,只能靠推测。

我们既然可以推测出那里可能正在发生着无机物合成油气物质(主要是烃类等有机物)的事情,也可以推测那里正在发生的另一番景象:与生命起源同样古老的有机物(同源有机物,包括生命有机物和非生命有机物)沿着深大断裂带上升迁移至近地表岩石圈中的适当位置或构造中,经转化成油气物质,长期储积形成油气藏,即同源油气藏。

或者:地表生物有机物被快速传送到地下深处(不是几千米,而是几万米或更深),来源于生物的有机物质在地下深处的高温高压作用下,不断降解形成较稳定的油气物质。其中表生有机物被输送到地下深处的动力来源于岩石圈板块的俯冲作用,向下俯冲的板块本身就携带着大量富含生物有机物的表生沉积物(岩),俯冲板块起着传送带的作用。同样由板块俯冲碰撞而形成的深大断裂带则为地下深处的油气提供了上行迁移的通道,而板块碰撞对接又常会在对接带两侧或一侧(通常是上冲板块的前缘及其附近)形成褶皱山系或坳陷盆地以及火山或岛弧链。由褶皱隆起形成的背斜、复背斜以及产生于坳陷盆地中的区域褶皱或其他类型和形式的圈闭构造均是良好的富集和贮藏油气物质的场所,它们不断地接收并储积着来自地下深处的油气,直至形成油气藏,并使其贮藏越来越丰富。生源油气藏与同源油气藏都可经此通道运移集积,所以油气富集。

通过以上几个方面的分析讨论以及推测,我们不难看出,那些被有机论者或无机论者据为各自有力论据并当作攻击对方武器的所谓"事实"材料,其实都是具有多解性的。各自单独列出并不能确定或证明一种观点或一个假说,随各自的观点、意愿或指导思想不同可以做出多种解释,有着很大的灵活性。因此,仅凭个别或某一方面的材料就断言地下油气是有机成因的学说或无机成因是不能令人信服的,科学学说应该建立在所有已知事实材料的基础之上。

三、同源成油说

根据同源说(同源-融合学说)的基本观点,生命有机物与非生命有机物同源,与地球形成同源。形成天然油气的烃类化合物是非生命有机物中的重要组成部分,生命有机物与非生命有机物在一定条件下还可以互相转化。所以,以同源说的观点来认识和分析成油物质来源至少可以阐明一部分天然油气的成因问题,特别是生物在地球上大发展以前的油气成因问题。

同源说认为,随着地球的形成,在地球内部同源生成大量有机物质,其中有生命有机物(如含 C、H、O、N、P、S 元素的化合物),也可能有形成油气的烃类有机物(如碳氢化合物)。根据现代已知的星云物质的组成和地壳中各种元素的丰度(克拉克值)以及水圈和大气圈的物质组成可推知:原始地球物质组成中含有丰富的 C、N、H、O 以及 P、S 等元素。因此,地球上最初产生的有机物是以 C、N、H、O 及 P、S 等元素相互化合而成的各种生命有机物为主的复杂分子,如氨基酸、多肽、核苷酸、有机碱、糖类、脂类、蛋白质、核酸或类似物质等。非生命有机物可能多为复杂成分化合物,以 C、H 为主的相对比较稳定的化合物可能多为后期转化产物。在地球形成及早期演化中产生的有机物(包括生命有机物和非生命有机物)都是同源有机物。

如前所述,同源有机物在地球形成后一大部分汇集于软流圈以上的地球表层,形成原始有机物圈。在此期间所有有机物都经历着三种演化途径,并继续沿着三个不同的演化方向进一步演化。逸出地表成为地表重要组分的同源有机物演化出原生体和原始生态系统,同时营造出适宜的地表环境并维持着其稳定性。滞留地球内部的同源有机物一方面继续着地球内部的演化，另一方面也会以各种方式持续地向地表运移。第三种途径的同源有机物才是大规模生成油气物质的物质来源。它们多数富集在地壳和上地幔上部，包括地球表层岩石圈和软流圈。特别是富集于岩石圈中的同源有机物受到沉积盖层阻滞或圈闭构造的封存便停留下来，经转化（如经去氮脱氧和部分 C、H 元素）生成烃类等化学性质较为稳定的碳氢化合物，N、O 元素及部分 C、H 元素等生成 H_2O 和 N_2 等气体逃逸。以 C、H 化合物为主要成分的化学性质较为稳定的有机物在特定构造内富集便形成规模不同的油气藏。这就是同源成因油气形成的简要过程，所生成的油气藏称为"同源油气藏"或"原生油气藏"。具体过程推测如下：

一部分同源有机物在地球形成中的物质分异作用下，既没有滞留在地下深处经受"炼狱之火"的锤炼（参见第十一章），也没有逸出地表，而是在上行运移过程中，于地球上部或近地表处（如上地幔或地壳深处）聚积在适宜的地层或构造场中储存起来，越积越丰富并经受着一定的演化。或经过去氮脱氧作用，生成水和氮、氧或氧化氮气体，由复杂的同源有机物演变为碳氢化合物，主要是由生命有机物演变为石油烃类化合物，贮存在岩石圈和地球表层。这就是所说的"同源成油"，20 多年前也称为"无机成油"，现在看来它并非由无机物直接合成成油物质，再称为"无机成油"已不太合适。其正确称谓应该是"同源成油"，因为成油物源是与地球同源形成的生命有机物和部分非生命有机物（包括石油烃类物质），成油机制是同源有机物在地球内部经去氮脱氧演化，再上行运移在近地表受阻、储留、聚积，当贮集达一定规模，即成油气藏（也可能集积后再蜕变）。成油气有机物大部分是生命有机物的转化或降解物，也有一部分是原生非生命有机物，它们都与地球形成同源，所以称为"同源油气"，也称"原生油气"。现代的许多大油田可能有一些正是这样由原始有机物富集演变聚积而成的，有一些沿着与地下深处有着密切联系的深大断裂带或板块缝合线分布的大型油气田极有可能由此形成，或与生源有机物混合生成。

总体情况就是这样：上行逸出地表的同源有机物演化成原生体或原生体的融合体或食物，滞留地下的同源有机物在高温高压作用下将一部分转化为碳氢化合物成为油气物质，它们与原生同源烃类有机物一起形成同源油气。这就是同源说对原生石油成因的解释，故称为"石油成因同源说"。同源油气非生物成因，也非无机成因，是非生物有机成因，即同源成因。

同源油气藏储存在地球表层岩石圈中，油气生成后会不断地逸散，之所以历经 40 多亿年而至今仍然存在，这得益于地幔软流圈中聚集有大量同源有机物，不断地提供补充。软流圈聚集大量有机物增加了软流圈的可熔性和流动性，这也是地球内部演化和岩石圈运动的重要动力来源（参见第十二章）之一。滞留地内的同源有机物也会不断上行运移进入软流圈补充，以维持软流圈内有机物总量不会变化太快。

据同源说还可推测：随着地球的形成，地球物质的分异凝结，内部能量状态的改变，适宜有机物生成和保存的区域会随之自地心向地表转移。由此推论，其适于生油和储油的条件也会随之向近地表转移，如今这一适宜的区域基本限于上地幔和地壳中，如岩石圈及其附近区域，大体也呈圈层分布。但今天在地幔或地壳中是否还存在着无机途径合成成油物质（较复杂的烃类化合物），自生油气，因根据不足尚难断定。不过，即使这一过程仍在发生，因缺乏物源（除了原始同源有机物和地表生物质的补充，地下深处的游离 C、H 元素只会越来越少），其规模也小到可以忽略不计，也许会生成一些小分子有机物。所以，非生物生成的油气基本可以认为是与地球形成同样古老的储留有机物——即由地球形成与早期演化中同源生成的生命有机物和非生命有机物转化而来，故认定为同源原生油气，而不是无机成因油气，大型油气藏沿深大断裂带分布只能用同源油气或板块俯冲形成生源油气来解释。

地球形成于 46 亿年前，地球演化已经历了几十亿年的漫长地史时期，有多少同源油气上行运移已经向外扩散到地球表层，或逸出地表然后散失，我们不得而知。这很大方面取决于地球内部的岩浆活动与构造运动。估计还保留在地球内部的原生同源油气应该只是已知地球油气藏中的一部分，除非地球内部并非如人们通常所预见的那样已大致熔融过一遍，而且地质历史上的构造运动也没有人们所说的那么剧烈。

地内原生油气一直都在上行迁移，或遭分解，或已逸散，或被后来的生物所同化转变成生物体的组成部分，也可能再进一步分解生成新的油气等。总之，今天地球内尚存的原始同源油气或许不会太多，甚至只是其残余部分，但归根结底，后来由生物有机质降解而生成的再生油气与同源有机物有着转化上的继承关系。

四、同源演化成油分析

同源说提出天然油气同源成因（石油成因同源说或同源成油说）的观点与现有的无机说的区别在于：石油或成油物质并不是在地球形成后来自宇宙（如陨石）或在地球内部由无机物直接合成，而是与生命起源同源，其源头有机物形成的过程也就是地球形成的过程。成油物质主要来源于两部分：一是随着地球的形成在原始地球内部合成（与生命有机物同源）的同源非生命有机物（包括烃类化合物），这部分有机物总量较少，加上后来被消耗，真正能成油的估计不会太多；二是由同源生命有机物经演变转化（如去氮脱氧）形成成油物质，这部分应是同源油气的主要物源。两者合并随分异作用向地表运移富集形成油气藏，所以称之为"同源成油"或"同源成油说"，由此生成的石油称为"同源油气"或"原生油气"。

同源成油说并不排斥或否定地球在形成后的数十亿年演化中其他方式生成石油的可能性。目前发现的石油并非都是原生石油，而且大部分可能都是后来生成的，主要是生物成因。追根溯源，它们是由原生有机物进化出生物，再由生物有机物演变转化成油气物质，故称为"后生油气"或"再生油气"。一般认为，生物有机质在地下深处（如下地壳或上地幔岩石圈中）一定的温压条件（能量条件）下，经过热分解生成石油。但笔者认为生物有机质的沉积并不是盆地沉积（盆地利于形成油页岩），而是与板块俯冲作用有关。其成油与储积过程推测如下：

在两大板块（如大洋板块与大陆板块）的对接俯冲（如太平洋板块对冲欧亚大陆板块）地带，丰富的陆源和洋源富含生物有机质的沉积物在这里汇集，由俯冲板块作为"传送带"及时而持续地送到地下深处，经一定的高温高压作用转化为油气物质，主要为烃类化合物。同时由于板块的俯冲碰撞，使上升板块的底部破碎断裂形成大量空隙，生成的油气便沿此通道上行运移到多孔岩石或适宜构造中储积起来。如果上升板块深部破裂上达地表,在地表便会有油气显示。若是仅切穿或撕裂刚性的古老岩层,被上覆沉积盖层遮挡,便会于适宜的场所(构造或地层圈闭)储积起来形成油气藏。这大致可以归结称为聚敛型大陆边缘或板块俯冲对接带有机成油模式。所以,总是在俯冲带上升板块边缘的一定区域内富有油气储积或显示。这种有机成因,所生成的油气极可能与同源生成的上行原生油气混合,加入一部分深部成因。

另外在两个板块相向运动强烈碰撞后期,其间洋壳褶拗下陷直至消失,形成陆-陆对撞的地缝合线构造,原有富含生物有机质的沉积物也会随之被运入地下深处而转化为油气。这样生成的油气在碰撞带(或地缝合线)附近两侧板块内都有储存和显示,如古地中海碰撞带。

这一说法的不足之处是:俯冲板块上富含有机物的沉积物或沉积岩结构多松散,极易被上冲板块像刮削器一样刮剥堆积在俯冲接触带或海沟底部,大部分难以深入到地下深处。另外,板块俯冲速度也是一个问题,如果按每年 2～5 cm 计,"传送"到地下 2000～5000 m,要十万年以上,沉积物中的有机物还能剩下多少?尽管这样,也比设想油气分散生成后会选择一定的通道向下或水平方向运移几百或几千米到"指定"的合适场所汇集形成油气藏要合理些。也许正是经过十万或几十万年的俯冲传送到地下深处的生物有机物才形成了今天如此丰富的油气藏。

总结前面的讨论和分析,地下石油或油气基本可以归结为两大起源(同源与生源,真正由纯无机合成的油气应该很少):一是同源成因,它主要是在地球形成时及形成后的最初演化中随着地球生命起源由原始生命有机物演化而来,这实际上是古老地球有机物在近地表储留演化到一定阶段所出现的结果之一,故为原生石油。它的存在从另一方面说明了有机地球与无机地球的同源同演和协同进化作用。二是生物有机物集积-地热降解成因,它是由海底沉积物为主携带地表生物有机物经板块俯冲作用输送到地下深处后汇集再经分解转化而来,并非像现有学说所认为的那样,由盆地或泻湖沉积形成。盆地或泻湖沉积生油应该有但规模不会太大,形成油页岩的可能性更大。这样形成的石油为后生或再生石油及油气。这两种成因形成的油气,可以是巨大型,也可以是中小型的,主要分布在现代或古老板块俯冲带、碰撞对接带、古褶皱山系、古板块缝合线、大陆裂谷带两侧或其他原因形成的与地下深处有着某种联系的大型构造带及其附近区域。

巨型构造带中的深大断裂可以沟通地表浅层与深层的联系,原生油气藏可以在那里出现,后生油气也可以在那里富积。所以,那里才是原生和再生油气藏的富集地。事实上,目前已发现的大型油气藏多分布于挤压或转换性大陆边缘。

用同源演化成油观点分析三种不同类型的大陆边缘与传统观点正好得出相反的结论。

(1)离散型大型边缘几乎没有油气或油气远景。因为真正的离散带是在洋中脊,陆缘属相对稳定性沉积区,那里沉积层极厚,总沉积物量可能远远大于某些聚敛型边缘,其含有机物也极为丰富,且构造变动微弱,少地震等剧烈活动干扰,本应是生物成油的极佳场所。但由于属于正常沉积,沉积物依次堆积,尽管堆积很厚,因不能被及时"传送"到地下深处,故不能在被交代或分解前及时被地热等内力作用"加工"生成油气。同源油气因无通道也难以上达,但可形成油页岩及其转化型油气。

(2) 聚敛型大陆边缘,尤其是大洋板块向大陆板块下俯冲的消亡带,其靠大陆一侧(包括近海)是同源油气上升富集地带,也是生物成因后生油气的富集带,是寻找大型油气田极好的远景区域。其持续俯冲的最后结果是大洋板块消失,形成陆-陆对接的地缝合线,这样在对接带附近的两侧板块边缘区都是寻找巨大型油气田的极好场所。

(3) 转换型大陆边缘区,由于大陆板块的相对运动,板块接触带可能切割很深,或达上地幔,或切过岩石圈,故可构成地下同源油气的上行通道,而成为原生油气的富集地带。后生油气因此地多无生物沉积富集,也缺少下行输送机制,故生物成因油气应该不会有太大的远景希望。

以大西洋沿岸陆缘为例,在美洲其大部分均为离散型,仅南美北部加勒比海外侧一小段为聚敛型,南美北部、加勒比海与墨西哥湾及北美南部有转换型接触,而恰恰是这些地区发现了大油田,其他地区则无。欧洲南部与非洲的大西洋沿岸基本都为离散型(即稳定性),仅欧非交接区的北非侧有聚敛和转换性边缘,连接古地中海带,其余多为离散型边缘,唯有这些地区有大型油气田发现。另外,亚洲南部波斯湾大油库则为阿拉伯陆块与欧亚板块的聚敛性或转换型交接带。中国东部沿海及近海大陆区的一系列油田(区)为太平洋板块向欧亚大陆板块俯冲的大陆板块一侧。

世界上由生物成因的多数大、巨型油气藏基本都可以用这种综合成因模式来解释,而有些难以用此解释的巨、大型油气藏则无例外地都能用同源成因来解释。

从宏观分析来看,世界上几乎所有大型油田的分布大体都是如此。尽管这里所讲关于石油同源(原生)成因与有机(后生)成因的设想还有待于进一步探索、求证,但若能证实,其科学、社会和实际意义是显而易见的。

第十一章　同源演化与钻石成因

将同源演化与金刚石(钻石)成因联系起来,起因于金刚石形成的碳源问题。金刚石是一种很古老的矿物,已知最早的金刚石形成于 45 亿年前,这在笔者看来显然是同源产物或与同源产物有关。金刚石成因中的碳源问题一直以来在学术界就是争论不休且悬而未解的疑难问题,既然是同源产物或与同源产物有关,那同源有机物便是形成钻石的碳源。同源有机物是与地球同源形成的有机物,早在 46 亿年前地球刚一形成就遍布地球内外。金刚石形成于地下深处高温高压条件,地球内部的同源演化促使同源有机物去氮、氧脱氢等(生成 H_2O、N_2、CO_2 等气液成分),留下单质碳形成金刚石结晶。

钻石是当今世界上最珍贵的宝石,是地球的精灵,是同源演化催生了金刚石,更确切地说,是同源演化促使同源有机物生成了金刚石。所以,同源有机物是金刚石之母,同源演化便是金刚石之父,这才有同源演化与钻石成因的相关问题。

第一节　钻石的发现与产出

"钻石"一词出自古希腊语,意思是坚硬、不可驯服。钻石号称"宝石之王",是当今世界公认的五大名宝之首,被世人誉为"最珍贵的宝石"。钻石的原矿物为金刚石,金刚石是一种天然矿物。钻石是金刚石经琢磨加工后的宝石商品名,俗称"金刚钻",但现代称呼习惯上对钻石与金刚石的区分并不十分严格,人们都能理解是同一产物。

自从大约 3000 年前,钻石在印度被发现以来,直至 18 世纪初,印度一直是世界上唯一的钻石产地。在古印度,会不断听到人们在河边、河滩上捡到钻石的故事。这是由于位于河流上游某处存在着含有钻石的原岩,岩石经风化、破碎后,砂砾挟带着钻石随水流搬运到下游地带。当砂砾沉积时,钻石便被埋在河滩或河底泥沙中。印度克里希纳河(旧称"吉斯德纳河")、彭纳河及其支流水系是世界上最早产出钻石的地方。世界上许多历史名钻都出自印度,如光明之山(柯伊诺尔)、光明之海(大莫卧儿)、奥尔洛夫、摄政王、希望之星(噩运之钻)等,但印度的钻石产量很少。

人类自发现钻石以来的几千年历史里,因为钻石是世界上最硬的矿物,以能划动世界上任何物体的最大硬度和亮丽光彩而被赋予神性,被认为是神的宝石,伴随它的多是神话般的敬畏和崇拜,以及离奇的传说。在世俗社会,人们将其视为勇敢、权力、地位与尊贵以及爱情和忠贞的象征。如今,钻石不再神秘莫测,更不是只有皇室贵族才能享有的珍品。它已成为百姓们都可拥有、佩戴的大众宝石。

钻石的文化源远流长,历史悠久,但人们真正开始认识钻石还只是近几百年的事,而从科学的角度揭开钻石奥秘以及作为矿产开采和科学研究的历史还不到 300 年。直到近 150 年,才逐渐形成规模。大约在 1725 年,巴西在河流冲击形成的砂、砾石中发现了钻石,巴西钻石砂矿的开采很快就取代了印度,成为当时世界上钻石的最重要产地。1866 年,南非发现了冲积砂矿床。1870 年,人们在南非金伯利镇附近的一个农场的黄土中挖出了钻石。此后,钻石的采掘由河床转移到黄土中,黄土下面就是坚硬的深蓝色含钻石的岩石,人们这才发现原来这就是产钻石的原岩,遂以当地地名命名,称"金伯利岩"。

钻石原岩就是金伯利岩,人们很快便传开。金伯利岩是一种形成于地球深部、含有大量碳酸气等挥发性成分的偏碱性超基性浅成岩和超浅成岩,多尚未喷出地表,属于次火山岩。这种岩石中常常含有来自地球深部的橄榄岩、榴辉岩碎片,主要矿物成分包括橄榄石、金云母、碳酸盐、辉石、石榴石等。研究表明,金伯利岩浆形成于地球深部 150 km 以下。

1905 年,在南非阿扎氏亚发现了世界上最大的金伯利岩岩筒——普列米尔岩筒,并在此发现世界上最大的钻石(库利南金刚石),大小为 10 cm×6.5 cm×5 cm,重 3106.3 ct(ct 即 Carat,音译为"克拉",钻石质量单位,1 ct=0.2 g),已被分割成 9 粒小钻,其中最大的一粒被称为"非洲之星"的库里南 1 号钻石的质量仍居当今世界名钻之首。南非拥有世界上产量最大、最现代化的维尼蒂亚钻石矿。大量原生金伯利岩岩筒使得南非成为世界上最重要的钻石生产国,其产量长期居于世界首位,并由此开创了钻石业的新纪元。南非产出的钻石素以颗粒大,质量优而著名。从矿山开采出来的钻石毛坯中有 50% 可以达到宝石级钻石。随着时间的推移,南非的钻石产量逐年减少。

1851 年,在澳大利亚东南部的新南威尔士用采金船开采黄金和锡石砂矿时首次发现了金刚石。一个多世纪以后,到 20 世纪 70 年代金刚石找矿重点地区由东部转移到西北部,人们在西澳地区发现了一批含金刚石的金伯利岩岩筒。其中最大一个岩筒地表面积达 0.84 km²,含金刚石品位较高,质量也较好。

1979 年,在澳大利亚西部又发现新的金刚石原生矿床类型——钾镁煌斑岩型金刚石原生矿床,与南非等国发现的金伯利岩不同,其金刚石储量很大,从而使澳大利亚一跃成为世界上最重要的金刚石产地。澳大利亚钻石矿主要分布西澳、新南威尔士等地,其中阿盖尔(Argyle)矿床储量就达 5.5 亿 ct。特别值得一提的是,在阿盖尔岩管中含有一定数量的色泽鲜艳的玫瑰色和粉红色的宝石级金刚石,属稀世珍宝。当年估价平均每克拉金刚石售价超过 3000 美元,其中一颗重 3.5 ct 的玫瑰色高净度优质宝石级金刚石售价达到 350 万美元。此外,还发现数量极少的蓝色宝石级金刚石。到 1986 年,澳大利亚的金刚石产量已居世界首位,但所产钻石多为工业级钻石,宝石级仅占其产量的 5% 左右。

世界钻石年产量约 1 亿 ct,产量前五位的国家是澳大利亚、扎伊尔、博茨瓦纳、俄罗斯和南非,这五个国家的钻石产量占全世界钻石产量的 90% 左右。1987 年南非钻石产量为 1 千万 ct,是世界总产量的 10% 左右。南非产钻石因粒大、质优,近几十年来其产量虽不及澳大利亚等国,但产值却一直位居世界前列。2014 年 8 月,非洲南部内陆国家莱索托发现 198 ct 的白色钻石,该白钻石品质好、无瑕疵,被业内认为超乎寻常,当时估价在 1000 万～1500 万美元。目前已有30多个国家发现有一定规模的可供开采的钻石资源,除上述五国外,其他产钻石的主要国家有巴西、圭亚那、委内瑞拉、安哥拉、中非、加纳、纳米比亚、塞拉利昂、几内亚、科特迪瓦、利比里亚、坦桑尼亚、中国、加拿大等。

我国于1965年先后在贵州和山东找到了金伯利岩和钻石原生矿床。1971年辽宁瓦房店找到钻石原生矿床。仍在开采的两个钻石原生矿床分布于辽宁瓦房店和山东蒙阴地区。钻石砂矿则见于湖南沅江流域、西藏、广西以及跨苏皖两省的郯庐断裂带等地。我国金刚石探明储量和产量近些年有所增加,年产量在2万ct左右。主要产地有三个:辽宁瓦房店、山东蒙阴-临沭、湖南沅江流域,都是金伯利岩型,但湖南尚未找到原生矿。辽宁瓦房店是目前亚洲最大的金刚石矿山,所产钻石质量好,一半以上能达到宝石级。但近几十年来我国发现的大个钻石都出在山东。如1977年12月21日我国山东省临沭县常林村发现的“常林钻石”重达158.786 ct,它是我国现存最大的一颗金刚石,呈八面体,质地洁净、透明、淡黄色,现藏国库。1981年8月15日,在山东省郯城县陈埠村发现一颗124.27 ct金刚石,取名为“陈埠1号”。1983年11月14日,在山东省蒙阴县发现一颗119.01 ct的金刚石,命名为“蒙山1号”。

第二节　天然钻石的组成与物性

自然界中产出的金刚石为单质碳结晶体,通常为单晶体,等轴晶系。完整晶体外形为近似球形的八面体、菱形十二面体或两者的聚形。少数为八面体、菱形十二面体与立方体、四六面体、六八面体或四面体、六四面体所形成的聚形。内部碳原子间以共价键联结,每个碳原子周围围绕有四个碳原子,形成四面体配位的紧密结构。致使金刚石具有高硬度、高熔点,并在很大的温压变化范围内都具有很好的化学稳定性。

金刚石的晶体化学式为“C”,与石墨为同质多象变体。在一定条件下,将金刚石加热到1000 ℃时,会缓慢地转变成石墨。无色透明的金刚石基本由纯碳组成,纯度能达到99.98%。但天然钻石在形成时,总会或多或少地含有一些杂质,在矿物化学组成中,常含有微量 Si、Mg、Al、Ca、Mn、Ni、N、B、Na、Cu、Fe、Co、Cr、Ti 等杂质元素以及碳水化合物。此外,还常有一些混入物或包裹体,如 MgO、CaO、FeO、Fe_2O_3、Al_2O_3、TiO_2、SiO_2 以及其他矿物等。据报道,金刚石中各种杂质含量最高可达4.8%,杂质常会致使金刚石常呈现各种颜色,甚至不透明。

纯净的金刚石无色透明,由于含微量元素混入物以及包裹体等杂质会使金刚石呈现各种颜色,如含微量 Cr 或 B 元素呈各种蓝色,含微量 Al 或 N 呈黄或淡黄色,含石墨包裹体可呈黑色(黑金刚)。此外,还有因含有各种杂质而呈现乳白色、烟灰色、浅绿色、玫瑰色、粉红到红色、紫色、褐色等。摩氏硬度10,是自然界中已知硬度最高的矿物,这也是金刚石独有的特性。金刚石的绝对硬度比石英高1000倍,比刚玉高150倍。

金刚石通常为强金刚光泽,有些可出现油脂光泽。折射率2.417。色散值0.044,全内反射临界角 24.5°。比重为 3.47~3.56,通常在 3.52 左右。熔点高,化学稳定性好,不良导电性,抗酸碱性和抗辐射性强。具发光性,在 X 射线照射下会发出蓝绿色荧光。有些金刚石在阴极射线或紫外线照射下会发出不同的天蓝色、紫色、绿色或黄绿色荧光。有些金刚石在日光下曝晒后,夜间(或暗室中)则会发出淡青蓝色磷光。

金刚石晶体多为粒状,一般颗粒较小,如同绿豆或黄豆般大,小者如米粒或更小,个别大颗粒金刚石一出现便为奇石异宝,成为争相收藏和抢购的对象。金刚石根据用途可分为宝石金刚石和工业金刚石。工业金刚石可用于钻头、车刀、玻璃刀、拉丝模、仪表支承轴、硬度计的压硬头、研磨材料以及集成电路、半导体材料等。

因为钻石是在地球深部高压、高温条件下形成的一种由碳元素组成的单质晶体,人们利用现代科技,模拟钻石形成的环境,以石墨为原料,在高温高压下已成功制造出人造金刚石。人造金刚石代替天然金刚石,现已广泛用于工业生产和生活中。美国早在 20 世纪 50 年代便已成功试制人造钻石,我国起步较晚,现也能批量生产,只是造出的钻石颗粒较小,一般小于 0.2 ct,生产大个金刚石还存在很大难度。

在钻石原生矿开采中,平均每获得 1 ct 钻石原石,大约需要采掘处理 250 吨金伯利岩。不是所有的钻石原石都能成为首饰级宝石。在开采出的金刚石原石中,平均只有 20% 达到宝石级,而其他 80% 只能用于工业用途。从大量原矿中精心遴选出的钻石毛坯,被运往世界各地进行切割加工。从钻石毛坯(原石)到稀世珍宝的蜕变,需要历经无数次的切割、打磨和抛光,钻石的重量在不断损失,但其洁净度日臻完美,颜色和光泽也日渐晶莹剔透、熠熠生辉。无数个光洁如镜的切面,让钻石折射出耀眼夺目、令人陶醉的美丽光芒。1 ct 钻石的原石最终往往只能打磨出 0.2~0.5 ct 的成品宝石。

第三节　钻石母岩

金刚石矿分原生矿与冲积砂矿两类。原生矿已知含金刚石的母岩(原岩)有金伯利岩、钾镁煌斑岩和榴辉岩三种。其中金伯利岩和钾镁煌斑岩属于岩浆岩中超基性橄榄岩类,目前世界上已知金刚石原生矿全产自这两类母岩。榴辉岩属于高温高压变质岩类,尚未发现具有工业开采价值的矿床,但具有成因研究意义。

原生矿风化破碎后,经流水搬运、沉积就形成碎屑型砂矿,世界上还有许多产钻石的冲积砂矿,有些甚至在其附近或上游地区未能找到原生矿。金伯利岩或钾镁煌斑岩等含钻石母岩出露地表,在外营力作用下极易风化、破碎,破碎的原岩碎屑连同钻石经水流冲刷带到河床,甚至海岸地带沉积下来,形成冲积砂矿床,也称"次生矿床"。如金伯利岩暴露在外,被风化,变成一种黄色的易碎物质,称为"黄地"。在风化带以下,金伯利岩一般是暗蓝灰色岩石,且较硬,称为"蓝地"。当年正是在黄地中发现了钻石,一直向下挖掘才发现了金伯利岩。

一、橄榄岩

橄榄岩是一种呈橄榄绿色、富含镁的超基性侵入岩,是一种深色结晶较好(粗粒)且密度较大的岩石,属上地幔岩石圈组成物质。主要由橄榄石族矿物组成,其次为辉石。橄榄石含量可达 40%～90%,至少不低于 10%,辉石为斜方辉石或单斜辉石。有时还含少量角闪石、黑云母、铬铁矿、磁铁矿、钛铁矿或磁黄铁矿等富含铁、镁的矿物。橄榄岩为全晶质自形或他形粒状结构,致密块状构造,密度为 2.94～3.37 g/cm^3。质纯的橄榄岩 MgO 含量通常可达 49%,抗拉强度很高,并抗碱。橄榄岩常与纯橄榄岩、辉石岩等超基性岩及基性岩形成杂岩体,并主要产于造山带中。新鲜的橄榄岩呈橄榄绿色,但新鲜者较少,容易蚀变成蛇纹岩。在地表潮湿、温暖的环境中易风化形成土壤。

天然金刚石产于金伯利岩中,而金伯利岩则是由橄榄岩演变而来,或者说金伯利岩与钾镁煌斑岩(产金刚石的两大岩类)在成因上与橄榄岩有着密切联系。所以说橄榄岩是天然金刚石母岩的源头。橄榄石属斜方晶系,晶体呈厚板状,通常呈粒状集合体;橄榄绿至黄绿色;玻璃光泽;硬度 6.5～7,密度 3.2～3.5 g/cm^3,钻石密度 3.47～3.56 g/cm^3,通常在 3.52 g/cm^3 左右,略大于橄榄石和橄榄岩;橄榄石主要产于超基性和基性岩浆岩中,熔点高达 1910 ℃。

橄榄岩在一定温压条件下,受热液影响,易发生蚀变,如经水化作用橄榄石易变成蛇纹石和水镁石;硅化作用后橄榄石会变成蛇纹石;在碳酸盐化作用下镁橄榄石变成蛇纹石和菱镁矿等。与之有关的矿产有铂、铬、镍、钴、石棉、滑石等。纯净、透明、无裂纹、具橄榄绿色的橄榄石属于中高档宝石。橄榄石宝石矿床具有很高的经济价值。

二、金伯利岩

金伯利岩是产金刚石的最主要原岩,是一种少见的不含长石的偏碱性超基性浅层-超浅层岩。因矿物组成命名为"云母橄榄岩",具斑状结构,块状或角砾状构造,曾经也称"角砾云母橄榄岩"。因最初发现于南非小镇金伯利附近而得名"金伯利岩"。其多呈黑、墨绿、橄榄绿、灰绿以及灰色等,南非、澳大利亚、俄罗斯、巴西、中国等世界许多国家都有产出,多呈岩脉状和火山颈管状岩筒。管筒状岩体发育面积通常都较小,能达到 1 km^2 不多,最大的也未超过 2 km^2。常成群出现,著名的南非金伯利岩就是由十多个著名的岩筒组成的岩筒群。成脉状发育的金伯利岩岩墙厚度通常较小,一般不超过 2 m,但长度可延伸较长,最长有 65 km,成群出现则构成岩墙群,少数呈环状岩墙。有报道称金伯利岩为包括火山角砾岩(凝灰岩)到浅成侵入岩的一套岩石。但金伯利岩火山口、火山口湖以及火山沉积却极少见。金伯利岩形成的地质时代,从世界范围看,主要形成于中生代中晚期,但一个相当规模的金伯利岩带或区域往往是多时代的。奇怪的是其中钻石的形成年代却要早得多,多为距今十几亿到几十亿年前。看来是钻石先在地下形成,后随岩浆上侵,在金伯利岩形成时包裹其中。还有一种情况就是金伯利岩不抗风化,早形成的金伯利岩都已经风化,其中抗风化的钻石形成砂矿。只有后来的因年代较新,所以尚未风化。

金伯利岩主要分布在地壳构造运动的稳定地区,产钻石的常见类型有角砾状金伯利岩和斑状金伯利岩等。金伯利岩的矿物组成比较复杂,一般可分三种类型:

1. 原生矿物

原生矿物有橄榄石、金云母、镁铝榴石、钛铁矿、磷灰石、金红石、金刚石等。其中橄榄石为金伯利岩的主要造岩矿物,有几个时代,与金云母、镁铝榴石多为岩石中的斑晶。橄榄石斑晶多被熔成椭圆形易被蛇纹石交代。一般镁铝榴石含量不多,是金伯利岩中重要特征矿物,常呈浑圆状斑晶或棱角状碎屑出现,是金刚石伴生矿物之一。金云母在斑晶和基质中均有,含量变化大,呈黄绿色、棕黄色,呈斑晶时可达数厘米,常见熔蚀和暗化现象。基质中多为 0.1~0.5 mm,易蚀变为绿泥石、水云母等,金伯利岩中金云母含量高者,含矿性差。

2. 地幔地壳矿物

地幔地壳矿物来自上地幔、地壳深处其他岩石或捕虏体的矿物,如石榴二辉(单斜辉石和斜方辉石)橄榄岩和榴辉岩中的橄榄石、斜方辉石、铬尖晶石、磁铁矿等,以及围岩包裹体中的白云石、方解石、楣石、电气石等。

3. 蚀变次生矿物

蚀变次生矿物如蛇纹石、磁铁矿、黄铁矿、黑云母、绿泥石和碳酸盐矿物等。其中镁铝榴石是重要的特征矿物,也是寻找金刚石的指示矿物。矿物颗粒的边部常次生变化为绿泥石、黑云母、蛇纹石、方解石、阴起石、水云母及铁的氧化物。当完全被铁的氧化物及蛇纹石等矿物交代后,则变成黑色球粒,有人将其称作"黑豆"。镁铝榴石具有特殊的二光性,即在人工透射光下呈红色,日光下呈绿色。

三、钾镁煌斑岩

钾镁煌斑岩是继金伯利岩之后最重要的含钻石原岩,是一种过碱性镁质煌斑岩。

1979 年在澳大利亚发现的钾镁煌斑岩因富含金刚石而引起世人瞩目。西澳大利亚的钾镁煌斑岩是一种超钾富镁碱性岩类,也称"超钾金云火山岩",属于浅成相或喷出相火山岩,有时也呈凝灰岩状外貌产出,西澳阿盖尔火山通道钾镁煌斑岩富含金刚石(每吨岩石中含 1.03 g)。其具斑状结构(煌斑结构),基质为微晶-隐晶质结构,多以脉状或岩墙状形式产出。矿物中除橄榄石(粗晶或斑晶)、金云母(斑晶及嵌晶)外,还含钾碱镁闪石和白榴石、黄长石、透辉石。副矿物以含铁矿物为主,类型复杂,也含铬铁矿、石榴子石和硫化物等。其基质可含富钾火山玻璃,但多已脱玻化。

钾镁煌斑岩与金伯利岩相比,SiO_2 含量较高(可达 40%),基本饱和,MgO、K_2O 含量高于一般镁铁质岩,有时还富含 TiO_2,而 Al_2O_3 含量低,是一种过钾质岩类。像金伯利岩一样,钾镁煌斑岩也以筒状体或岩墙形式产出,也常捕虏有地幔的含钻石的橄榄岩、榴辉岩等捕虏体。但与金伯利岩相比较,其岩筒有一个相对于主要通道来说特别大的火山口带。钾镁煌斑岩常与金伯利岩共生,因此,在成因上与金伯利岩极可能存在某种联系,有人认为它是中、低压力下金伯利岩浆的分异产物。钾镁煌斑岩即使不由金伯利岩分化出来,至少在成因上与金伯利岩有关。煌斑岩呈深褐色,挖开后会变软。遇水则强度下降,属于软弱夹层,易于风化。

四、榴辉岩

榴辉岩是一种高温高压变质岩,地表出露十分稀少,产状十分复杂,一般出现在造山带的核部,常常代表古板块的边界。榴辉岩可作为包体产于金伯利岩中,也可在石榴橄榄岩侵入体中呈条带状发育。可与某些麻粒岩相和角闪岩相岩石共生,也可以在高压变质带中同蓝闪石片岩相伴。榴辉岩可含有金刚石,但至今尚未发现有工业开采价值的金刚石矿。

榴辉岩主要由石榴石和绿辉石组成,两者含量常大于80%,石榴石属铁铝榴石-镁铝榴石-钙铝榴石系列,绿辉石为含透辉石、钙铁辉石、硬玉等组分的单斜辉石。矿物组合中常含有少量次要矿物,如石英(可含高压产物柯石英)、刚玉、金刚石、尖晶石、斜方辉石、多硅白云母、蓝晶石、顽火辉石、橄榄石、绿帘石、黝帘石、蓝闪石、角闪石、金红石以及普通角闪石、硬柱石、榍石等矿物,但不含斜长石。

典型的榴辉岩应当是镁铝石榴石、绿辉石组合的岩石,一般为深色,粗粒不等粒变晶结构,块状构造,比重较大,呈块状体或层状体产出。常以次要的特征矿物命名,如蓝晶石榴辉岩等。榴辉岩的化学成分与玄武岩相似,产状和成因比较复杂。

第四节 钻石的形成条件与成因分析

一、钻石的形成条件

可以肯定,钻石形成于地下深处高温高压还原性环境,金刚石为高温、高压矿物,其中压力因素更重要。具体的形成条件要从钻石及其母岩(金伯利岩、钾镁煌斑岩和榴辉岩)中探索研究得出,也可以通过人工合成金刚石实验来求证。已有实验研究证明压力、温度、时间是决定金刚石品级的重要因素,添加适当的触媒剂具有一定的促进作用。

科学家们通过对来自世界不同矿山的钻石及其中原生包裹体矿物的研究发现,钻石的形成条件一般为:压力在 $4.5 \sim 6.0\,\mathrm{GPa}$,距地表 $150 \sim 200\,\mathrm{km}$ 的地幔深处;温度为 $1100 \sim 1650\,℃$ 的高温条件。但也有不同的材料,如有报道称,根据含钻石的金伯利岩中捕虏体成分特征,分为橄榄岩型钻石和榴辉岩型钻石。橄榄岩型钻石的包裹体表明,它们的形成温度为 $900 \sim 1300\,℃$(平均 $1050\,℃$),压力为 $4.5 \sim 6.0\,\mathrm{GPa}$,推测这大约相当于地表以下 $120 \sim 180\,\mathrm{km}$ 的深度。榴辉岩型钻石的形成温度要高些,从其包裹体中获得的结果表明,其形成温度大约 1250 ℃,平均要高 200 ℃,同时压力数据也显示出它们可能来自 180 km 以下更大的深度。这是根据同为金伯利岩中两种不同的包裹体的研究得出的不同的温压条件。

这能不能说明榴辉岩型钻石的形成温度、压力比橄榄岩型钻石的形成温度、压力要高呢?这倒不一定。也许事实恰恰相反,现在人们一般认为,橄榄岩的形成温度可能要更高些。如橄榄石的熔化温度或结晶温度高达 1910 ℃,我们能说与橄榄石同为斑晶或同源形成的钻石的生成温度也高达 1910 ℃吗?如果这样,显然还是橄榄岩型的生成温度高。但有一点大家还是比较一致的,就是认为钻石是在高温(1000 ℃以上,最高可达 1700 ℃以上)、高压(4.5～6.0 GPa)的地下深处(120 km 以下,最深可达 200 km 以下)的还原性环境中形成,并通过岩浆侵入和火山喷发带到地表。也有实验资料表明,金伯利岩主要矿物在压力、温度变化状态下稳定平衡图解说明,最适宜于金刚石结晶的压力条件为 5～7 GPa,约相当于 50000～70000 个大气压,温度为 1200～1800 ℃,推测金伯利岩岩浆形成的深度在 150 km 左右。

来自不同人的研究结果所提出的金刚石形成的温压条件和由此而推测的形成深度有些差异,但差得也不是太离谱,都反映了是在高温高压条件和地下 120 km 以下的环境下形成。所以,笔者根据前人研究结果,对金刚石的形成条件取一个大致的范围,形成温度在 1000～1800 ℃,压力 4.5～7 GPa,深度为地表以下 120～300 km 的上地幔软流圈中或其上下。选择这样的温压和深度范围主要是考虑大多数的研究结果都在这一范围之内,另外也考虑到金刚石形成和保存所需要的条件。如若没有足够的压力,高温不但不能形成钻石,反而会使已经形成的钻石熔蚀或烧失。所以,压力值取已知上线。但从金刚石八面体晶形来看,压力上限值应该再大些,因没有实验数据支持,取 7 GPa,因此将形成钻石的深度也相应地向下推移 100 km。金刚石形成的实际压力和深度可能还要大。有实验表明:同样是碳元素,在较高的温度、压力下,可结晶形成石墨(黑色);而在高温、极高压及还原条件下则结晶为钻石(白色或无色)。

现大多数人都认为,形成金伯利岩并富含金刚石的最有利的大地构造环境,是具有古老大陆克拉通地壳和其后长期有稳定盖层的地域。钻石形成的温压条件反映了钻石形成于陆壳稳定的且在漫长的地质时代里很少受到变形的地壳克拉通下的地幔环境。因为洋壳下相当深度所对应的温度(可达 1500～1700 ℃)要比克拉通陆壳下地幔高,但内部压力未必能相应地提升,所以即便生成钻石也难以使其处于平衡稳定状态,反而被熔蚀消耗掉。现在地球上稳定的克拉通地区有加拿大、南部非洲、巴西、澳大利亚、西伯利亚和中国的华北地台、扬子地台等,而钻石的产出恰与这些地区具有厚岩石圈有关。

有报道称,地外星体对地球的撞击,产生瞬间高温、高压,也可能形成钻石。如 1988 年,苏联科学院报道,在陨石中发现了钻石,但这种作用形成的钻石并无经济价值。陨星的猛烈撞击造成高温高压环境,使陨星内含有的单质碳形成钻石是可能的,说明其形成情况类似于地球早期的形成情况。犹如陨石中含有水、有机物和氨基酸等物质并不能说明地球上的水、有机物和氨基酸就来源于陨石一样,其含有钻石也不能说明它就是地球上钻石的来源。地球上钻石的形成自有地球形成钻石的特殊成因。还有报道称,科学家曾意外发现在特殊的实验条件下,低温低压环境碳原子也能形成钻石。这里的关键是自然界不可能存在的"特殊的实验条件",这一议题曾引起过非学术性争论,本书不作为引证材料,不做讨论。

二、钻石成因研究及其分析

如前所述,钻石母岩主要为两类岩石,橄榄岩类与榴辉岩类,但仅前者具有经济意义。产钻石的橄榄岩,目前为止发现有两种类型:金伯利岩和钾镁煌斑岩,这两类岩石的形成均与岩浆侵入和火山喷发作用有关。一般认为是形成于地球深处的含钻石岩石由火山活动被带到地表或近地表浅层,含钻石的金伯利岩或钾镁煌斑岩原生矿通常多以岩筒状(火山颈)或薄层岩墙、岩脉产出。成因理论和研究成果来源:来自金刚石及产金刚石原岩各种特征的调查研究与成因分析;实验室合成金刚石及相关实验研究,主要是在一定温压等人工可控条件下合成金刚石的实验研究。这里将前人关于金刚石及其母岩的研究结果进行梳理,并做些综合分析。

金伯利岩是产钻石的主要母岩,所以人们研究钻石的成因也多从研究金伯利岩的成因开始,但一个多世纪以来,关于金伯利岩和钻石的成因研究仍在探索中。因为金刚石是由纯碳组成,而金伯利岩的成分又与橄榄岩一致,所以人们在进行金刚石成因实验研究时就想到利用橄榄岩的基础成分加上含碳的气液物质的混合物来代替形成钻石的金伯利岩的原始成分。

就像当年米勒模拟原始大气成分进行生命原始物质的合成实验研究一样,有人也用橄榄岩代表原始金伯利岩岩浆的基础成分,然后加 CO_2 和 H_2O 混合,模拟产生钻石的原始金伯利岩岩浆,进行高压高温实验研究。由此认为:金伯利岩岩浆是在富 CO_2 条件下,由金云母、菱镁矿、石榴二辉橄榄岩组成的碳化橄榄岩地幔,在 40000~50000 个大气压和 1000~1300 ℃ 的温压条件下,由低共熔作用产生。由此提出来自地幔深部的以 C—H—O 为主的还原蒸汽的释放和渗透的底辟模式(底辟或底辟作用是指在构造动力或由于地质体密度倒置所引起的浮力的作用下,地下高塑性岩体向上推挤或刺穿挤入上覆岩层,形成上隆构造的作用),使得在 260 km 上下深度的大陆地盾下存在的"橄榄岩-CO_2-H_2O"的固相混合体发生了部分熔融和熔融底辟体的热流上升。熔融底辟体的热流上升带动更深部位快速上升的金伯利岩岩浆可能形成携带金刚石的金伯利岩。对存在 C—O—H 流体的地幔橄榄岩的熔化条件也已开展研究,这将有助于对大陆下地幔的金伯利岩岩浆和金刚石成因的认识。

有人根据金刚石成因的实验研究材料提出,当上地幔中存在 C—O—H 系统的气体时,仅有压力和温度两个条件,尚不足以促使金刚石的形成或生长,金刚石的稳定性还受到氧逸度的控制,而且只有在强还原环境下升高的温度与一定的氧逸度范围相吻合才能使金刚石保持稳定。这个模式包含一个潜大陆克拉通岩石圈,其周侧与活动带分界。岩石圈底面与其下的软流圈顶面的界面处靠近岩石圈底面温度近 1300 ℃,在一定地域内有丰富的碳源,并且压力、温度和氧逸度条件符合金刚石的形成和保持稳定,而金伯利岩岩浆的源区则在更深的,约 260 km 以下的软流圈中。这个模式提出金刚石早于金伯利岩火山机构在岩石圈或软流圈中形成,同时形成的有金刚石组合和石榴二辉橄榄岩、方辉橄榄岩和纯橄榄岩及其组成矿物的包体组合。这种包体组合还是指示寄主金伯利岩是否含金刚石以及其质量的标志之一。

也有人将产钻石的金伯利岩浆设计成来源于地球深部，以气体（C、H、O 为主要元素）、液体（超镁铁质岩浆）和固体（地幔橄榄岩和榴辉岩）的混合物形式到达地壳浅层，在岩浆上升过程中，熔体捕虏了含钻石的橄榄岩和榴辉岩，并携带这些捕虏体、捕虏晶（包括钻石）沿构造薄弱地带到达地壳浅层。世界不同地区的金伯利岩具有不同的组成，这与上升过程中所穿过的岩石类型有关。金伯利岩具斑状结构、角砾状结构和细粒结构，最常见的矿物是橄榄石、石榴子石、辉石、角闪石、云母、钛铁矿及少量的其他矿物，如钻石。最有效的指示矿物是铬镁铝榴石和镁钛铁矿，因这两种矿物与其他岩石极少共生，而且能够在经历相当长时期的风化后残存下来。

还有人通过实验研究提出，产金刚石的金伯利岩由产生于构造封闭系统中的金伯利岩浆演变而来，并将金刚石的形成分成不同的相，关键点是其中金刚石的生长与熔蚀相伴。在一定的阶段或温压条件下，有人认为是生长为主，也有人认为是熔蚀为主，究竟是熔蚀还是生长，取决于温压条件的平衡关系以及环境是否为还原性。

钾镁煌斑岩是继金伯利岩之后第二个产金刚石的重要母岩。目前研究结论认为，其形成钻石的机理如金伯利岩相似，同属超基性岩浆。也有人认为其由富含 CO_2 或者 H_2O、CO_2 等挥发组分的基性玄武岩浆演变而来，含碳挥发组分不但能提供形成钻石的碳源，而且还能促使包括钻石在内的某些矿物形成自形斑晶。

多数人认为榴辉岩型钻石的碳物质来源于近地表，是板块俯冲作用带到可以形成金刚石的深度（>150 km）。当大陆板块与大洋板块相互碰撞时，大洋板块携带着洋壳物质俯冲到大陆壳之下达到高温高压带，最终转变成榴辉岩。碳以灰岩的形式或其他碳酸盐、碳氢化合物的形式被包含在俯冲板块里，成为物质源，最后转变为钻石。也有人持有不同意见，认为其可能是由俯冲洋壳释放的流体所交代的地慢楔形熔融形成。

第五节　钻石成因同源演化说

早在 18 世纪后期，人们就证实了珍贵的钻石与普通的石墨都是由碳原子组成。随后进一步发现，当碳原子呈六方环形的层状排列时，形成的几乎是自然界中硬度最低（摩氏硬度 1~2）的矿物石墨；当碳原子呈立方体最紧密堆积时，彼此以共价键相连，就形成了自然界最硬（摩氏硬度 10）的珍贵宝石钻石。现已得知，地球中大多数的碳是以碳酸盐（如石灰岩）和碳氢化合物（如石油）的形式存在于地球内部，如岩石圈中。尽管从地幔深处喷发出来的火山熔岩等物质中常含有 CO_2 气体，表明在地幔中有碳的存在，但多数人都普遍认为，地幔中碳含量是极少的。

一、单质碳如何形成钻石

钻石成分主要是碳，杂质成分也多为上地幔的一些元素，钻石中碳的同位素成分测定表明，它们来源于地幔。那么，地幔中少量的碳在什么样的物理化学条件下才能形成具有特殊结构的钻石，这是人们研究钻石成因的重要课题。目前关于金刚石形成过程主要有三种观点：① 在地下深处（地幔中）形成，随岩浆上侵到地表浅层；② 岩浆上侵过程中捕获了含钻石围岩，并将其带到地表浅层；③ 岩浆上侵过程中在岩浆内部形成，并与岩浆同时上升到近地表形成岩体或矿体。

前两种观点要复杂些，但有相近之处，都是先岩浆上侵爆发形成，然后被岩浆上侵带到地表浅层，这也比较符合钻石与母岩形成年代不一致且相差甚大的实际情况。也有不同之处，第一种是地幔（可能在软流圈）中形成，可能是液相或局部熔融体，也可能是固相随岩浆流形成而重熔。第二种是先形成的钻石藏在岩石圈（上地幔或地壳）中，被上侵的岩浆捕虏带到地表浅层。金刚石究竟是由富 CO_2 的金伯利岩岩浆直接结晶出的还是混入金伯利岩中的上地幔捕虏体？还是两种情况都存在？这正是人们在这两种观点之间难以抉择而产生的疑问。第三种观点比较好理解，但与第一种观点又有相近之处，都是岩浆中结晶，只是一先一后而已。当然，这先后的时间跨度也许在几亿年甚至十几亿年。总之，人们知道金刚石与金伯利岩有着密切关系，究竟是在岩浆喷发中形成，还是在地下深处岩浆中形成，火山喷发只是起到搬运作用，将其从地下深处带到地表浅层？珍贵的金刚石究竟是如何形成的？人们还只是在猜测。

1979 年，人们在澳大利亚西部找到迄今世界上品位最高、储量最大的阿尔盖橄榄钾镁煌斑岩后，又陆续在世界各地的方辉橄榄岩、纯橄岩、碱性超基性岩、碱性煌斑岩、片麻岩中的榴橄岩、榴辉岩中发现了金刚石，说明金刚石并非金伯利岩的专属品。在金伯利岩的榴辉岩捕虏体中发现金刚石以后，有一部分地质学家一直认为金刚石为捕虏晶。还有人提出形成金刚石时对金伯利岩形成机制要求特别严格，必须是从高温高压突然爆破至低温低压开放环境下方能形成金刚石。凡此种种说明这一领域的认识还很不一致，相关理论与学说也不成熟。

二、碳源问题

金刚石是由单质碳元素组成的，具立方体结构的天然晶体。碳元素在高温、极高压及还原环境中结晶成珍贵的钻石。100 多年以来，钻石形成所需碳的来源问题一直引发着人们的兴趣和争论。19 世纪时人们认为是煤，现在大多数人赞同碳来源于 CO_2 和 CH_4。

形成金刚石的碳源认为有三种方式：

(1) 金伯利岩、钾镁煌斑岩岩浆中的原生碳；

(2) 捕俘围岩中的有机碳；

(3) 地壳中碳酸盐岩中的碳。

愈来愈多的资料证实金刚石碳主要来源于岩浆中的原生碳。岩浆中都含有一定数量的原生游离碳，如金伯利岩浆中含碳量为 1.9%～4.3%，一般超基性岩浆中含碳量仅为 0.06%～0.10%，玄武岩浆中含碳量为 0.02%～0.04%，因此金伯利岩中形成金刚石的碳由原生碳提供是足够的。金刚石中碳同位素 C^{12}/C^{13} 的比值与金伯利岩浆中原生碳 C^{12}/C^{13}

比值是近似的,前者为 89.63,后者为 89.00。推测:原生碳来源于 CO_2 和 CH_4,但 CO_2 和 CH_4 又来源于何处? 还没人提出。

还有一种观点就是认为橄榄岩型钻石中的碳来源于上地幔的一个均匀对流带。这些碳是远古地球的起源成分,45 亿年前在地幔部分聚集,在对流的作用下充分混合,金刚石在对流带内结晶。这一观点与笔者观点相近,但还是没说到源头。碳源问题其实仍未解决。

三、同源演化形成钻石

世界上有工业开采价值的钻石都赋存在金伯利岩和与金伯利岩有着亲缘关系的钾镁煌斑岩中,搞清楚金伯利岩的问题也就搞清楚了钻石的形成问题。钾镁煌斑岩的问题可以类推。金伯利岩是一类很特殊的偏碱性超基性岩,主要分布于稳定地区的巨型构造带,产状为爆破岩筒、火山颈,或为岩墙、岩脉。岩体多为深色,以灰绿色者居多。矿物成分十分复杂,其岩浆的形成还有很多谜题尚未解开。

现多认为,形成钻石的碳是金伯利岩中带有的原生碳。那么,金伯利岩中的碳是从哪里来的? 通常认为,金伯利岩岩浆是从橄榄岩岩浆中演化而来。同为超基性岩,金伯利岩比其他超基性岩中的平均含碳量要高出 20~40 倍,而比一般基性岩(玄武岩浆)中的含碳量高出 100 倍左右,为什么? 还有一个问题仍被忽略了。含金刚石的金伯利岩中的高含碳量是通过含有钻石的金伯利岩中检测出来的。问题是这些高含量的碳是因为有了钻石而变高的呢? 还是金伯利岩中本来就高碳? 这个问题好像有些怪,其实不然。因为钻石在地下深处形成这是公认的,尽管在地下 120 km 还是 200 km 还有争议,但在地下深处是没有争议的。钻石在地下高温高压条件下形成后,在随岩浆上侵过程中会有部分熔失,这也是没有争议的。那么,金伯利岩中的碳会不会是钻石在随金伯利岩浆上侵过程中熔失后而保留在金伯利岩浆中的呢? 这不是没有可能,而是极有可能。如果真是这样,产钻石与金伯利岩浆中的高碳的因果关系正好颠倒过来(因为有了钻石的熔失,所以高碳),而且原生金刚石要比人们现已发现的钻石总量多到不知多少倍。金伯利岩石中的含高碳的来源先不说,关键还是形成金刚石的碳是从哪来的? 碳为什么偏爱金伯利岩浆?

原生碳从何而来? 如果将所有的资料汇集到一起,再进行综合分析,就只能得出一个结论:钻石碳来自同源演化物,由同源有机物进一步演化生成的原生碳。因为 45 亿年前的有机物只能是同源有机物,原生碳的存在反过来也同样证实了同源有机物与同源演化。

这就要回到同源演化问题上,地球内部一直存在着同源原生有机物,越是早期,地球内部的同源原生有机物含量越高,这些原生有机物演化的结果之一就是在地下深处(各个深度应该都有)留下多余的碳在那里继续演化,结果就是在高温高压条件下形成紧密结晶体,金刚石就是其产物。简单地说就是含 C、N、H、O 等元素的有机化合物分解释放出 N、H、O 和部分 C,可能还加上 S、P 等,如形成 N_2、CO_2 和 H_2O 等气液体,在漫长的地球物质运动中逐渐释放出来,进入地表海洋和大气层,成为其中的重要组分。留存在地幔中的碳在高温高压条件下形成单质结晶体金刚石。

总之,金刚石(钻石)就是地球同源有机演化的产物,是地球形成过程中产生的同源有机物经分解等进一步演化,由原生碳质在高温、特别是高压条件下重新结晶而成。

同源有机演化的产物除了钻石外,还有许多其他物质,包括大量的 N_2、NO、CO_2 和 H_2O 等气液物质。它们与超基性的橄榄岩浆混熔便形成金伯利岩浆,并不是所有的金伯利岩浆都能形成钻石,还必须满足三个条件,或称"三要素"。

(1) 在一定区域内,同源有机演化所产出的纯碳能为钻石形成提供丰富而持续的碳源;同时消耗掉可能产生的氧和氧化剂,使环境保持还原性。

(2) 同源有机演化在提供碳源的同时,同源演化产物中要有足够量的膨胀气液成分,在地球内部局部区域(同源有机物富集区,也是钻石形成区)形成超高压条件,促成纯碳形成最紧密、最稳定、最抗压的单质晶体结构(如八面体堆积),从而生成钻石。

(3) 同源有机演化中的有机物分解生成各种气液体,极大地增加了金伯利岩浆的体量、活性和爆发力,为金伯利岩浆上侵地表提供了动力。在促使金伯利岩浆更快上升的同时,气液成分的不断膨胀也能保持岩浆体内的压力不至于很快下降,以保证金刚石在随岩浆上升过程中较少地被熔蚀,最后能上升至近地表并随着金伯利岩浆凝结而被较好地保存在其中。

第六节　证据与原理分析

上述同源演化形成金刚石的情况虽然只是根据同源演化的一般过程推演而来,但现代有关钻石形成的地质学调查材料和实验研究产生的许多"证据"材料都可以为此佐证。

一、同源演化可持续提供丰富碳源

这与现代科研人员千方百计设计出的"橄榄岩＋CO_2＋H_2O"模型的实验研究,或"橄榄岩＋$C-H-O$"模型的实验研究中所假设的 C、H、O 成分来源有相近之处,而且真正解决了 C、H、O 等成分的来源问题,其实还应该加上一个仅次于 C 的更重要成分 N。只不过,现代的实验研究是根据形成钻石需要一定的碳而设想的"CO_2＋H_2O"或"$C-H-O$"以提供碳源,但对于它们本身的来源却避而不谈,或者干脆说地幔中本来就有。拿 CO_2 来说,地表的 CO_2 要下降至地下 120 km 以下的地幔深处可不是说行就行的,那地球内部的 CO_2 来源仍然是个问题。

同源说认为那是同源演化的产物。"钻石成因同源演化说"是根据地球同源有机演化的系统变化,以及从原始地球形成以来的地幔演化情况(参见第十二章第二节)而推导出"钻石由同源演化产生"的结论。同源演化可在同源有机物富集区内提供丰富而持续的碳源。为什么说同源演化提供的碳源是丰富而持续的?

因为同源有机物随着地球内部物质分异作用而聚集(有机物亲和力也在其中起到一定的作用)或分散,并上行运移,于地球内部某处受阻聚积(大多数应在地幔中),同样由同源有机物演化生成的有机碳也具有聚集性,所以说丰富。再因同源有机演化是地球内部一直进行着的长期而持续的演变过程,所以由其产生的碳源是持续性的。极为丰富的单质碳聚集在一起,在高温、高压、缺氧(氧化剂)的条件下,形成八面体结构的最紧密堆积是最佳选择。其持续性便可为不同时代形成钻石提供稳定的碳源。相比之下,对由 CO_2、CH_4 等提供碳源的现代实验研究来说,先不论 CO_2、CH_4 的来源问题,其分散性是不可避免的,由此产生的"气体碳"也存在分散性问题,难以富集形成单粒钻石,总不能设想所有的碳都有目的地为形成钻石而聚集到一起。

有人还提出在地下的所谓氧逸度的看法,这完全是多余的,因为组成有机物中的 C、N、H、O 元素比例中,O 并没有那么丰富,O 与 H 结合形成 H_2O,O 与 C 结合形成 CO、CO_2,O 与 N 结合形成 NO、NO_2,地下已经没有多余的 O 了,反而是 C、N 有大量多余,足以消耗掉由地球内部其他演化而产生的氧和所有氧化剂,使地内环境始终保持还原性。只有到地表或近地表,O 才会丰富起来。钻石形成于 120 km 以下的地下深处或更深,绝对是还原性环境,不存在氧逸度这么复杂的问题。倒是金伯利岩浆上侵到近地表,接近氧化环境,加上高温,如果没有封闭和高压的平衡作用,钻石可能会氧化造成碳扩散,从而更增加了金伯利岩浆中的碳含量。

二、同源演化提供超高压和岩浆上侵动力

同源有机演化不仅提供了丰富的碳源作为钻石形成的物质基础,解答了为什么金伯利岩浆中高碳的原因。更重要的是有机物分解生成 H_2O、CO、CO_2、NO、NO_2、N_2 等气液体,极大地增加了原生岩浆的膨胀性,即增强了岩浆内部的压力和爆发力。一是形成了钻石形成所需要的超高压环境,二是增加了金伯利岩浆的上侵能力。金伯利岩浆的快速上侵对钻石的保存至关重要。钻石在地下深处(150~200 km)形成后,在随岩浆上侵过程中都会或多或少地被熔蚀掉一部分,岩浆上升得越快,则熔蚀得越少,保存下来的钻石会越大,质量也会越好。

现代实验研究也证实,强大的压力有利于保存金刚石而不被熔蚀,金刚石只有在高压下才能耐高温,如果没有高压,高温和氧化很快会使钻石化为乌有,即生成 CO 或 CO_2 气体逃逸掉。现代科研人员通过实验室内的高温高压下试验,得出了不同压力状态下碳的稳定性变化曲线,可以此推测出钻石可能的生成温度和压力,并且得知:高温特别是超高压下可以形成颗粒粗大,透明无色的八面体钻石。如果压力稳定,温度迅速下降,钻石仍处于稳定状态;相反,如果温度稳定,压力迅速下降,极易导致钻石晶体结构的错位滑移,并诱发晶格缺陷,使一部分原本无色的钻石变为褐黄色、棕黄色,甚至会造成钻石逐渐石墨化。所以,钻石形成的最优条件是高温超高压下形成的无色透明的钻石,在随岩浆上侵过程中压力应基本保持不变或下降速度很慢。由此可见,有机演化提供的大量气液体与金伯利岩浆混熔后上侵,一方面能增加岩浆的上侵动力和速度,另一方面也能保持岩浆内部压力减慢下降。当岩浆上侵突入近地表或构造带中,造成内部压力快速下降时,气液体的极速膨胀及高温热水的气化也会补偿一部分下降的压力,以免使岩浆内部压力下降过快而温度保持高温的情况下钻石被大量熔蚀掉。

三、同源演化平衡温压并维持还原性环境

从有关实验研究中得出的金刚石-石墨平衡曲线分析,以及结合其他一些人的研究结果,可推知:要使生成后的金刚石处于稳定状态,或随岩浆上升过程中被稳定保留下来,必须保持高压条件,或者是随着压力降低(如岩浆上侵至近地表)温度也相应地下降。压力不变或缓慢下降,温度下降,钻石可保持稳定不变;如果温度不变或下降较慢,压力下降过快,金刚石便会部分或全部转化为石墨,或熔失。有机演化产生大量气液组分增加了地内压力,使相应的区域能够长期保持高温高压条件,即使岩浆上侵也能保持一定的压力。有实验表明,岩浆内提供金刚石结晶时间的长短,会影响金刚石结晶颗度的大小,维持高温高压条件的时间越长,其形成金刚石晶体颗粒越大。在金伯利岩或钾镁煌斑岩中所含有的金刚石颗粒通常大小相差悬殊,说明结晶时间上存在差异,进而可推知金伯利岩浆与钾镁煌斑岩浆活动性上的差异。

有机演化消耗掉地内因各种演变可能产生的氧和氧化剂,使地球内部长期保持还原性,这在前面已经阐述。这里需要强调的是同源有机演化保持环境的还原性可以一直维持到金伯利岩浆或钾镁煌斑岩浆喷出地表。但喷出地表后,环境便随之改变。钻石在高压、缺氧条件下可耐高温。如在 60000 个大气压、1700 ℃高温、还原条件下,不但能保持稳定,如果有碳源还能生长。但在低压或常压条件下,1000 ℃就可能使钻石蒸发或转化为石墨。

四、钻石及其母岩来自地幔就是佐证

从已知金伯利岩和钾镁煌斑岩中富含金刚石的特点,可以总结出以下经验性统计规律:

(1) 具有火山碎屑结构的金伯利岩,如果富含镁铝榴石二辉橄榄岩、方辉橄榄岩和纯橄岩等上地幔包体或其矿物包体的岩体,则其中金刚石含量丰富,且质量好。如果含地壳围岩碎屑比较多,则相反,含钻石少。

(2) 具斑状结构的金伯利岩,含金刚石较丰富,呈显微斑状结构者为贫矿。

(3) 富含橄榄石且颗粒粗大的金伯利岩,也富含金刚石,而富含金云母的金伯利岩,则含金刚石较少。

(4) 橄榄石斑晶中含 Mg 和 Cr 越高,其岩体中含金刚石越富;岩体中铬铁矿含量高,且铬铁矿中 Cr/(Cr+Al) >90%,则金刚石含量高;富 Cr 贫 Al 的透辉石(Cr_2O_3>1.2%)含量较多,以及镁铝榴石含 Cr 高(Cr_2O_3>2.5%),则岩体中金刚石含量也高。

岩性结构与所含橄榄石矿物特征等迹象都表明富含金刚石的岩体产生于地幔,与上地幔乃至软流圈都有着密切联系。生产金刚石的母岩在金伯利岩浆携带其上侵之前极有可能是固相或局部熔融体,随着岩浆流的形成而混熔或被挟房上行直至侵入地表浅层形成原生矿体。特别要注意的是金刚石中还时常含有 N 元素,N 元素或 N_2 不会无缘无故地在地幔中游荡,N 元素与 C 元素都是地球同源原生有机物演化分解的产物。如果没有同源有机演化,不仅形成钻石的丰富碳源不好解释,N 元素在形成钻石的地幔岩浆中出现更是无法理解。

五、钻石形成的年代可以作证

虽然说钻石可形成于地球历史的各个时期或任一发展阶段，但就目前已有资料来看，大部分钻石主要形成于 33 亿年前和距今 12 亿～17 亿年这两个时期。一些产生南非的钻石甚至距今约 45 亿年，表明这些钻石在地球一形成便已开始在地球内部结晶生长，是典型的同源产物。所以说钻石是同源演化最早结出的硕果之一，更是地球上最古老的宝石，差不多与原生体在地表出现的时间一致。如果说原生体是同源演化在地表产出的仙子，那么钻石就是同源演化在地球内部产生的精灵。在地球形成后的开始几亿年里，地球内部产生的钻石应该比我们现在所见到的要多得多，只是随着地球的演变，有些随着岩浆上侵到近地表被人类采掘出来，有些随着环境的变化或在上侵地表的过程中被熔蚀或氧化掉了，相信地下还有更多的钻石。

同源演化是持续的，到现代在地球深处的某些区域可能仍然在进行着，但就钻石的形成而言，可能在某个时期要多些，另一个时期可能会少些。根据研究资料来看，除了上述两个主要时期外，其他时间也有钻石产出，如距今 24 亿～33 亿年。还有人认为，澳大利亚阿盖尔矿、博茨瓦纳奥拉伯矿，距今分别为 15.8 亿年和 9.9 亿年，某些榴辉岩型的钻石，要更年轻些。总之，钻石的年龄是很古老的。有人从钻石主要出产于地球上古老稳定大陆地区来推测钻石形成需要一个漫长的地质过程。其实，更能说明的是钻石确是很古老的产物，岩浆以及含钻石的火山构造只是后来者。超基性熔岩流将含有钻石的岩浆带到地球近地表处，形成金伯利岩或钾镁煌斑岩，同时也形成钻石原生矿。

第十二章　同源演化激活地球

　　生命是地球形成与有机演化的结晶。人们曾普遍认为，生命之所以能在地球上出现，是因为地球形成（或经过沧桑巨变）后，有了适宜的条件和良好的环境，所以才有生命的起源与蓬勃发展。好像地球上的一切都是为迎接生命的诞生而准备的，其实不然！事实上是因为有了生命，地球才变得如此美好而独特。正是生命的起源与早期的融合进化（同源有机演化）改造了地球，使地球具有了适宜而平稳的生态条件，营造出如人们现在所看到的舒适的宜居环境。本章将根据同源说（同源-融合学说）来说明地球形成后这一切的变化，并阐述以生命起源与进化（特别是早期的融合进化）为主流的同源有机演化是如何改造地球，如何推动无机世界的演化，从中我们将看到的是同源演化激活了地球，使地球变得如此生机盎然。

第一节　同源演化与有机演化

一、有机演化从同源演化开始

　　有机演化是指包括生物及有机物起源与进化（或演变）在内的整个有机世界的起源与变化发展，即将所有有机物生成与变化都包括在内。有机演化可归结为两个主要方面（或层次）：一是生命的起源与进化，二是有机物的生成与演变，这两个方面既有物质交流和能量交换，又能相互依存、相互促进、相互影响。两者又与无机世界构成特殊的三角关系。如生命与有机物之间、生命与无机世界之间都有物质与能量的交流，有机世界与无机世界之间也同样存在物质与能量交流，三者相互作用，既相互制约也相互促进，相辅相成，共生共荣。

　　因地球上最初的有机物和生命起源与地球形成（即无机世界的产生）同源，所以生命起源与早期进化、最初有机物的生成与演变这最初阶段的有机演化就是同源有机演化，也称"同源演化"。同源演化是指地球同源有机物（包括生命在内）的起源与演化，地球形成和早期演变中的有机演化属于同源演化，地球原始有机物（包括生命有机物和非生命有机物）都是同源有机物，所以其早期的有机演化必然是同源演化，如生命起源与原生体诞生后的融合进化，原始有机物的产生、原始有机圈的形成与早期演化等。

同源演化是有机演化的开始阶段,是关于生命和地球形成同源生成的原始有机物的所有演化问题。当生态系统形成后,随着生物进化,生物种类越来越多,生物总量越来越大,原始有机物也逐渐转化为生物有机物,生物有机物会逐渐代替同源原生有机物,同源演化的主导地位会慢慢地逐渐变弱,生物进化将逐渐取代同源演化,占据有机演化的主导地位。以生物进化为主流的有机演化也可称为"后生有机演化"。现代的地表所见基本上都是以生物进化为主导的后生有机演化,同源演化只有在地下岩石圈中,甚至软流圈及其以下地幔中的某些地方可能还在进行着,如储积在岩石圈某处的原生有机物因地下温压条件或化学活动性液体等引起环境变化,甚至微生物感染等而产生的蜕变、分解、氧化及其引发的物理化学作用等。

二、有机演化与无机演化

同源说(同源-融合说)提出地球上原始有机物和生命的起源与地球形成同源。最初生成的有机物大量汇集于地球表层形成原始有机圈,地球上原始有机物(圈)与岩石圈、水圈、大气圈等地球表层圈层同源,形成的时间也差不多同时,即有机物圈与无机物圈在起源、早期演化上同源同演,相辅相成。特别是有机圈演化和分解的部分产物还是水圈和大气圈的重要物质来源,如有机物分解生成的水和各种气体成分就是水圈和大气圈的重要补充物源。所以,地球表层各个圈层之间的相互渗透、相互交织不仅仅是看上去的那样只表现在空间分布和发育、运动等方面,更本质的是它们在形成与发展上具有同源同演和协同性,自始至终都是相互作用和协同演进的,概括地说就是地球上的有机世界与无机世界(或各个圈层)同源发生、协同发展。

各个圈层的相关联系与相互作用还说明:地球生命起源不是孤立的单一或特定事件(如仅仅只是生命起源),而是与地球形成及有机世界的起源和早期演化紧密结合在一起,这也正是同源说最基本的思想之一。同源说强调地球生命起源与地球形成同源,更深层的意义在于说明原始生命有机物和非生命有机物都产生于地球形成过程中,在地球上还没有生物能够生产蛋白质、核酸等复杂有机物的时候,只有地球形成时其内部特有的物质和能量条件能够制造出蛋白质、核酸等各种复杂有机物,当时(原始生命产生前)所能生产出的蛋白质、核酸等复杂生命物质的种类和规模影响着后来生命体系的复杂性和多样性。在一定意义上说也就是原生体的广泛性和丰富性所构筑的宽厚基础影响着生命世界所能达到的进化高度,当然,后来的不断融合和各方面的因素也起着重要作用。

地球的形成决定着包括生命起源与演化在内的地球原始有机物(圈)的起源和演化,有机物(圈)的起源与演化反过来也影响着地球的演化以及最终的组成、构造、面貌与环境。这实际上也是一个同源问题。如同合成—分解、同化—异化是相对独立又互相依存的普遍自然变化现象一样,无论是地球形成,还是地球演化中,无机物与有机物、简单有机物与复杂有机物、生命有机物与非生命有机物之间的复杂联系与转化始终是存在的。特别是在地球形成过程中,简单有机物合成为复杂有机物、非生命有机物与生命有机物的相互转化与互动显得尤为突出。

大同源说提出"地球原始有机圈及生命起源与早期演化与地球形成同源",强调了地球形成中早期同源有机演化的重要性,不是单纯地讲生命起源,说明生命在地球上的起源并不是孤立的单一事件,也不是碰巧偶然出现的特定事件,而是地球同源演化的一部分。生命有机物在地球上出现本身并没有什么奇特性,落入地面的许多小陨石块中就发现有多种氨基酸等生命有机分子。奇特的是地球从一开始就进入并一直保持着相对平衡的同源有机演化,同源演化创造了原生体,进而建立并能稳定维持和发展以高级原生体为核心的地球原始生态系统。

如果将同源说与现有其他生命起源学说进行比较分析,最终归结成一个根本问题:地球生命的起源仅仅只是生命起源,还是处于宇宙环境中的系统演变问题? 如果将在地球上的生命起源看成是正在形成中的地球这个剧烈变化中的开放巨系统中的一个子系统的演化,那么结论将会不言而喻。即地球生命起源实际上是地球形成及早期演化中的有机演化的一个方面或一个有着特殊意义的系统演化,如表 12.1 所示。

表 12.1 有机演化与无机演化的同源关系

巨系统	大系统	系 统	子 系 统
地球形成及早期演化	有机演化	生命有机物起源及演化	生命起源及演化,生产有机物
			分解、异化生成气、液或转化成非生命有机物
		非生命有机物起源与演化	转化成生命有机物或异养、同化成生命原料
			分解、异化,生成气、液,转化成无机物
	无机演化	物质形式、物性、物态及构成等均发生变化;物质分异及地质作用形成基本圈层结构和相对平衡的构造;与有机物相关演变更丰富了演化内容与形式	同化,合成为生命原料或转化成有机物
			化合——化分,合成——分解,生成新矿物或新物质

由此可见,地球生命起源不仅与地球形成及早期演化有关,而且与原始地球的进一步演化发展,与地表水圈、大气圈的形成,与地表环境的营造与改变,与岩石圈的形成、运动与演化,与地球形成后的物质组成与能量状态,特别是原始生态系统的建设等都有着密切联系和相互作用。也就是说,地球形成及早期演变中的同源有机演化不仅仅是创造了生命,带来生命的起源与进化,而且对原始海洋、大气圈、原始地表环境和生态系统的起源,以及岩石圈的形成与运动(如火山与地震的成因)等都有着密切联系和相关性,因此根据同源说可以对这些问题做出相应的解释和初步论证。

第二节 同源演化效应

一、同源演化的三个方向

同源演化是地球形成中同源有机物的生成与演化,是地球形成早期的有机演化。地球形成过程中生成的原始有机物,一部分上行运移逸出地表,进入原始海洋,最终演化出原生体,通过融合进化形成种群庞大、类别众多的原始生命体系,进而演化出地表原始生态系统。一部分在地球表层岩石圈内演化成油气物质形成油气藏。这两部分前面有关章节都做过分析和阐述。

还有一部分滞留在地球内部(从地球表层岩石圈到地下深处,直至地核和下地幔都有不同程度的分布),经受高温高压和环境变化,大多数会分解、转化或燃烧(如氧化),释放出能量,并演变成活动性更强的气液分子,侵入岩石裂隙或断裂带,其强大"活力"和潜在爆发力成为推动岩石圈运动的动力。气液分子冲破岩石阻隔层,突破岩石圈的封闭,进入海洋或大气层,还会改变地表水圈和大气圈的物质组成比例,改变地表环境。其演化结果给地球带来的影响非常巨大,也说明同源演化的效应十分明显。

在地球形成的中晚期,由于形成中的地球物质收缩凝结,使一部分有机物被封闭在地球内部,至今在地下深处仍有同源原生有机物被封存着,并正缓慢地向外释放,从而影响着地球运动和地表环境。地球形成中,地球内部能量状态是逐渐提升的,早期以简单有机物合成复杂有机物为主。地球形成后,地球内部的温压普遍上升,在岩石圈以下,自软流圈到地心,均属于高能区。据推测,软流圈下部的温度已达 2000 ℃,压力已达几万个大气压,地核和下地幔更是典型的高能区。当然,地球内部的温压条件不是一下子就达到目前的状态,有机物滞留在这样的高温高压造成的高能区,其结果是难以预测的。当然,在一定的温压平衡条件下保存或储存也是有可能的,可是一旦这种温压平衡被打破,其爆发力也是极其可怕的,可能远远大于成百上千颗原子弹的威力。即使不爆发,其膨胀推力和向外扩张力也是惊人的。如果这股力量冲破软流圈的束缚,窜到岩石圈中,其破坏性可想而知。无论爆发或不爆发,其对岩石圈的运动都会产生巨大影响,地震、火山活动可能都会因此而频发。

处于高能区的有机物,无论是生命有机物还是非生命有机物,最主要的演化方向是转化、分解和氧化(如果有氧化剂),生成更加稳定的分子,大多数可能都会分解或氧化生成水和各种气体。如生命有机物会去氮脱氧,转化为相对稳定的烃类化合物等非生命有机物。生命有机物和非生命有机物都有可能会分解或氧化生成水和各种气体,成为原始海洋和大气层的重要物质来源。留下的碳可成为形成钻石的碳源。水和各种气体(包括温室气体)的产生和排出还会改变地球环境,影响生态系统。所有这些由同源有机演化带来的地球物质组成、运动模式和地表环境的改变或变化都属于同源演化效应。

二、地球上原始水的来源

地球上 70.8% 的表面被水覆盖,全球海洋的平均深度约 3800 m,从太空看来,地球就是一个蔚蓝色的水球。关于地球上水的来源历来争论较大,至今尚未有定论。第一种比较流行的说法就是,在地球形成以后,宇宙中漂来大量称为"脏雪球"的彗星或陨星样物质团块,里面含有大量的水,雪球即冰结的水。第二种算是比较有"根据"的说法,是在发现坠入地球的碳质球粒陨石通过封闭加热可以蒸馏出一定量的水后提出来的,认为在地球形成后,有大量碳质球粒陨石坠落地球,为地球提供了丰富的水源。这两种观点都可以归为地球水源"外来说"或"宇宙成因说"。核心内容都是在地球形成后,由地外宇宙提供水源。为什么一定要假设在地球形成后,由地外宇宙提供水源? 深层次的原因难以具体分析,只能认为是思考问题的习惯(直证)或思维定势(传统)使然。

还有第三种说法。曾有很多报道称,发现了地球有自内向外排水的神奇现象。有人据此认为,形成地表海洋的水就是从地球内部向外排出来的,地球形成后有过长期向外排水的过程,这就是地表海洋形成的原因。但地球内部为什么会向外排水? 这些水自何而来? 有人甚至提出某些神秘的解释,比如与海洋中出现的"蓝洞"等现象联系起来。无论如何,如果地球排水真有其事,那就说明地球内部存在着一定量的水,也算是关于地球水来源的一种解释吧。

同源说有自己的看法,根据同源演化效应分析,地球上水的来源主要有三个方面:

(1) 形成地球的太阳系原始尘云物质中含有水,水以固、液或气态形式存在于尘云物质中。这可以拿碳质球粒陨石中的水作对比,或者有一些"脏雪球"加入形成地球的物质中也是极有可能的,它们都是地球的水源之一。在地球形成过程中,这些物质中的水被挤出,汇集于地表,属于与地球形成同源的水。

(2) 同源有机物(生命有机物和非生命有机物)的转化、分解和氧化,生成水。因为地球同源有机物主要由 C、N、H、O 等元素组成,同源有机物转化成其他有机物或无机物或者分解、氧化,H、O 元素脱离或析出重新组合(氧化)形成 H_2O。这是原始地表水的主要来源,属于同源演化水。

(3) 地球无机物演化会释放出一部分水,如矿物重新组合或由非晶质体变成结晶体,形成新矿物,特别是在地球内部,原先含水矿物变成不含水矿物时,多余的水就会析出,或者在矿物转化过程中有 H、O 元素同时析出,便可结合形成 H_2O。同有机物一样,H、O 元素也是地球无机物的重要组成元素,在无机物或有机物演变中,H、O 元素结合(氧化)会形成 H_2O。这也是原始地表水的来源之一,属于无机演化生成的水,因为产生于地球形成中,可以归入同源水。

正是有这三种丰富的水源,在地球形成后汇集于地表,才使地球一形成便有了最初的海洋。地球内部向外排水的说法如果是真实的,也正好证明了地球内部确实存在同源形成的水。除此之外,其他来源的水可能也有,如地球形成后地内和地表的有机或无机演化可能生成一定量的水,再如坠落地表的碳质陨石带来水,扫过地面的彗星等都会提供一定量的水,但相对前三种丰富的水源来说,已显得不那么重要,只能算是非主要水源。而且相比之下,它们提供的水源带有太多的不确定性。

三、地球原始大气的来源

同水的来源一样,关于地球大气的来源也有很多种说法,主要也可归结成两种:一是地球形成以后地外来源说,如"脏雪球"不仅含有大量水,也有各种气体。二是地内放气说,认为地球大气是地球形成后从地内不断放气放出来的,如同地内会放水一样。至于放水、放气的原因和水、气的真正来源并没有统一和合理的解释。

根据同源演化分析,由大气成分中含氮量占 78%、含氧量占 21%,以及 CO_2、水汽、惰性气体、其他气体、尘埃等含量只占 1%来推测:

(1) 大气成分中的 N、O 元素成分主要来源于生命有机物(以 C、N、H、O 元素为主要成分的化合物)在一定温压条件下转化为成油气物质(以 C、H 元素为主要成分的烃类化合物)时,释放出的 N、O 成分,它们逸出地表,形成 N_2、O_2,成为大气层的主要组成成分。由此产生的 N_2、O_2 属于同源演化生成的气体。早期以 N_2 为主,O 元素多被 C、N、H 束缚,游离氧也会被重新消耗掉。

(2) 形成地球的原始尘云物质中含有的冰冻的 N_2、O_2 成分(在某些特定条件下,也可能存在气液相 N_2、O_2 成分),在地球形成过程中释放出来,因物质分异作用而汇集于地表,成为原始大气层组成成分之一。属于同源气体。如上所述,早期游离氧多被有机物氧化反应消耗掉。

(3) 地球形成时,物质重组过程中会释放出一些过剩的 N、O 成分。当原始有机小分子和无机分子在地球物质收缩演化中,因温压条件的改变而结合生成各种生命有机物等复杂有机物时,无机界也在进行着重新组合,原有的物质可能会解离,产生新矿物,在这一系列变化过程中,一些 N、O 成分会乘机摆脱矿物晶体格架,或有机物的束缚,逃逸出来,成为自由活动的气体分子,同时也有其他气体生成。这是原始大气层的重要组分来源之一,属于同源演化气体。地面充满有机物,只有当地表环境渐趋稳定后,才有少量游离氧得以在远离地面的高空形成 O_2 或 O_3。

(4) 地球形成后期和形成后,地内无机演化(如矿物重组)仍在继续,同源有机演化正如火如荼。有机演化除了生命有机物在相对高温高压条件下去氮脱氧生成烃类化合物外,有合成为更复杂有机物的,也有降解或分解成相对简单有机物的。无论是有机演化或无机演化,产生新矿物和新有机物的过程中都有可能释放出多余的 N、O 等成分,生成水和各种气体成分(如 H_2O、CH_4、NH_3、NO、N_2、NO_2、CO_2、CO、H_2S 等),其中一部分会上行逸出地表,成为大气成分。可能以 N_2 为主,伴有 NO、NO_2、CO_2 等,属于同源演化气体。

(5) 原始地表的同源有机演化(包括融合进化)和无机演化也可能释放出 N_2、O_2 以及其他气体成分,以 N_2 为主,O_2 产生后很快因氧化作用而消耗掉部分。只有当原生体进化到一定程度,地表有机物减少,还原能力减弱,O_2 在地表才会逐渐多起来。早期 O 可能以 NO、NO_2、CO、CO_2 等化合物形式进入大气层,属于同源演化气体。

地内和地表同源演化产生的 N、O 成分在运移过程中,其中 O 元素有可能被某些还原剂所捕获,形成新的含氧物质(有机物、矿物或无机小分子),早期这一反应很普遍,所以造成原始地表因缺氧而呈现还原性。虽然大多数人都认为是自养生物的光合作用使地球上有了 O_2,但笔者认为是同源演化提供了早期的大部分 O_2,随后的主角才是光合生物。大量的氧可能是在原始生态系统形成以后,出现光合自养生物(如蓝藻),它们通过光合作用使氧逐渐从有机物和无机化合物中释放出来,从而改变了大气成分中的氧含量,同时也使地表环境由还原性向氧化性过渡。

四、地球内部岩石重熔及局部岩浆的成因

关于地球是否曾有过通体熔融成燃烧火球的历史,前面已经讨论过。笔者始终认为,这是早年人类对宇宙和星球认识还十分缺乏科学知识时的粗浅猜想——地球是太阳分出来(或甩出来)的一块熔化的岩石(也有说是其他巨大星体飞过太阳附近时,在巨大的引力作用下,从太阳上撕扯出来的熔浆块),言之凿凿。然而,地球只是一颗行星,无论它是宇宙中一颗普通的行星,还是特异的行星,都是太阳系的一颗行星,由原始太阳周边冷暗星云聚集而成。由冷暗星云聚集形成的行星是不可能自己燃烧起来的,其内所积蓄的能量远远不够使自己达到通体熔融状态。因为其内部没有也不可能发生热核反应,其能量远不足以使自己像太阳一样燃烧成火球。地球的体积离产生热核反应还差得远,其内部压力远不足以使内部物质产生热核反应。

地球曾有过通体熔融时期,笔者称这一说法为"火球说"。古人有这种看法尚可理解,因为那时宗教还占据着思想统治地位,人类对宇宙还只是一知半解,这种说法带有进步意义。但今人也如是说,除了放不下太阳与地球间的"父子情结"外,实在难以解释。更有甚者,既然地球内部没有足够的能量使自体燃烧起来,就借用外力,如假想小行星或陨星猛烈撞击使地球熔融,形成燃烧的岩浆海,或者地球天生有个孪生兄弟,后来两兄弟相撞熔化成熔融体(燃烧的火球)等,都是火球说的继续或翻版。为什么地球非要有个熔融的过程才能有生命诞生?理由何在?不得而知!除了地球内部不可能产生足够自燃的能量外,人类近一个多世纪以来的宇宙探测,迄今在宇宙间已经发现行星或疑似行星上千颗,从未见有报道说发现了熔融态或自体燃烧的行星,这就是佐证。

地球内部的局部熔融是肯定存在的。而且这一定也是在地球形成后,由于表层有厚厚的岩石层的覆盖,有了岩石层的保温作用,地球能量能够逐渐积累才能达到熔化状态。现代的软流圈也是通过几十亿年的温度积蓄,经过几十亿年的局部熔融才逐渐形成的,绝不是地球一形成就出现熔融态软流圈的。随着地球的形成,有机物在地球内部合成与复杂化,或降解与氧化,实际上是地球内部巨量行星演化能的储存与转化。

地内有机物降解或氧化,释放出的能量可使周围已凝结的岩石重熔形成岩浆(造岩浆作用)。加上气液的膨胀压力,使生成的岩浆获得足够巨大的动力,从而可以推开或熔解上覆岩层,侵入或冲开地表岩石盖层,形成火山喷发或岩浆侵入。地球形成早期,地内合成各种有机物实际上是将地球收缩挤压的能量转化为有机能储积在地球内部。地球形成中晚期,

随着地球内部环境的改变,部分有机物降解或氧化等相当于将有机能转化成热能,可能会造成已凝结的岩石局部重熔或混合岩化,熔融的岩浆上侵至地表,可形成火山喷发或局部岩浆海。地球形成后的头几亿年里,由于同源有机物大量分解或转化为地表水和各种气体成分,同时会释放出大量有机能,加上地球内部放射性元素衰变释放出的核能等,地球表面呈熔融状态的区域要比现在大很多,也可能会出现较大些的岩浆海,但也只能是局部的,远远达不到全球性或出现如同现在大洋或大陆般大的熔融区。

同源有机演化释放出的有机能造成地内已凝结的岩石的局部熔融属于同源演化的主要效应之一,这种熔融作用也并非总是发生在地幔中或软流圈内。远离软流圈的下地壳中岩浆房的存在和地壳某些区域岩浆的成因,特别是独立小空间范围内岩浆的形成与运移,是用"同源演化能"来解释造成岩石局部熔融的最好实例。

五、同源演化推动地幔与岩石圈运动

如上所述,地球早期的同源演化是生成地表水、各种气体和造成地内岩石局部熔融的重要原因。同源演化还有一个重要效应就是产生巨大的能量,足以推动地幔和地球表层岩石圈运动,并且一直都在影响或改变着地幔和岩石圈的运动模式和速度。

地球形成后,当地球内部能量的升高超过一定极限时,被封闭在地球内部的各种有机物便会分解或氧化(如果同时存在氧化剂),甚至气化,生成水和各种气液体。被封闭的有机物生成气液体后极具膨胀性和爆发力。在地幔中,同源演化生成的气液体会与周围软化或塑性岩石混合或同化,形成密度较小的塑性岩体(或岩浆)。在围压作用下这部分塑性岩体会上行运移,越往上行,围压越小,塑性体在内部气液压力驱动下会膨胀得更大,进一步降低密度,进入软流圈,继续上行,直达岩石圈底部。上行的塑性岩体或岩浆流因受到岩石圈的阻碍,改成水平方向运动,在与岩石圈接触中因热量逐渐散失而变冷,在水平运动一段时间后因冷却或气液体成分逃逸,密度增大便向下沉降,从而引发软流圈乃至地幔上下对流运动,同时也会拖动岩石圈做水平运动。软流圈或地幔对流可造成其上层岩石圈一边裂开扩张,另一边挤压碰撞消亡的构造运动,即板块运动。

上行运移的有机物在软流圈内可能会进一步分解或氧化,释放出能量,致使塑性体内的温度和能量状态进一步提升,活动性增强。在软流圈内形成新的气液并与岩浆混合成同化体,若能量足够大,可冲破上层岩石圈,形成岩浆侵入或火山喷发。进入岩石圈后,若上冲能量不足便停留在岩石圈中,形成侵入岩体,有机演化产物溶入矿化热液继续侵进。或者在岩石圈内部演化,高压气液胀裂岩石圈或在局部形成高压气液储积区,一旦围压平衡被打破,便会形成猛烈气爆,造成地震、地面隆起或沉陷等。这些是同源演化对地幔对流、岩石圈运动以及岩石圈内部活动的影响(效应)。

以上所述是地球形成以来同源有机演化的四大效应。当然,同源演化的效应还远不止这些。如同源有机物(主要为含 C、H、N、O 元素的化合物)演变生成水和各种气体(以 H_2O、N_2 为主)丢失大量 H、N、O 元素后,剩下的 C 多会形成单质碳为主的自然元素矿物,如金刚石和石墨。地球有机物圈与无机岩石圈是同源,原始地球的有机圈演化与岩石圈演化也是同源,与地表水圈和大气圈的形成与演化也是同源,所以,地球表层各圈层的演化都不是独立进行的,而是相互关联和互相作用。同源演化决定了地球形成后的演化发展方向和地球以后出现的状态。归根结底,是同源有机演化激活了地球,使地球有地壳运动与火山活动,从而变成如今这般生机勃勃、气象万千。

第三节　地震警示与成因分析

同源演化与岩浆活动的关系前面已有阐述,那么与地震又有什么关系呢?地震与火山喷发一样,都是来自地球内部的力量宣泄。与那些人们看不见,也感觉不到的地内向外宣泄现象(如气液排泄)相比,这种宣泄过于猛烈,时常会造成不同程度的灾害,所以人类要严加防范。同时也更加表明,地球在活动,是"活的"运动。我们是否可以推测:地球是活的,是有生命的?

一、来自地震的警示

地震即地下长期积蓄起来的巨大能量在极短的时间内突然爆发,引起大地震动,所产生的振动波以震源为中心向四周传播,远在数千千米以外的地震台站的精密仪器都能测到。全球每年由仪器记录到的地震大约有 100 万次,其中人们能感觉到的有感地震——里克特震级表(里氏)中 3.5 级以上的地震,每年约有 3 万次。里氏 5.5 级以上的地震即能对建筑物造成不同程度的破坏,这样的地震全球每年大约平均发生 600 次。7 级以上的大地震足以使铁轨弯曲,大多数房屋倒塌,造成极严重的地面破坏,全球每年发生 15～20 次。8 级以上的为特大地震,几乎可使绝大部分乃至全部地面建筑物遭到破坏,一般 5～10 年才发生一次。目前记录到的最大地震是 1960 年 5 月 22 日发生在智利中部海域的大地震,里氏 9.5 级,并引发海啸及火山爆发。此次地震导致 5000 人死亡,200 万人无家可归。

我国位于环太平洋地震带和古地中海地震带两大地震带交汇处,是个多地震国家。近些年来发生的最大地震是 2008 年 5 月 12 日发生在四川省阿坝藏族羌族自治州的汶川地震(震中位于汶川县映秀镇与漩口镇交界处),据中国国家地震局测报震级为里氏 8.0 级,震源深度 10～20 km,为浅源特大地震。严重破坏地区超过 100000 km^2,地震波及大半个中国及亚洲多个国家和地区。北至辽宁,东至上海,南至香港、澳门、泰国、越南,西至巴基斯坦等均有震感。截至 2008 年 9 月 18 日 12 时,汶川大地震共造成 69227 人死亡,374643 人受伤,17923 人失踪。它是新中国成立以来破坏力最大的地震之一,是唐山大地震(发生于 1976 年,伤亡超过 54 万人)后伤亡最严重的一次。至 2008 年 9 月 4 日不完全统计,地震造成直接经济损失 8452 亿元人民币,房屋倒塌无数,多数街市、村镇成为废墟,间接损失更是无法统计。

地震是人类所面临的主要自然灾害之一,也是世界公认的最危险、最可怕的自然灾害。

地震能造成巨大伤害和使人们倍感恐惧的关键原因是其突发性,通常是在毫无预兆的情况下突然发生。瞬间山动地摇、大地震颤、崩裂,时而伴有奇异亮光和来自地下深处的隆隆之声,持续时间仅几分钟甚至不足 1 分钟,一切便已面目全非,甚至阴阳相隔。地震的巨大破坏性和震撼力是因为地震发生时从地下释放出巨大的能量所致,地震时释放出能量的大小通常以震级来表示。

人们常说的几级地震的震级就是以地震时由震源区释放出来的能量大小为根据划分的。以目前国际上普遍采用的里氏震级(M)与能量(Es)关系式($\log Es = \alpha + \beta M$)及有关学者采用的经验系数来计算,地震等级每增加一级,其释放出的能量则增加约 30 倍。由地震释放出来的绝大部分能量都转化为地震波向四周传播。地震波进一步可分为 P 波(快波)、S 波(慢波)和面波(沿地面传播,速度最慢)。地震灾害就是地震波传到地面某点时,对地面产生直接或间接的破坏作用以及由此而引发的次生灾害,能给生命财产造成极大伤害,同时也会造成地质构造和地形地貌改观。

以现代的科技发展水平,我们仍然不能对地震灾害进行有效的防治,有效防治的前提是预防,预防的关键是要能科学地预测和准确预报,只有准确预报才能做到提前预防。地震发生前有时会出现一些征兆,但根据震前预兆来进行预报和预防有时灵,有时则不灵,这也是地震预报难度大,准确率特低的原因之一。关键是对地震成因和发生机制了解得太少,缺乏科学地解释地震性状的成因理论或学说来指导地震测报防治实践,以致对地震的测报防治困难重重,尤其是很难做出科学而有确切依据的预测预报。在唐山地震和汶川地震后的好长一段时间里,在许多地区甚至出现了谈震色变的恐慌心理。地震对人们心理的震撼比其他任何自然灾害都更加深远,其负面影响甚至比财产损失更为严重,尤其是在没有遭受地震损失的地区也同样能够迅速漫延。由此可见,加强有关地震成因和发震机理的研究探索,提高地震测报防治能力是何等重要!

二、地震测报何其难

地震灾害防治的关键是预测预报的准确性和及时性。时间、空间、强度(震级)是地震测报三要素,即一次地震预报必须明确指出未来地震的发震时间、地点(震中位置和震源深度)和震级(释放能量的大小),以及这三要素中任一要素可能存在的误差估计。地震预测预报是指根据某一特定地区的震前异常地学现象(如地热、地电、地磁、地气、地应力、地下及地表水、地表物理场以及气象异常等)的观测统计和综合分析,预前确定或证明地震的时空结构——发震时间、震源和震级,以及推知或证明未发震地区发震的可能性。

地震预报的准确性是指预报地震要素(发震时间、地点与震级)与实际发生地震的接近程度。目前,地震的预测预报仍无重大突破,与从根本上解决测报问题还相差甚远,但在技术方法上已有许多重要进展。地震预测预报的及时性是指能在未来(正在观测中)地震发生前的适当日期内能较及时地对将发生的地震作出预告,包括确定三要素及其误差范围。

尽管目前地震预测预报仍然困难重重,但长期(未来几年到几十年)或中期(未来几月到几年)预报已取得了重要进展,成功率相对较高,而短期(未来几周以内)和临震(未来几天以内)测报的成功率仍然很低。

经过世界各国的不懈努力,地震短期测报在测报方法和先进仪器使用方面有了长足进步。地震预测预报的原理仍然是根据震前可能出现的一些地学异常现象(物理、化学或生物方面的前兆现象)来进行测报。目前最常见也是被公认为最有效的方法就是力学方法,如通过观察测量地应力变化、地壳变形、运动及群发小震等力学现象来进行地震测报。先进测试方法在一些多震国家发展特别快,精密仪器使用、观测与试验技术、检测、分析数据的处理及传输等都在不断进步。

此外,如电磁法(如地电流测报法和无线电波测报法等)、地热法、宏观异常现象观察分析法等方法也常被用来作为力学方法的补充或独立方法得到广泛应用。电磁法就是通过测量地电流的尖脉冲、地壳电阻率、地磁场以及无线电波的变化,辨识其异常特征,从而来预报地震的方法。如地电流测报法是以地下岩石中电流脉冲为测试对象,利用受压岩石的电磁辐射(如岩石中的石英晶体受挤压后会放电)来进行预报的方法。无线电波测报法是利用岩石受到巨大压力作用时会发射射频,一般在强震区震前几小时或几天内,空中常会出现异常电磁现象,产生较强的无线电干扰信号,可通过测试这些无线电干扰信号来预报地震。

地热测报法既是传统方法也是现代方法,所不同的是现代的检测技术和仪器设备更为先进,测试与数据处理都可以自动化。测报原理是大地震前通常会出现局部地热异常(如地温和地下水温异常),以及在发震区会出现大气热异常及红外辐射异常等。有学者认为,大气发光现象发生在地震发育过程中,起因于孕震地壳向空中释放 H_2、CO、CO_2、CH_4 和其他气体。在地震发育区,这些气体含量的提高能够导致局部温室效应,可使气温突然升高几度,这足以使红外辐射水平提高。

宏观异常现象观察分析法是传统方法的现代应用,在观测技术与仪器设备方面实现现代化,主要是以地质、地貌、水文、生物等方面的宏观异常现象为对象进行观测分析,作为地震预报的根据,如地下水位与地表水文异常测报、地光异常测报、地貌改变与对应岩层标志点或标志层位移观测预报以及生物异常现象测报法等。

近些年来,科技研究领域兴起了模型热,研究什么都要研究个模型出来,否则好像就不是在做研究(或者说没档次)。比如研究水的有“水文模型”,研究环境的有“环境模型”,研究土地的有“地力评价模型”,关于地震测报也有各种各样的模型。一些研究者宣称从地震活动的时空模式方面获得了一些特征,提出“模式识别法”的测报方法,即通过考察某一地区的一系列自然现象,确定其具代表性的示性特征,建立一个“模型”,比较正常未震时期示性特征和临震时期示性特征的差异,以此来预报地震。除去“模型”,这个方法也不失为一种有益的尝试,有其可取之处,但所谓“模型”纯属多余。还有人从统计和概率的角度提出了预测地震发生概率的方法。关于地震预测预报,人类可以说已经竭尽所能,能用的先进科技都用上了,还是难以提升地震测报的准确性。世界上在地震测报方面做得较好的有中国、美国、日本和俄罗斯,这也是当今世界科技、国力和研究地震最为深入的一些国家,但都还没有解决地震测报的主要或根本问题。地震测报的出路何在?

上述所有测报方法都仅仅是建立在经验基础上的,是经验式的方法,即根据以往地震发生前的一些现象来做对比分析,包括选择或侧重震前宏观或微观异常观测内容也是凭经验而行。遗憾的是这类经验并不总是适用。例如通过测小震群预报大震在 1975 年海城地震预报中很适用，而对 1976 年唐山地震的预报却毫无用处，其他示性特征也是一样。经验总是存在有很大局限，需要进行理论上概括。在缺乏符合要求的孕震理论的条件下，所有因素中的任一因素如果发生变化，其影响都是难以预料的，因而也就谈不上预报的准确性和及时性。在这方面进行理论探索则是非常必要和急需的。最根本的问题是必须真正地搞清地震成因和发震机制。只有搞清楚是什么造成了地震，才能有针对性地选择示性特征进行观测分析，进而做出相应的预报预防。

三、地震成因的分析与思考

关于地震成因，中国古代就有很多想象和猜测，比如"鳌鱼眨眼地翻身"等。现代科技工作者更是从未停止过对地震成因的探索，提出的假说甚多，比较有影响的如弹跳说、黏滑说、岩浆冲击说、温度应力说、地幔对流说、相变说、板块碰撞说，等等。

综合现有假说可以看出，基本都是从力学成因机制，即地应力方面或结合地热学因素分析或讨论地震成因的，并试图根据这样的认识来建立地震的孕育和发震模式，进而进行地震的预测预报。主要观点是认为地壳运动（如板块运动）造成地球内部应力增加，当增大到一定程度致使岩石（刚性）发生破裂或错动时便发生地震，这是最主要的发震模式，称为构造地震。此外，其他形式的地内应力变化或力学原因也能造成地震，如陷落地震、火山地震以及人工地震等，这些地震一般震级很少超过 6.5 级，规模小，影响也小。

虽然关于地震成因的假说很多（多限于力学方面），但我们对于地震成因（实质）和发生机制的了解却仍然很少，极少有哪一家学说能针对所有已知地震性状和现象（包括前兆现象）做出科学、全面而合理的解释或接近于此。甚至是理论上一套，而实际测报时又是另一套，成因上理论归理论，实际测报只能根据经验选择震前预兆现象作标志进行预测。这种现状已经影响了地震预报的成功率，进而严重地妨碍着地震的防治。人们迫切需要关于地震成因的科学理论或学说来研究分析、综合统一认识已知地震性状，并将可能的前兆异常现象与地震孕育、发生及致灾的可能情形（如未来地震的震源位置、发震时间、特性、震级及致灾程度等）联系起来，以便为地震测报和进行震害防治提供可靠的科学理论和实际依据。

以下试着就几个关键问题做些分析与讨论：

1. 地震成因类型

人们通常根据成因将地震分成不同的类型，故称为"成因类型"，如构造地震、火山地震、陷落地震、人工地震等。构造地震的成因不言而喻是由构造运动（地壳运动）造成的，这类地震包括了全球绝大部分浅源地震和几乎全部中、深源地震。震源深度自地表到 700 km 以下，全球集中分布成四大地震带：① 环太平洋地震活动带；② 欧亚大陆地震活动带（也称地中海-喜马拉雅地震活动带，或古地中海地震活动带）；③ 大洋海岭地震活动带；④ 大陆裂谷系地震活动带。其中环太平洋带和欧亚大陆带（古地中海带）就集中了全球地震的 90% 以上（有文献指出为 98% 以上）。称其为构造地震是因为：① 在地表未发现有其他能成为致因的地质活动（如火山、地面陷落等）；② 主观上认为其成因可能是构造运动所致。

成因类型划分的依据大致如此,如有火山活动共生并认为是其致因者,即为火山地震,有地陷落共生或伴生并认为是其成因的,即为陷落地震等,以致关于地震成因问题的研究,至今也仅限于力学方面(其他学说,如相变说、岩浆冲击说、温度应力说等又缺少足够的说服力)。正是这一既成观念的局限使人们忽视或放弃了实际上可能正是造成地震的最重要的因素。某些地震的力学成因不可否认,如巨大的岩层断裂、错动或滑移肯定能造成地震,但这也只能发生在地表浅层岩石为刚性体的情况下,深部塑性岩石中发生的可能性会很小。所以说部分地震是由力学成因造成的说法无疑是对的,但要说所有地震都是力学成因或都与此有关,未免言过其实。

2. 地下深处的岩性

地下深处的温压条件(如 20～30 km 以下,岩石塑性已大大增加,再往下岩石逐渐变成塑性体或呈融熔态,失去刚性)使岩石已不能像通常在实验室中对刚性岩体进行实验时所观测到的那样积累和释放地应力,致使地下岩石发生破裂造成地震。现有力学成因机制或模式对刚性体内浅源地震都难以做出完全合理的解释(震源深度如果超过 20～30 km,就很难说发生在刚性体内了),对发生于塑性体内的中、深源(地下 60 km 以下,直至 700 km 左右)大地震(7 级以上)就更难以解释了。深度增加使岩石弹性减弱或消失,塑性增大(尤其是软流圈),愈加不利于应力能的积累和释放。就力学发震机理而言,这显然与中、深源多大地震的事实相悖。从地表裂谷也可以看出,岩石裂开成大裂谷的只发生在地表刚性岩体内,到地下一定深度即使两侧岩体存在相对运动,也不会形成明显的错动面,而是形成一定宽度的类似拖曳造成的滑动或蠕动带,这说明地下深处的岩体刚性表现在减弱。

3. 板块构造与地震

根据公认的板块构造理论,环太平洋地震带和欧亚大陆地震带都与岩石圈板块俯冲和碰撞对接有关,即两个地震带区也正是地球表层冷物质汇集沉降向地下深处拗集的地带。中央海岭带及其转换断层带,才是地下高能热物质上升、地壳增生扩张、强烈活动和错动断裂发育的地带。可事实上这些地区远没有地表"冷物质"汇集下沉的俯冲带富有活力(如发震频率和震级),其向外释放的能量也远远没有板块汇合俯冲带来得猛烈和巨大。为什么?

如果地震是因力学碰撞造成,那么,碰撞的力源何在? 如果来源于板块扩张边界的物质增生造成的挤压,那么整个板块就是传力杠杆,都应该同样感受到这种挤压应力,为什么扩张带及其他地区的地震却远不如聚敛带地震释放的能量大? 如果来自地幔对流致使上层岩浆呈水平流动,进而造成对上覆板块的拖曳力,那么板块内部的地应力及其作用应以扩张(拉力)为主要特征,可事实上是挤压运动的表现更为突出。一系列褶皱山系的形成可为佐证。环太平洋带和古地中海带正是火山最活跃和油气藏密集分布的地带,尤其中、深源地震发育地段火山尤为发育。为什么这些地表冷物质汇集下沉的地带却异常富有活力,而地内高能热物质上升,造成地壳裂开增生、扩张的地带却相对的不那么富有活力? 地震、火山、油气藏在空间分布上与地球岩石圈板块运动的相关性是如此明显,这意味着什么?

4. 力学成因机制问题

以力学机制来讲,无论是板块碰撞还是断面黏滑(或晶面错动),面接触都更有利于积累和释放巨大的应力能,也符合板块之间或断裂两盘之间的面接触实际情况(从岩石断层面上的摩擦镜面和阶步情况可以找到佐证)。可自浅源到中、深源地震,都无一例外的为点状震源或近似点状震源。如此与力学机制原理不一致,究竟为什么?

事实上,我们在讨论地震成因时,往往被一些固定的模式所局限,如仅从地应力及其积累-释放上来考虑或解释地震成因问题,而放弃了其他方面可能更重要的因素。在地下深处,岩石已不再是刚性固体,物质的软化或液化所产生的流动随时可能会平衡掉应力能,而达不到某种积蓄量。地应力的存在或变化或者只是地质作用的结果而非动因。所以,地震可能并不像我们通常认为的那样,属于积蓄起来的地应力释放或一种纯粹的内力地质作用,而是一类十分复杂的地学现象,是岩石圈内部或整个地球内部物质运动和能量转化而导致的,岩石圈在维持自身动态平衡中而出现的一种自我调整,是多种地质作用的综合结果。

事实上,已知许多地震性状都无法以力学机制为代表的现有成因学说来做出合理的解释。要解决地震成因问题,无疑必须冲破既成观点的束缚,探索新的思路和可能性。任何科学学说都必须是建立在现有事实的基础上,并能合理地解释已知事实材料,且能不断地根据新事实做出修正和推陈出新。

第四节　地震成因有机演化说

20世纪90年代,笔者根据有关研究资料,从现有事实出发,通过已知地震性状的综合分析研究,对地震成因及发生机制作了新的探索,提出地震有机成因说[1~3],认为地震是由地下深处(地面到地下700 km以下)有机物(来自地内同源原生有机物与板块俯冲带入表生有机物)聚集膨化爆发而生成的地质现象或事件,试为地震灾害的重新认识和测报防治探索一条新思路。

这一观点现经综合分析,归结为地震成因有机演化说,提出地球内部或岩石圈内有机演化是造成地震的主要致因之一。以下试就地球内部有机演化与地震成因的相关性做些分析讨论。

一、地球内部有机演化的发震机理

据估计,岩石圈中现存的有机碳已占全球有机碳总量的99.9%,而地表活有机体以及扩散在水体中的有机物(以有机碳计)总共还不到地球上总有机碳的万分之五。这么大量的有机碳除了一大部分来源于地球原始同源有机物(古老有机物)外,另有一大部分应该来自地

① 周俊. 地震测报与成因探讨[J]. 山东建材学院学报,1992(3).
② 周俊. 地震可以预测吗?[J]. 化石,1996(3).
③ 周俊. 地震是一种自然现象[J]. 化石,1996(1).

表生物有机物。由于数十亿年的日积月累,地表生物对岩石圈中有机碳的贡献度应该已达相当程度,但究竟各占多大比例现在还不好说。所以,这里不单提同源演化,而讲有机演化,是为了强调同源有机演化与生物有机演化在其中都起着重要作用。

根据估算,地表生物有机物大约有1‰会随着沉积作用成为沉积有机物。其中一部分又会因地壳沉降拗陷,尤其是板块俯冲作用进入地下深处,参与岩石圈的演化,最终可能演变成有机碳或其他形式储留于岩石圈中或上行返回地面,加入新的循环(参见第十章)。

同源原生有机物演化比较复杂,前面各章已有讨论。假若岩石圈中的有机碳有一半是由地表生物有机物转化而来,那么其变质、降解等一系列变化过程中释放出的巨大能量又到哪里去了呢?其分解、蜕变后产生的小分子气液体又去了哪里?会不会有一部分或有原生有机物加入,并在地下某处聚积起来形成膨化爆发源,一旦温压条件改变或原有的平衡被打破,就会产生爆发,引起地震等灾害性地质事件?

这里以板块运动为例做些探讨,板块俯冲会将携带有大量有机质和水分的沉积物或沉积岩传送到地下深处乃至软流圈内。在地下特有的高温高压及还原性环境中,有机物变质裂解或分化,最终有部分会以气液态形式从岩浆或岩体中游离出来,上行或扩散运移。

在地下深处,运移中的有机物会以气液混合态形式充填于岩石的孔裂隙及一切可容空间内,甚至也存在于地幔软流圈及以下的地幔中。通常它们处于相对平衡的高温高压及还原环境里,但本身所具有的巨大膨化力又会使它们沿着岩石圈岩体(层)内所有可能侵入的通道流动和侵进。这些到处流动冲击的高温高压有机物流可在一些封闭场环境中富集,形成稳定的油气藏或极具威力和爆发性的地下能量库,如有下列情况的环境突变,便有可能造成高温高压有机物流的迅速膨化爆发,从而释放出巨大的能量,引发地震。

(1)围压(阻抗)迅速减弱或增强。如有机气液物流击穿围岩,瞬间侵入(在极短的时间内大量涌入)低压空间(如大断裂破碎带)而膨爆;或突然受到强力挤压或高温作用,内部膨化力迅速上升膨化,直至爆炸或燃爆(突入氧化环境)。围压增强或强力挤压可由板块运动造成,高温作用可由岩浆或地热造成。

(2)有机气液物集积场内温度突变。如有高温岩浆流侵入或有机物流侵入高温物质(如岩浆或岩浆化混合物)流场中,有机物流(场)与高温物质流(场)相遇,混合膨化,因内部压力猛增而爆发或形成气爆,想想 $1200\sim1700\,℃$ 高温岩浆窜入油气藏中会是什么情景。

(3)遇到氧化环境或环境变为氧化性。如有机物流侵进氧化环境与氧(如空气)或其他氧化剂接触发生氧化反应,变质生热,气化爆发或燃爆。

(4)有机物流(场)内点火作用。如岩块突然断开、错动或撞击,由摩擦热、应力能或地电作用而点火发生燃爆。同时由于断裂或错动打开通道或造成空气流通更会加剧燃爆作用。

在大多数情况下,有机物流场环境的迅速改变都是上述几项或多项的综合作用,其爆发力是极其可怕的,即可能造成地震,特别是深源大地震。一些具有巨大侵动能量的地内有机物流,即使不经过富集,在其运动和侵进过程中,如果与围岩的动态平衡被打破,或发生点火燃爆或击穿围岩等作用也会产生强烈爆发,从而造成地震。

二、有机演化说对地震性状的分析与解释

（1）地震、火山、油气藏空间分布上的相关性起源于成因上的相关性。集中分布于板块俯冲带是因为那里正是地下深处有机物上行运移的通道，同时板块俯冲也能像传送带一样将板块上层沉积物中的大量生物有机物带入地下，因而既是有机物富集地带，又具备了有机物集积场环境（板块俯冲、碰撞造成岩石碎裂，形成破碎带）。因此，板块俯冲带能成为地震火山活动和油气藏相对较为集中分布的地带，是因为那里正是地下有机物流侵进富集和膨化爆发的地带，同时也是地表有机物流下沉汇集地带。

（2）中、深源多大震是由于深部温压条件和能量状态高，场环境平衡力大，要打破环境的平衡力，有机物流（场）必须积蓄足够大的能量，产生极强的爆发力，即轻易不爆发，一旦爆发则威力极大，所以多大震。

（3）板块碰撞带、深大断裂带及所有构造活动区都能为地下有机物流的运动提供通道以及迅速减压的空间场或氧化（燃爆）条件。尤其是板块俯冲带，更是将地表有机物带入地下，转化成易膨化有机气液物流，并提供其运移侵动和爆发条件的成熟地带，岩浆侵入则可提供高温或高压等激发条件，故地震多沿深层构造活动带分布。

（4）有机物流聚积膨化的过程也就是与围岩封闭阻滞的抗争过程，因而爆发前环境中会出现不同程度的地应力、地电、地下水、地气、地声、地热和电磁波等脉动异常或不稳定变化，这就是地球表层或表面通常出现的前兆异常。

（5）有机物膨化爆发造成点状或近似点状震源，点源膨化场产生的冲击波又会在地球表层局部产生挤压性或扩张性等不同的效应。加上地球表层构造（格局限制）的影响，使有关性状（如前兆情况）变得极为复杂，但又都来自同一点状震源，经过综合分析研究是可以找出其中的规律性的。

（6）在同一地震序列中，小震与大震的关系也就是有机物流地下小爆发与大爆发的关系，有时小爆发可为大爆发开辟通道，故小震（前震）可引导大震（主震），有时大震又可改变地下环境，使相邻有机物流场相继膨化爆发，或同一空间场内有机能释放后又引导周边有机物流向爆发后留下的空间汇集，或爆发后又被封闭，迅速得到补充后再度爆发，造成不同规模的余震。

（7）地下有机物的膨化过程中，会提高爆发区的热流值，以及释放出 CH_4、CO_2、CO 等温室气体，从而会导致气象异常。

三、有机演化说提出的发震要素

1. 地下深处存有有机物生成及扩散源

有机物源可能是同源原生有机物，也可能是来自地表生物有机物，并能在一定的时间内产生和输出足够量的有机气液物流体。

2. 一定的运移通道和侵动能量

能量来自有机气液物流的自身膨化力,使生成并输出的有机气液物流有足够的能量在围岩中运移侵进,并有一定的通道可供运移聚集,或有机物流凭借自身的力量能在围岩中开辟出运移通道。

3. 相对封闭的流场环境

这是运移中的有机物流聚集的场环境,如果没有这个前提条件,有机物就不可能在地下形成相对聚集(没有地下空间,当然也就不存在聚集),因而也就不可能有以后的大爆发活动。就像油气藏在地下岩层中储藏一样,岩石的裂隙、破碎带等也是引发地震的地下有机物流的集积场所。如果没有这样的集积场所,地下有机物流得不到规模集积,即使爆发,也只会是小规模,形成小震,不会造成大震。

4. 有机物在高温高压场中聚集和积蓄

这是指地内有机物聚集和积蓄的具体过程,如果没有这一过程的完备或进行得不彻底,有机物便不能积蓄到足够量或相反,随着长时间的地质作用而被消耗掉,或运移到近地表的非高温高压场中富积并转化形成油气藏,也就不会有大震的发生。这或许正是人类今后消灾的可行方案之一。

5. 侵进冲击或环境突变构成引发事件

引发事件能激发有机物流迅速膨化(气化)扩张,并打破与环境(围岩)封闭阻抗之间的平衡。一定的引发事件是地下有机物流爆发的导火线,地质构造运动、岩浆活动、火山喷发,甚至地下水的运动和人类的工程爆破等都可成为这样的导火线。有时有机物流自身的膨胀力也能起到引发作用。

地震发生的可能性和发震时间、震源位置、震级大小(释放能量的多少)都取决于诸要素的综合作用。事实上,具体地震发生机制是极为复杂的,这也正是当今人类探索地震和测震防震的疑难问题之一。地震是地球内部有机演化产生气液流体的表现之一,至少一部分地震是地内有机演化及其效应的表现。如有机物分解产生有机小分子,聚集成气液体流在岩石圈中流窜、膨化或爆发而造成。特别是深源地震,与地球内部有机演化中的气化和突然爆发有着密切关系。地震的有机成因至少占地震的一部分,有机说并不排斥地震的力学成因分析。

地震的发生来源于地球内部或岩石圈内有机演化的推动,其实就连地球岩石圈板块运动也来源于地球内部有机演化产生的能量作用,如有机演化产生的能量会推动地幔岩浆对流,岩浆对流进而会推动板块运动。

尽管现代板块运动的一部分能量可能来自现代生物有机物,由板块输送到地下深处,可达软流圈,经"燃烧"产生能量,但早期最初的推动却来自原始同源有机演化所产生的能量。所以,地球最初的激活力量来源于同源演化,而且这种原生能量的作用至今仍在继续。地表生物有机物循环起到补充作用,使之有了持续不断地能源供应,同时也使地球内部地幔到软流圈能维持46亿年和更长时间的对流运动。其他星球则没有地球这么幸运,在其内部即使有也只产生了很少的同源原生有机物,其能量用完之后,就停止了由内而外的运动,从而成为一个"死去的星球",如太阳系类地行星中的水星和火星。

结　语

　　地球的同源有机演化早期,以化合或聚合形成各种有机物为主,其中又以生成各种生命有机物,特别是复杂生命有机物为主要特征。地球形成中晚期和形成后不久,各种有机物集积于地球表层(不仅仅是地表,地球表层包括上地幔软流圈以上的岩石圈、水圈、大气圈、生物圈和有机圈在内的各圈层,形成原始有机圈,在此基础上进一步演化出原生体和最初的生态系统。同源有机演化与地球原始海洋、大气层和岩石圈的形成与运动,以及地球环境的塑造和变化都有着密切关系,与石油的形成、地震的发生和地下深处钻石的形成都有一定的成因上的联系。同源有机演化不仅使地球表层各圈层在成因上有着密切联系,而且通过影响后期运动与演化方向也将各圈层紧紧联系起来形成一个整体。但从更深层次看,其实还远不止如此。

　　在笔者看来,以生物进化为主流的有机演化(自寒武纪以来,生物进化在有机演化中的重要性在增加,中生代后期到新生代,似乎已经接近平衡状态)至今仍在影响和改变着地球环境。笔者甚至认为(证据不足,还不那么确切):地球上非生物成因有机物一直都在生成,其生成环境自43亿~44亿年前就开始从地球内部向地表转移,至今在地表或近地表的某些特异环境中可能还在进行着这一古老的创生过程。而且其与生物体(特别是低等生命体,如原核生物、低等真核生物,乃至某些特异高等生物)之间的融合作用也一直在进行着,甚至会影响生物进化的方向。由于"融合体"极其微小,融合作用十分隐蔽,加上人们的注意力也不在此,以致被当做生物"变异"。当然,与地球形成和生命起源时期相比,融合作用已经远没有那么明显,所产生的有机物在量上也远不及现代,因此可以忽略不计。但其作用却不可忽视,如某些病毒乃至衣原体、支原体等类似微生物极可能就是由非生物成因特异有机物(或生命分子)通过融合进化(或与现代生物融合)演变而来的,其过程如同源说所阐述的"生命起源和早期融合进化",其间也可能有过生物来源的有机物的加入。因此,融合作用对人类健康和生物进化的影响是重大而深远的。